산 로렌조의 포도와
위대한 와인의 탄생

THE VINES OF SAN LORENZO by Edward Steinberg

Via Torino 18-12050 Barbaresco
Tel: 0173 635255
Fax: 0173 635256
E-mail: info@gajadistribuzione.it

산 로렌조의 포도와 위대한 와인의 탄생

가야, 바르바레스코 그리고 소리 산 로렌조 1989

에드워드 스타인버그 지음
박원숙 옮김

시대의창

가야, 바르바레스코 그리고 소리 산 로렌조 1989
산 로렌조의 포도와 위대한 와인의 탄생

초판 1쇄 2017년 6월 1일
초판 2쇄 2018년 9월 17일
개정판 1쇄 2022년 12월 26일

지은이 에드워드 스타인버그
옮긴이 박원숙
감수자 김준철
펴낸이 김성실
교정교열 김태현
책임편집 박성훈
디자인 채은아
제작 한영문화사

펴낸곳 시대의창 **등록** 제10-1756호(1999. 5. 11)
주소 03985 서울시 마포구 연희로 19-1
전화 02) 335-6121 **팩스** 02) 325-5607
전자우편 sidaebooks@daum.net
페이스북 www.facebook.com/sidaebooks
트위터 @sidaebooks

ISBN 978-89-5940-798-9 (13590)

일러두기

* 외래어 표기는 국립국어원의 외래어 표기 규정에 따르되, 와인명과 지명 등 일부 고유명사의 경우 두루 쓰는 표현에 따랐습니다.

한국 독자를 위해

김준철

"로마는 하루아침에 이루어지지 않았다."

이 책은 위대한 와인 역시 하루아침에 이루어지지 않는다는 것을 보여준다. 안젤로 가야는 세계적으로 유명한 인물이다. 한국에도 여러 번 찾아왔으며, 수많은 와인 애호가들이 가야 와인을 숭배한다. 그는 20대 초반인 1961년부터 가족이 경영하는 와이너리를 맡아 운영하며 포도 재배와 와인 양조를 과학적인 방법으로 개선해나갔다. 잠자고 있던 바르바레스코를 현대적 스타일로 변화시켜 이탈리아 최고의 와인으로 만들고, 국제적으로도 위상을 높였다. 이탈리아 와인 르네상스를 이끈 주역인 그를 '피에몬테의 왕자'라고도 부른다.

안젤로 가야는 최고의 와인 메이커이기도 하지만 동시에 최고의 와인 세일즈맨이다. 그는 와인을 만들기만 하는 것이 아니라 유럽은 물론 전 세계를 동분서주하며 이탈리아 와인을 홍보한다. 작은 레스토랑이라도 방문하여 자신의 와인을 맛보게 하는 그의 모습은 감탄을 자아낸다. 아무리 좋은 와인이라도 소비자에게 접할 기회가 주어지지 않으면 아무런 소용이 없다. 그는 가만히 앉아서 우리 와인을 모른다고 푸념하지 않는다. 이는 한국의 와인 메이커도 본받아야 할 점이다.

이 책은 가야 와인에 대한 이야기라기보다 '위대한 와인의 탄생'에 대한 이야기다. 가야의 소리 산 로렌조Sorì San Lorenzo는 저자가 와인을 만드는 과정을 자세히 설명하기 위해 하나의 예로 특별히 택한 와인이다. 좋은 와인을 만들기 위해서는 먼저 토양과 기후에 맞는 품종과 클론을 선택해야 한다. 일조량과 강우량, 병충해 방제 등에 대한 면밀한 연구가 필요하며 과학 지식도 갖춰야 한다. 알코올 발효와 조절, 오크통 선택, 수확 시기 결정 등등 어려운 문제의 연속이다.

와인 양조의 기본인 알코올 발효에 대한 연구는 19세기 후반 파스퇴르가 시작하여 1940년대에 거의 전 메커니즘이 규명되었다. 1960년대부터는 각국 대학에서 와인 양조학과를 신설하여 전문 인력을 배출하고 연구 결과를 현장에 바로 적용하면서 뛰어난 와인이 생산되기 시작했다. 이제는 전통만 고집하면서 와인을 만들 수는 없다. 현대의 와인은 전통과 과학의 산물이다. 안젤로 가야는 바로 이런 물결에 합류하여 이탈리아의 와인 혁명을 이루었다.

와인 애호가들은 우선 와인의 맛과 향에 집중하며 와인을 감상하고 선택한다. 신대륙이나 구대륙 와인을 감별하고 와인 스타일을 구분한다면 기본은 습득했다고 할 수 있다. 생산지에 따른 특성이나 품종별 향미를 알아낼 수 있다면 상당한 수준에 달한 것이다. 와인의 향미는 품종과 지역, 기후에 따라서 달라지지만 많은 부분이 양조 방법에 따라 복합적으로 발전한다. 한국에서는 와인학이 이제 시작하는 단계이기 때문에 와인 테이스팅도 향미의 간단한 표현에 그칠 수밖에 없다. 그러나 양조 과정을 이해하면 양조에 따른 맛의 변수는 물론, 와인 메이커의 정신까지도 깊이 있게 추적할 수 있다. 양조학은 와인 애호가도 잘 알고 있어야 하는 분야이지만, 한국에서 가장 공부를 게을리하는 분야이기도 하다.

일반적으로 양조학이라고 하면 포도를 으깨고 와인을 담그는 방법이라고 생각하지만 와인 양조학은 포도 재배, 와인 양조 그리고 관능검사의 세 분야로 나뉜다. 이들은 별도의 학문적 지식을 요구하는 것처럼 보이지만 완성된 와인에서는 자연스럽게 하나의 학문으로 통합된다. 세계적인 '와인 마스터Master of Wine' 시험에서도 각 분야에 대해 세 시간씩 에세이를 써야 한다. 그만큼 포도 재배와 양조에 관한 지식은 필수적이며, 병 속에 담긴 와인에 숨어 있는 이야기를 읽을 수 있는 능력이 요구된다는 뜻이다. 양조학은 와인을 시각, 후각, 미각을 통해 테이스팅하는 능력의 기본이 되며, 와인의 전 메커니즘을 체계적으로 배우는 학문이다. 따라서 이 책은 한국의 와인 애호가들에게 와인 테이스팅의 새로운 세계를 열어줄 것이다.

《설국》이 일본 최초로 노벨문학상 수상작으로 결정되자 작가 가와바타 야스나리는 책을 영어로 번역한 에드워드 사이덴스티커 교수가 이 상을 받아야 한다고 말했다. 그만큼 문학 작품 번역은 그 주제와 정서를 다른 언어로 잘 전달하는 것이 중요하다. 《산 로렌조의 포도와 위대한 와인의 탄생》은 순수 소설은 아니지만 포도가 최고의 와인으로 변신하는 과정을 문학적으로 그리고 과학적으로 표현한 작품이다. 역자는 누구보다 먼저 와인 양조학의 중요성을 깨닫고 양조학 강의와 관련 서적을 섭렵하였기에 저자의 의도를 확실하게 전달할 수 있었다.

이 책은 지금까지 우리나라에 나온 와인 관련 번역서 중에서 와인을 가장 깊이 있게 다룬 책이다. 와인에 관심 있는 사람이라면 누구라도 읽어야 하고 알아야 할 유익한 내용으로 가득 차 있다. 특히 우리나라와 같이 아직 걸음마 단계지만 포도를 재배하고 와인을 만드는 이들에게 꼭 필요한 내용이며, 와인을 수입하는 이들, 좋아하는 이들 모두가 꼭 읽어야 할 책이다.

한국와인협회 회장·김준철와인스쿨 원장

서문•

에드워드 스타인버그

이 책을 처음 구상할 때 나는 와인에 대한 의문을 추상적이기보다는 구체적으로 풀어보고자 했다. 또 한편으로는 와인 애호가나 전문가가 아닌 일반 독자도 가볍게 읽을 수 있는 책을 쓰고 싶었다. 이 책에는 두 가지 이야기가 섞여 있다. 소리 산 로렌조 1989년산이라는 특정 와인이 포도밭에서부터 양조와 숙성을 거쳐 와인으로 변화하는 이야기와, 와인의 역사적 발전과 이에 관련된 중요 인물들의 이야기이다.

1980년대 초반에는 위대한 와인 하면 프랑스를 첫째로 꼽았다. 나도 처음에는 프랑스, 특히 부르고뉴 와인을 먼저 떠올렸지만 심사숙고 끝에 이탈리아 와인으로 바꾸었다. 내가 이탈리아에 살고 있어 정이 가기도 했지만 더 중요한 이유가 있었다. 프랑스 와인은 오랜 명성을 누리며 성공을 자랑하는 반면, 이탈리아 와인은 여태껏 그만한 평판을 얻지 못했기 때문이다. 그러나 지금은 품질 혁명으로 도약을 하며 지위가 상

• 이탈리아어판 서문.

승하고 있어 흥미를 끄는 와인 이야기가 될 것 같았다.

이탈리아 와인 중에서는 토스카나 와인이 우선순위로 꼽혔다. 훌륭한 와인 생산지이기도 하고, 내가 로마에 살기 때문에 가깝기도 했다. 후보 중 1위는 사시카이아Sassicaia였지만 슈퍼투스칸 와인인 사시카이아는 국제적 품종인 카베르네 소비뇽 위주로 만든다. 그렇다면 이탈리아 토착 품종인 산조베제로 만드는 토스카나의 부르넬로 디 몬탈치노Brunello di Montalcino를 택해야 했다. 하지만 생각해보니 내가 가장 좋아하는 이탈리아 품종은 네비올로이며, 지난 30년 동안 네비올로로 만든 바롤로Barolo와 바르바레스코Barbaresco를 애정 어린 마음으로 마셔왔다. 로마에서 랑게까지 거리가 멀고 교통이 불편하다고 해서 네비올로에 대한 사랑을 배신할 수는 없었다.

네비올로 와인으로 결정하고 나니 바롤로 중에서 하나를 선택하는 것이 당연했다. 알도, 지오반니 콘테르노, 브루노 지아코자 등 미국에도 잘 알려진 젊은 바롤로 생산자들이 후보에 올랐으나 결국에는 바르바레스코로 정했다. 항상 바롤로의 그늘에 가려 있었고 최근에야 세계적 고급 와인의 반열에 오르게 되었으니 내가 쓰려고 하는 와인 이야기와 잘 맞을 것 같다는 생각이 들었다. 바르바레스코 하면 가야 와인이 첫째로 꼽힌다. 가야 와인은 현재 세계적으로 호평받고 있으며, 또 150여 년이라는 비교적 긴 역사가 있어 더욱 마음이 끌렸다.

당시 나는 안젤로 가야를 만나본 적도 없었다. 그런데 그해 겨울에 안젤로가 로마에 있다는 소식을 듣고 곧 에노테카의 친구에게 소개를 부탁해 만날 수 있었다. 내가 구상하는 책에 대해 설명하자 안젤로는 즉시 내 생각을 이해했고, 몇 달 뒤 일을 시작하게 되었다. 이제 가야의 단일 포도밭 세 곳 중에서 어느 곳을 택하느냐 하는 문제가 남았다. 나는 와이너리에서 걸어갈 수 있는 소리 산 로렌조 포도밭을 택했다. 다른 두 포도밭은 조금 떨어진 곳에 있었다. (나에게는 매우 중요한 문제다. 아내가 늘 말하듯 나는 운전면허증이 없는 미국인 셋 중에 한 명이다!) 가야가 실험적으로 카베르네 소비뇽을 심은 곳도 이곳이며, 포도밭의 수호성인인 성 로렌조San Lorenzo에 대한 이야기도 흥미로웠다.

소리 산 로렌조 1989년산은 세계적으로 인정받은 훌륭한 와인이다. 미국의 《와인 스펙테이터*Wine Spectator*》는 98점이라는 천문학적인 점수를 주었고, 로버트 파커는 "네비올로 포도의 기념비"라고 찬양하며 96+를 주었다. 이탈리아의 《비니 이탈리아*Vini d'Italia*》는 "말 그대로 전율을 느끼게 하는 맛"이라고 칭송하며 최고 와인으로 선정했다. 1990년은 랑게 네비올로가 3년 연속 작황이 좋았던 마지막 해였다. 1991년에 가야는 소리 산 로렌조를 만들지 못했고, 1992년에는 일반 바르바레스코도 전혀 생산하지 않았다. 수호성인 성 로렌조도 비의 신 주피터의 도움 없이는 기적을 내릴 수 없었나 보다.

이쯤에서 이 책의 번역에 대해 간단히 언급하고 싶다. 이 책은 편하게 읽을 수 있도록 썼으나 언어유희와 운율을 맞춘 시적 표현도 많다. 그러나 번역본에는 어쩔 수 없이 많은 부분이 재현되지 못했다. 번역자는 반역자라는 말도 있으니까. 더구나 음악, 문학, 스포츠 등 미국의 문화적 배경에 생소한 외국 독자가 이해하기 어려운 내용도 많다. 스티븐 크레인Stephen Crane의 《붉은 무공 훈장》을 모를 수도 있고, 영화 〈오즈의 마법사〉에서 〈무지개 너머〉를 부른 주디 갈런드Judy Garland가 낯설지도 모른다. 이런 이유로 많은 이들이 이 책의 번역이 어려울 것이라고 했지만 번역자의 열의로 이탈리아 독자들도 이 책을 읽을 수 있게 되었으니 감사할 뿐이다.

마지막으로 도움을 주신 모든 분께 감사의 인사를 전하고 싶다. 먼저 이 책의 취지를 이해하고 저자의 생각을 존중해주며 와이너리와 포도밭을 마음껏 배회하게 해준 안젤로 가야에게 감사드린다. 갑작스럽고 잦은 방문에도 늘 환대하며 친절을 베풀어준 부인 루치아와 가족들에게도 감사드린다. 페데리코 쿠르타즈와 구이도 리벨라는 나의 끈질긴 질문과 업무 방해를 너그럽게 유머로 받아주며 지식을 나누어주었다. 이들 덕분에 나는 제대로 와인 교육을 받을 수 있었다. 알도 바카는 마음이 맞는 친구로 실질적인 일들을 도와주었다. 아스티의 양조학 연구소, 알바의 포도재배양조학교와 공공 도서관에서도 많은 도움을 받았다.

이제 나의 아내 마르야에게 감사할 일만 남았다. 이 세상 모든 포도 종류보다 더 많은 이유로 그녀에게 감사한다.

1995년 로마에서

목차

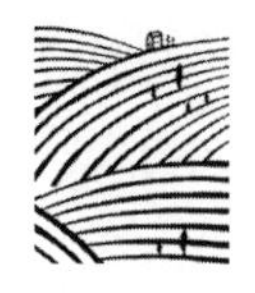

위대한 와인의 시작

땅속의 깊은 고요와 어둠 속에서 잠자던 포도나무가 깨어난다. 잔뿌리가 자라며 물과 양분을 흡수하며 수액이 조금씩 위로 오른다.

땅 위의 가지 마디에는 검고 단단한 껍질 속에 갓 태어나려는 새싹이 따뜻한 봄을 기다리고 있다. 싹 눈이 자라며 껍질이 떨어진다. 앙증맞게 접힌 부드러운 잎들과 함께 연한 가지가 고개를 내민다. 가지는 단단해지고 잎들이 늘어난다. 동그란 덩굴손이 나오며 작은 포도송이 모양의 꽃송이가 가지에 달린다.

꽃자루에 달린 꽃송이에는 수십 개의 아주 작은 꽃들이 모여 있으며, 꽃은 각각 다섯 개의 꽃잎 모자를 쓰고 있다. 꽃잎이 떨어지면 수술 끝의 주머니가 터지며 꽃가루가 아래쪽 암술로 떨어진다. 향기롭고 아름다운 자태를 뽐내며 포도 꽃은 스스로 가루받이를 한다. 포도는 자가수정으로 씨방에서 태어난다. 수정되지 못한 꽃은 땅에 떨어진다. 남아있는 딱딱한 초록색 꼭지는 새로 태어나는 포도알이 되어 서서히 자라기 시작한다.

갑자기 포도밭 이곳저곳에서 아무런 순서도 없이, 마치 열병이 번지는 것처럼 포도의 색깔이 변하기 시작한다. 짙은 색깔의 부드럽고 달콤한 무르익은 열매를 향한 포도알들의 경주가 시작된다.

일꾼들이 오가며 포도를 딴다. 올해 새로 나온 가지는 단단한 나무줄기가 되었고, 잎들은 떨어지기 전에 마지막 불꽃놀이를 하듯 화려하게 타오른다. 이윽고 포도나무는 다시 잠속으로 빠져든다.

우리 시대의 가장 저명한 양조학자인 에밀 페이노Émile Peynaud 교수는 말한다. "결국 어디든 보르도와 비슷하다." 무한한 변형이 가능하지만 한 곳에서 포도를 재배하고 와인을 만드는 이야기는 모든 와인의 이야기이다.

1991. 10. 26

가야 와인

"브라보!"

"브라비시모!"

여기저기서 환호가 울려 퍼진다. 천 명이 넘는 관중이 기립해 박수로 환영한다.

무대의 주인공은 놀라며 당황하는 모습이다. 바로 옆 리처드 로저스 극장이나 길 건너 극장이었다면 커튼을 내려 배우를 가렸을 것이다. 비디오카메라는 계속 돌아가고 있다.

객석에는 행사에 관한 종이들이 놓인 긴 테이블이 줄지어 늘어서 있다. 박수갈채는 벌써 2분이나 지났는데도 점점 더 커진다. 호평 일색일 것이 분명하다.

여기는 브로드웨이지만 오늘의 스타는 무대 인사가 어색해 보인다. 그리고 나머지 배역들은 모두 유리잔 수천 개와 스피툰spitton(시음한 와인을 뱉는 데 쓰는 용기) 수백 개가 놓인 객석에 자리 잡고 있다.

뉴욕 와인 대회장New York Wine Experience. 애그리컬처agriculture라는 단

어에서 앞 두 음절을 빼면 컬처culture가 되는데, 바로 이곳이 포도 농사가 와인 문화로 탈바꿈하는 곳이다. 여기는 가볍게 즐기는 곳은 아닌 것 같다. 세미나는 진지하게 진행되며 람브루스코나 보졸레 누보, 화이트 진판델은 보이지 않는다. 와인잔을 돌리며 와인의 향을 맡고, 와인을 맛보고, 평가하고, 뱉는다. 하지만 이들도 월드 시리즈 6차전 경기가 열리는 미니애폴리스 경기장에 몰려드는 야구광들 못지않게 열성적인 팬들이다.

이틀 전에는 부르고뉴의 도멘 드 라 로마네 콩티Domaine de la Romanée-Conti가 출전했으며, 어제의 주인공은 신대륙 와인의 최고봉이라 할 수 있는 호주 펜폴즈Penfolds의 그레인지 에르미타주Grange Hermitage였다. 내일은 보르도의 가장 영예로운 와인 중 하나인 샤토 라투르Château Latour의 차례다.

갈채는 계속된다. 무대에 선 남자는 브로드웨이의 바쿠스 축제에서 와인 애호가들의 인기를 한 몸에 받고 있다.

비디오를 다시 돌려 본다 해도 이 열광적 환호가 도대체 무슨 영문인지 궁금할 것이다. 무대 한가운데 안젤로 가야Angelo Gaja가 서 있다. 짙은 정장 차림의 그는 돋보기안경을 쓰고 강연대 뒤에 서 있다. 17년 전 미국에 처음 왔을 때와는 달리 이제 그는 유명인사가 되었다. 이제 알 만한 사람은 그의 이름을 '가야'라고 발음하며 악센트가 첫 음절에 있다는 것도 안다. 그러나 그는 아직도 무엇 하나 당연하게 여기지 않고 처음처럼 무대에 선다.

가야는 오늘날의 이탈리아 와인에 대해 간략하게 이야기한 뒤 1859년 증조할아버지가 바르바레스코에 설립한 자신의 와이너리 이야기로 넘어간다. 바르바레스코 마을은 이탈리아 북서부의 피에몬테 주에 있다. 피아트 자동차 공장이 있는 이탈리아에서 네 번째로 큰 도시이며, 통일 왕국의 첫 번째 수도이기도 했던 토리노에서 동남쪽으로 50킬로미터쯤 떨어진 곳이다.

와이너리의 규모는 크지 않다. 생산량은 연 25만 병 정도인데 그중 절반이 네비올로 품종으로 만드는 바르바레스코 와인으로, 일반 와인 한 종과 단일 포도밭 생산 와인 세 종이 있다. 그 외에 바르베라, 돌체토 같은 토착 품종과 소량의 국제적 품종으로 레드 와인과 화이트 와인도 생산한다. 1993년에는 같은 네비올로 품종으로 만드는 바롤로 와인을 출시할 예정이다. 과거에는 바롤로 지역에 가야 소유 포도밭이 없었지만 그 지역의 포도를 매입하여 바롤로 와인을 만들었다. 그러나 안젤로가 30년 전 외부 경작지의 포도를 사지 않기로 결정하면서 생산이 중단되었다가, 3년 전 알바 근처 바롤로 지역에 포도밭을 새로 구입하여 다시 바롤로 와인을 만들게 되었다.

안젤로는 쪽지를 보며 말을 이어간다. 성인이 되어 익힌 영어라 말이 빨라지면 이따금 더듬기도 한다. 안젤로는 맨 앞줄에 앉아 있는 와인 메이커 구이도 리벨라Guido Rivella와 포도밭 관리인 페데리코 쿠르타즈Federico Curtaz를 소개한다.

이제 슬라이드를 몇 장 보여준다. 알바Alba 시 외곽 타나로Tánaro 강 우안에 포도나무로 덮인 언덕이 보인다. 랑게Langhe라고 불리는 이 지역은 와인뿐 아니라 송로버섯으로도 이름난 곳이다. 바르바레스코 마을이 자리 잡고 있는 언덕 꼭대기에 탑이 보인다. 멀리 아래쪽으로 타나로 강이 흐르고 있다.

와인 시음 시간. 가이아 & 레이Gaia & Rey 1990년산이다. 이 샤르도네는 안젤로의 큰딸 가이아 가야와 할머니 클로틸데 레이에서 이름을 따왔다. "가격이 얼마죠?" 누군가 물었다. "65달러입니다." 객석이 술렁인다. 다음은 가이아 & 레이 1983년산. "이 와인의 첫 빈티지입니다." 이어서 비그나레이Vignarey 1988년산. "흔히 바르베라는 값싸고 품질이 안 좋다고 하지만 이 와인은 바르베라의 가능성을 보여줍니다." 다르마지Darmagi 1986년산. 안젤로가 처음으로 미소를 보이며 이 와인에 얽힌 일화를 들려준다. 다르마지는 '부끄러운 일이다'라는 뜻의 피에몬테 방언이다. 그가 집 앞 포도밭에서 네비올로를 걷어내고 카베르네 소비뇽을 심자 아버지가 그곳을 지날 때마다 '다르마지'라고 중얼거렸다고 한다. 객석이 웃음바다가 되었다. 소리 틸딘Sorì Tildìn 1985년산. "바르바레스코를 좋아하려면 타닌을 사랑해야 합니다." 다시 웃음이 터진다. 이 빈티지를 처음 선보였을 때 뉴욕 와인 대회를 주최한《와인 스펙테이터》지는 "놀랄 만큼 깊이 있고 부드러우며 우아한, 이탈리아가 만든 최고의 레드 와인"이라고 극찬했다. 안젤로는 이를 언급하지는 않는다. 소리 틸딘은 다른 두 개의 단일 포도밭 바르바레스코 와인인 소리 산 로렌조Sorì San Lorenzo, 코스타 루시Costa Russi와 더불어 가야에서 가장 값비싼 와인이다. 뒤이어 점점 오래된 바르바레스코 빈티지 와인이 나온다. 1971년산, 1961년산, 그리고 1955년산. 1955년에 안젤로는 열다섯 살 소년이었다.

객석 앞줄에는 크리스티의 와인 경매사이자 와인계의 거물인 마이클 브로드벤트Michael Broadbent가 열심히 시음 노트를 쓰고 있다. 물론 지금 쓰고 있는 와인 평은 실리지 않았지만, 그는 최근 출간된《위대한 빈티지 와인*The Great Vintage Book of Winetasting*》개정판에 이탈리아 와인에 8쪽을 할애하며 안젤로의 여러 와인을 칭송했다. 280쪽이나 차지한 프랑스 와인에 비하면 형편없이 적은 분량이지만 1980년에 발행된 초판에 비하면 8쪽이 늘어난 것이다.

브로드벤트의 책은 와인의 역사를 보여준다. 크리스티는 프랑스 와인을 압도적으로 많이 취급한다. 브로드벤트의 전임자는 200년 전인 1792년에 샤토 라투르 1785년산을 경매에 부쳤다. 60년 전 안젤로의 아버지가 와이너리 일을 시작했을 때 1933년 발간된 줄리언 스트리트 Julian Street의 《와인*Wines*》은 73쪽에 걸쳐 프랑스 와인을 다뤘지만 이탈리아 와인에는 10쪽만 할애했다. 바르바레스코는 언급조차 하지 않았다. 스트리트는 "이탈리아에서는 와인 양조에 세심한 노력을 기울이지 않는다. 그들은 와인의 품질보다는 양을 늘리는 데 주력한다. 프랑스 와인에 비하면 조악하다"라고 평했다.

이탈리아 와인 생산자가 프랑스 유명 생산자와 어깨를 겨누기는 어렵다. 마치 애틀랜타나 미네소타 야구팀이 월드 시리즈에 진출하는 것만큼이나 상상조차 할 수 없는 일이었다. 실제로 와인계의 상황도 당시 미국 프로 야구와 비슷했다. 각각 여덟 팀으로 구성된 두 개의 메이저리그는 1903년 이래로 바뀐 적이 없었으며, 세인트루이스 서쪽이나 워싱턴 시 남쪽으로는 한 팀도 없었다. 와인계의 두 메이저 리그는 프랑스의 부르고뉴와 보르도였다.

안젤로가 와이너리 일을 시작한 1961년에도 상황은 변하지 않았다. 그로부터 10년 뒤 휴 존슨Hugh Johnson의 선구적 저서인 《세계 와인 지도*The World Atlas of Wine*》가 출간되었을 때에도 마찬가지였다. 프랑스 와인은 72쪽에 달했지만, 이탈리아 와인은 "남부·동부 유럽 및 지중해"란 기타 항목 아래에 14쪽만 할애되었을 뿐이었다. 독일 와인보다도 9쪽이나 적은 분량이었다.

이탈리아 음식 전문가들의 와인 품평도 다르지 않았다. 영국의 엘리자베스 데이비드Elizabeth David는 《이탈리아 음식*Italian Food*》 1963년판에서 "이탈리아 와인은 프랑스 와인과 냉정하게 비교하기보다는 우호적이며 긍정적인 태도로 접근해야 한다"고 조언했다. 미국의 웨이벌리 루트Waverley Root는 1971년 발간된 《이탈리아의 음식*The Food of Italy*》에서 이탈리아 와인이 이탈리아 음식과는 잘 어울린다고 변호하며 "토마토소스 스파게티를 먹으며 고급 메독 와인을 마시는 사람이 과연 있을까?"라고 반문했다. 고의는 아니었겠지만 이탈리아 음식까지 비하한 셈이었다.

시음이 끝나고 박수가 이어진다. 와인 월드 시리즈에서 안젤로는 만루 홈런을 쳤다.

바르바레스코에서 브로드웨이까지. 참 많은 것이 변했다. 스물한 살의 젊은 안젤로가 와이너리 일을 시작했을 때, 오늘 맨해튼에서 잇달아 일어난 이 엄청난 장면들을 꿈에라도 상상할 수 있었을까?

번화가에 있는 유명 카페에서의 점심 식사. 디저트와 함께 웨이터가 주문하지도 않은 샤토 뒤켐Château d'Yquem(보르도의 전설적 스위트 와인)을 내온다. "저기 계신 분이 보내셨습니다." 웨이터는 카페 한쪽 끝 테이블을 향해 고개를 돌린다. 디트로이트에 있는 와인 상점 주인이라고 한다.

어퍼 이스트사이드에 있는 프랑스 레스토랑에서의 저녁 식사. 최근 고미요Gault-Millau 레스토랑 가이드에서 미국 최고의 프랑스 레스토랑으로 선정된 곳이다. 주인이 테이블로 다가온다. 다른 방에서 가야 와인을 마시고 있던 손님들이 안젤로가 왔다는 얘기를 듣는다. 라벨에 사인을 받을 수 있을까?

'공연'이 끝난 뒤 저녁 식사. 시내 중심가 멋진 스테이크 하우스이다. 안젤로가 들어서자 웨이터가 "여기 이탈리아의 왕 안젤로가 오십니다!"라고 소리친다. 주인은 만면에 웃음을 띠고 그를 테이블로 안내하며 "언제 대통령에 출마하실 것입니까?"라고 묻는다. 이탈리아는 1946년 국민투표로 왕정 대신 공화정을 택했다. 그런데 또다시 '왕이냐 대통령이냐'라는 선택의 기로에 서야 하려나?

와인 대회가 열리는 호텔로 돌아가 엘리베이터를 기다린다. 이탈리아계 미국인 한 명이 안젤로에게 다가온다. "우리 레스토랑에 가야 와인을 비치해야겠어요." 불쑥 말을 꺼내는 그의 눈가에 눈물이 고인다. "오늘 무대에 선 당신을 보고 이탈리아인의 자부심을 느꼈어요."

위층 로비에서 한 미국인이 일본인 지인에게 내일 이탈리아 토리노에 볼일이 있어 떠난다고 말한다.

"토리노? 토리노가 어디에 있죠?" 일본인이 묻는다.

"아실 거예요." 미국인이 설명한다. "바롤로와 바르바레스코 와인을 만드는 곳에서 가깝죠."

일본인은 고개를 끄덕였지만 아직 머릿속에 지도가 뚜렷하게 그려지지는 않는 모양이다. 그러다 갑자기 얼굴에 미소가 번진다.

"아, 바르바레스코!" 그가 고개를 끄떡이며 탄성을 질렀다. "가야!"

위대한 와인은 경이감을 불러일으키며, 경이로움 그 자체이다.

위대한 와인은 어떻게 만들어질까? 비법이 있는 것일까?

보르도의 1등급 와인 샤토 마고Château Margaux는 1961년 이래로 품질이 현저히 저하되었다. 1977년에 이 포도밭을 구입한 앙드레 멘첼로풀루스André Mentzelopulous는 에밀 페이노 교수를 컨설턴트로 위임하며 세계에서 가장 좋은 와인을 만들고 싶다고 부탁했다.

"그리 어려운 일은 아닙니다." 페이노가 대답했다. "제게 가장 좋은 포도만 주시면 됩니다."

1988. 10. 7

와인용 포도

수확한 포도를 실은 트랙터가 포도밭 사이 좁은 길을 따라 내려간다. 식용 포도에만 익숙하다면 와인용 포도가 '볼품'이 없어 보일지 모른다. 150년 전쯤 영국 작가 앵거스 리치Angus Reach는 샤토 마고의 포도를 보고 "겉모양보다는 실속이 있는 포도"라며, "런던의 코번트 가든(청과시장)에서 보았다면 잘 익은 블랙커런트로 잘못 알았을 것"이라고 썼다. 와인용 포도는 생식용 포도에 비해 알은 작고 단맛은 훨씬 강하다. 손으로 으깨면 끈적이며 껍질이 두껍고 덜 아삭하지만 즙이 많다.

식용 작물은 품종이 수없이 많고 그 차이도 굉장히 크다. 중국 요리에 사용하는 쌀은 밥 짓기에는 좋지만 이탈리아식 리소토를 만들면 망치기 십상이다. 쌀의 종류도 다양하여 리소토에는 카르나롤리나 비알로네 나노 품종이 적합하다.

사람들이 즐겨 먹는 과일이나 채소는 다종다양한 품종 중에서 극소수에 불과하다. 퇴화하거나 이미 사라져버린 품종도 많다. 19세기 영국에서 애플 사이다를 만들 때 쓰던 사과 품종인 달콤쌉쌀한 레드스트리크Redstreak처럼 자취를 감춰버리는 품종도 있다. 품종의 종말은 대부분 경제적 수익성 때문이다. 품질의 우수성이나 개성적인 향미보다는 상업적 이윤이 재배를 좌우하는 경우가 더 많다는 뜻이다. 결국 수확량이 많고, 병충해에 강하며, 모양이 균일하고, 수확과 운송이 쉬운 품종이 선택된다. 1960년대부터 인기를 끈 무미한 토마토 품종 머니메이커Moneymaker가 그 대표적 예다.

영국의 감자 전문가인 도널드 맥클린Donald Maclean은 한때 400여 품종의 감자를 재배했다. 그러나 미국에서는 그중 여섯 가지 품종이 감자 시장의 80퍼센트 이상을 점유한다. 일반 감자와 핑크 피어애플Pink Fir Apple 같은 귀하고 특이한 감자의 차이를 아는 사람도 거의 없으며, 비싼 값을 치르고 살 소비자도 얼마 되지 않는다.

반면 포도는 재배하는 데 품을 많이 들이고 수확량을 줄여도 그 대가를 충분히 보상받을 수 있는 몇 안 되는 농작물이다. 이런 포도로 만드는 와인은 사람들에게 색다른 '경험'을 선사하기 때문이다.

사과나 커런트 같은 다른 과일로도 괜찮은 와인을 만들 수 있다. 미국에서 가장 영향력 있는 와인 평론가 로버트 파커Robert Parker는 버몬트의 한 생산자가 만든 사과 와인에 높은 점수를 주었다. 물론 사과도 품종별로 차이가 난다. 그러나 와인 애호가들이 그래니 스미스나 매킨토시 같은 사과 품종으로 만든 와인의 상대적 차이를 두고 열띤 토론을 벌이게 될는지는 의심스럽다. 사과 와인은 수확한 해에 만들어 바로 마시면 좋지만, 복합성이 나타날 때까지 오래가지 못하는 결점이 있다.

언덕길을 따라 내려가는 트랙터에 실린 포도는 포도속*Vitis*의 비니페라종*vinifera*에 속한다. 비티스 비니페라*Vitis vinifera*는 '와인을 만드는 포도'로 전 세계 와인의 99퍼센트 이상을 이 품종으로 만든다. 미국에서는 토종인 비티스 라브루스카*Vitis labrusca*에 속하는 콩코드 품종으로 만든 마니스위츠Manishewitz, 모건 데이비드Mogen David 등의 와인을 아직도 만든다. 영화 〈나는 천사가 아니다*I'm No Angel*〉에서 주인공 메이 웨스트는 하녀에게 소리친다. "베울라, 포도 껍질을 벗겨줘!" 접시에 있는 포도는 하녀를 위해서라도 껍질이 잘 벗겨지는 라브루스카라야 한다. 비니페라는 포도알이 껍질과 밀착되어 잘 벗겨지지 않는다.

프랑스 등 유럽 지역에서는 전통적으로 와인 라벨에 생산 지역을 표기한다. 와인을 포도 품종별로 구분하여 세상에 알리기 시작한 것은 미국이었다. 1930년대 후반 금주법이 해제된 이후 미국의 영향력 있는 작가이자 수입상이었던 프랭크 슌메이커Frank Schoonmaker는 자신이 선별한 캘리포니아 와인 라벨에 지역 대신 품종을 표기했다. 따라서 라벨에 품종이 표기된 와인은 지역의 이미지가 퇴색된 싸구려 저그 와인jug wine과 구분되었고, 소비자는 이를 품질이 좋은 와인이라는 뜻으로 받아들였다. '카베르네 소비뇽'이라는 품종 표기는 곧 '진짜 보르도 와인과 같다'는 암호로 통하게 되었다.

길이 굽어지기 시작하며 언덕길로 접어든다. 트랙터에 실린 포도는 비니페라종에 속하는 수많은 이탈리아 품종 중 하나이다. 고대 로마의 시인 베르길리우스는 이탈리아 토착 품종을 세는 것은 바다의 파도나 바람에 날리는 사막의 모래알을 세는 것과 같다고 썼다.

두 사람이 트랙터 위에 앉아 이야기를 나누고 있다. 단테를 원전으로 읽고 베르디의 오페라를 외우고 로마 사람들과 어려움 없이 대화를 할 수 있다 하더라도 저들이 지금 주고받는 말은 한마디도 알아듣지 못할 것이다. 언덕을 힘겹게 오르는 트랙터 엔진의 소음 때문이 아니다. 피에몬테 방언이기 때문이다.

1861년 이탈리아가 통일되기 전까지 현재의 이탈리아어는 피에몬테에서는 제3의 언어에 불과했다. 1720년 이래로 피에몬테는 사르데냐 왕국(이탈리아의 사르데냐 섬뿐 아니라 오늘날 프랑스의 사부아, 오트사부아, 니스를 포함)의 일부였다. 일상에서는 피에몬테 방언을 썼고, 교육받은 사람들은 프랑스어를 공식 언어로 사용했다. 이탈리아 통일의 주역이자 초대 수상이었던 카보우르Camillo Benso Cavour도 학생 시절 프랑스어 성적은 우수했지만 이탈리아어는 중간 정도였고, 프랑스어로는 연설을 완벽하게 했으나 이탈리아어로는 통역을 하는 것처럼 부자연스러웠다고 한다. 새 국가 탄생의 감격 속에서 피에몬테의 마을들은 하나둘 이탈리아어를 공식 언어로 채택했다.

트랙터가 브리코Bricco(언덕)라고 표기된 경계석을 지나자 포도밭 가운데 검붉은 현대식 벽돌집이 나타난다. 안젤로 가야와 그의 아내, 딸들, 부모가 함께 사는 집이다.

도로는 토리노 길via Torino로 이어진다. 왼쪽 1번지에 전 포도밭 관리인이었던 75세의 루이지 카발로Luigi Cavallo가 살고 있다. 카발로는 토리노에 가본 적이 없다. 그는 "난 이곳을 떠난 적이 없어"라고 말한다. 바깥 세상과 동떨어져 살던 이곳 랑게의 농부들은 19세기 말까지도 피에몬테는 타나로 강을 건너야 하는 저 먼 곳이라고 생각했다. 그들은 이렇게 이야기하곤 했다. "우리는 피에몬테에 갈 거야." "피에몬테 사람들은 이런 것도 하고 저런 것도 한대."

트랙터는 이곳 주민들이 '광장'이라고 부르는 작은 공터를 지나고 있다. 마을로 가는 브리코 양쪽의 도로가 합류하는 곳이다. 토리노 길 양편에는 건물들이 들어서 있다. 바르바레스코에 600여 명의 주민이 모여 산다는 사실을 실감할 수 있는 유일한 곳이다.

계속 올라가면, 길이 끝나는 곳에 탑이 있다. 40미터가량 높이의 탑 꼭대기에서는 맑은 날 알프스 산맥이 보인다. 바롤로 지역과 토리노 외곽의 수페르가 언덕도 보인다. 알바를 돌아 굽이쳐 흐르는 타나로 강은 저 멀리 30킬로미터쯤 떨어진 아스티 마을 너머로 흘러간다.

포도를 실은 트랙터가 지나가는 왼편에 조그마한 타운홀이 있다. 옛 문서 보관소에는 자연과 인간의 순탄하지 못했던 과거의 잔영이 남아 있다. 우박이 3년 연속 포도밭을 강타한 200여 년 전의 기록도 있다. 프랑스 혁명과 나폴레옹으로 불붙은 전쟁도 있었다. 진흙탕에 빠진 오스트리아 포병 부대를 마을 주민들이 소를 끌고 가서 구출하기도 했다. 프랑스군은 '빵과 와인, 군수품, 짚, 소 네 마리와 신발 44켤레'를 공급하라고 바르바레스코에 명했다. 프랑스의 플라비니Flavigny 장군은 마을의 교회 종을 모두 녹여 대포를 만들었다. 몇 해 지나지 않아 기쁨의 순간이 슬픔으로 변한 적도 있었다. 1821년 10월 1일 비토리오 에마누엘레 1세Vittorio Emanuele I의 랑게 입성을 축하하는 모닥불로 바르바레스코 탑 지붕이 소실되었다.

오른편의 36번지에 다다르자 트랙터는 거대한 초록색 금속 대문 앞에서 경적을 울린다. 덜커덩 소리를 내며 천천히 문이 열리자 트랙터가 들어간다.

가야 와이너리 마당에서는 피에몬테 방언이 울려 퍼진다. "지금 콩코드 여객기나 일본의 고속철을 말하는 게 아니잖아." 한쪽에서 소리친다. "그저 제대로 작동하는 복사기나 한 대 있으면 좋겠네!" 청바지에 알록달록한 스웨터를 입은 안젤로가 사무실로 쓰는 나지막한 목조 건물 앞에서 한 남자와 이야기하고 있다. 그의 순수한 미소가 격렬한 표정을 누그러뜨린다.

마당 오른쪽 중간쯤에 셀러(저장실)로 내려가는 계단이 있고, 포도를 내리는 곳 옆에 회색 작업복을 입은 구이도 리벨라가 서 있다. 순하게 생긴 그의 얼굴이 평상시보다 더 여위어 보인다. 수확 때마다 치르는 홍역이다.

포도밭 언덕이 내려다보이는 마당 끝 쪽 난간에서 두 사람이 얘기를 나누고 있다. 와이너리에서 방문객 응대와 외국 고객 상담을 맡고 있는 서른 살쯤 된 알도 바카Aldo Vacca와 '지오메트라geometra'라고 불리는 안젤로의 아버지 지오반니 가야Giovanni Gaja이다. 지오메트라는 기하학자가 아니라 토지 측량과 건축 지식을 갖춘 기술자라는 뜻이며, 지오반니가 와이너리와 병행하던 직업이었다.

팔순이 넘었어도 여전히 활기 넘치는 지오반니는 60년 전에는 이 마당을 네 명의 주인이 소유하고 있었다며 기억을 더듬는다.

알도와 함께 서 있는 곳은 나무와 풀로 덮여 있었다. 40년 뒤 셀러를 증축하면서 파낼 때까지 마당은 언덕에 묻혀 있었다. 마당 한가운데에는 빗물을 저장하는 물탱크가 있었다. 지오반니가 바르바레스코 시장으로 일한 지 6년째 되던 해인 1964년까지 바르바레스코에는 수도 시설이 없었다. 구이도 건너편의 창고 자리에는 지오반니의 아버지, 안젤로 1세의 마구간이 있었다. 매입한 포도를 와이너리까지 지고 오는 노새들의 쉼터였다. 현재 사무실로 쓰는 공간은 대부분 그 당시 가야 가족이 살던 집이었다. 알도의 사무실은 부엌이었고 안젤로의 사무실은 이웃집의 일부였다. 미닫이문이 있는 현관은 길과 면한 작은 집터였다.

트랙터가 멈추고 구이도 쪽으로 후진한다. 알도와 지오반니가 다가와 포도를 맛본다. "맛이 정말 좋은데요." 알도가 말한다. "1985년 이후로 최고인 것 같아요."

1985년 빈티지가 출시되었을 때 독일의 와인 전문가인 아르민 디엘Armin Diel과 조엘 페인Joel Payne은 "구조가 다층적이고 추출이 잘되었으며 과일 향이 응집되어 있다. 믿을 수 없을 만큼 풍부하고 피니시가 대단하다"라고 평했다. 로버트 파커는 "이국적이고 강렬하며 놀랄 만한 복합성을 갖고 있다"며 "로마네 콩티Romanée-Conti와 무통 로칠드Mouton-Rothschild를 블렌딩한 것만 같은 부케"라고 격찬했다.

"어디 포도지?" '지오메트라'가 묻는다.

"산 로렌조의 네비올로입니다." 알도가 대답한다.

1988. 10. 27

소리 산 로렌조

계곡 건너편 언덕 파셋Fasèt에서 바라보면, 소리 산 로렌조는 조명이 제일 먼저 비치고 제일 늦게 사라지는 무대처럼 보인다. 피에몬테 방언인 소리sori는 햇볕이 잘 드는 남향 언덕이라는 뜻이다. 위도는 보르도와 같고 뉴욕보다는 높으며 비교적 북방 기후에 속하고, 고도는 해발 250미터가 넘는다. 네비올로는 만생종이라 잘 익으려면 일조량이 최대한 많이 필요하다.

포도는 다른 어떤 과일보다 재배 장소에 민감하기 때문에, 와인계에는 토양의 미묘한 차이를 구분하는 어휘가 풍부하다.

17세기 영국 철학자 존 로크는 유려한 문장으로 포도밭 위치의 중요성을 역설했다. "작은 실개천 하나가 보르도의 위대한 포도밭 오 브리옹Haut-Brion과 이웃 포도밭의 운명을 갈라놓는다." 프랑스 작가 콜레트는 보다 시적으로 표현했다. "포도는 인간에게 땅의 풍미를 느끼게 하며, 인간에게 땅의 비밀을 전한다."

품종과 토양, 어느 편이 더 중요할까? 결혼과 마찬가지로 서로 상승시켜주는 짝을 만나야 한다. 100여 년 전 로버트 루이스 스티븐슨Robert Louis Stevenson은 품종과 토양의 짝짓기 전통이 전혀 없던 캘리포니아 나파 밸리에서 이를 실험하던 과정을 글로 남겼다. 1883년에 그는 "좋은 짝을 찾기 위해 토양에 따라 구획마다 한두 품종씩 심어보았다. 이쪽은 실패, 저쪽은 조금 낫고, 세 번째가 가장 훌륭하다"라고 썼다. 프랑스 부르고뉴에서는 이미 그보다 몇 세기 앞서 시토Citeaux 수도회 수도사들이 같은 실험을 하고 있었다.

소리 산 로렌조는 훤히 트인 계곡을 마주하고 있다. 다른 곳보다 바람이 잘 통하여 과도한 열기와 습기를 피할 수 있고 포도알이 상할 위험이 적다. 포도밭 오른편으로는 둑으로 막은 타나로 강이 잔잔한 호수처럼 흐르며 포도밭의 온도를 조절해준다. 언덕 꼭대기는 차가운 북풍을 막아준다. 전문가가 아니더라도 이런 지역적 특징을 알 수 있으며, 포도밭의 위치가 왜 중요한지 쉽게 이해할 수 있을 것이다.

하지만 알 수 없는 세부적인 문제도 있다. 소리 산 로렌조의 포도나무는 언덕의 곡선을 따라 수평으로 줄지어 심었다. 위에서 아래로 수직으로 곧게 줄지어 심은 바로 옆 포도밭과는 다르다. 두 구역을 자세히 보면 수직으로 심은 포도나무가 서로 더 가깝게 늘어서 있다. 잎을 살펴보면 소리 산 로렌조 포도밭은 아직도 연녹색 잎이 가득한데, 포도밭 사이에 끼어 있는 타나로 강 쪽 작은 밭은 잎이 떨어져 삭막한 모습이 완연하다. 반면 계곡 건너편 포도밭은 눈에 띄게 짙은 초록색 잎이다.

1988. 10. 28

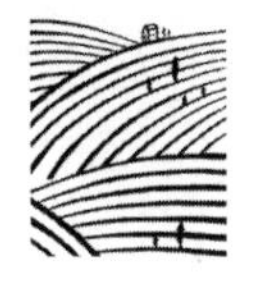

포도밭 토양/대목

페데리코 쿠르타즈가 쪼그리고 앉아 방금 뒤집어놓은 흙을 움켜쥐며 감탄한다.

"이 매마른 흙이 값을 매길 수 없는 귀한 흙입니다!"

저 하늘 어디에선가 성 로렌조는 그의 이름을 딴 이 땅을 가끔 내려다볼 것이다. 역설에 능한 그였으니 저 말도 이해할 것이다. 한때 로마의 교구장이 방문하여 교회의 재정 담당이던 그에게 교회의 값나가는 물건을 모두 바치라고 요구한 적이 있었다. 그러자 성 로렌조는 가난하고 병든 자들을 모두 불러 모았다. "교회의 보물은 바로 이들이오."

와인의 마지막은 테이스팅의 시적 표현으로 장식되지만, 시작은 땅을 표현하는 산문이다. 페데리코는 마치 금덩어리나 비싼 송로버섯을 쥐고 있는 것처럼 얼굴에 기쁨이 넘친다. 흙에 대한 그의 예찬은 와인 애호가들이 고급 포이약Pauillac이나 포므롤Pomerol 와인을 논할 때만큼 열정적이다.

페데리코는 아직 서른 살이 되지 않았다. 프랑스와 스위스의 접경 지역인 발레다오스타에서 태어난 그는 어머니의 고향인 아스티 부근에서도 자랐다. 아직 어린 학생 시절에 조숙하게도 그는 급진적 정치 운동과 1970년대의 격렬한 이념 투쟁에 참여했다. 1981년 페데리코가 와이너리 일을 시작했을 때 안젤로가 말했다. "전쟁을 하고 싶으면 여기에서도 하게 될 거야."

총성은 울리지 않았다. 포도밭에서 보낸 젊은 날을 회상하며 페데리코는 고개를 가로젓는다. "열여섯 살 때는 디스코텍에서 시간을 보내는 게 더 낫다는 생각이 드네요." 그가 한숨을 내쉰다.

페데리코의 부모는 농사일을 하며 근근이 생계를 꾸려 나갔다. 그에게도 농부의 피가 흐르지만 부모와는 다른 생활을 했다. 기술학교를 졸업한 뒤 웨일스로 건너가 홉과 호박을 재배하는 농가에서 일했다. 런던에서도 지냈다. "여행이 진짜 학교죠." 고향에서 멀리 떨어진 곳에서 만난 사람들과 박물관의 잔영이 아직도 그에게 남아 있다.

와인을 마실 때에는 포도밭에서 일하는 사람들의 노고는 잊히기 쉽다. 생산자만이 스타로 떠오른다. 와인 메이커도 와인과 함께 자신의 이름을 남기지만 포도나무 재배자는 주목받지 못한다.

"노동조합 정신으로는 이 일을 할 수 없어요." 페데리코는 올해 휴가를 건너뛰었다. 봄에 날씨가 좋지 않았던 탓에 일이 밀려 여름 내내 정신없이 움직여야만 했다. "장기적 안목이 필요합니다. 지금 하고 있는 일의 결과는 수년이 지나야 나타나니까요."

페데리코가 손에 쥔 흙덩이를 부순다. 흙덩이가 터지듯 부스러진다. "마치 오렌지 같죠?" 그가 함박웃음을 짓는다. 그가 해온 일의 결과가 나타나기 시작한다.

일반인들은 포도밭의 흙 역시 그저 발을 디디고 서는 흙일 뿐이라고 생각한다. 땅속이 어떤지는 개의치 않는다.

"사람들은 토양의 구조가 얼마나 중요한지 몰라요." 페데리코의 목소리가 높아진다. 토양의 구조는 나무의 생육에 절대적으로 필요한 물과 공기를 조절한다. 위대한 포도밭에서 자라는 포도나무는 식물 왕국의 귀족이다. 그러나 그들도 평민과 마찬가지로 땅에 뿌리를 내려 생리적 욕구를 충족시켜야 한다.

토양의 구조는 토질texture, 즉 모래와 미사, 점토 등의 비율에 따라 달라진다. 모래가 제일 굵고, 점토가 가장 미세하며, 미사는 그 중간이다. 토양의 구조는 이런 입자들이 어떻게 혼합되고 결합해 있는가에 따라 달라진다. 가벼운 모래뿐이거나 무겁고 단단한 점토만이라면 둘 다 페데리코가 손에 쥐고 있는 흙덩이처럼 부스러지지 않는다. 점토는 비가 오면 부풀고 기공이 닫히며 물이 잘 빠지지 않는다. 따라서 수분이 포도나무 뿌리 주위에 고여 꼭 필요한 산소가 차단된다. 모래는 물을 흡수하지 않는다. 바르바레스코에서처럼 간혹 가뭄이 오래 지속되면 모래 토양에서는 나무가 말라 죽는다. 페데리코가 곧잘 쓰는 말을 인용하자면 토양에는 수분 장력이 필요하다.

"배수도 하고 흡수도 해야죠." 페데리코가 자연스럽게 영어 운율에 맞춰 흥얼거린다. "산 로렌조의 흙은 모래 10퍼센트, 거친 미사 20퍼센트, 가는 미사 40퍼센트, 점토 30퍼센트입니다. 미사가 균형을 훌륭하게 잡아줍니다."

페데리코는 막대기 같은 자를 들고 다니며 땅의 깊이를 잰다. 더 이상 들어가지 않을 때까지 자를 땅 속으로 깊숙이 밀어 넣는다. 70센티미터에서 멈춘다. 그 밑에 단단한 석회석 단면이 있어서다. 언덕 아래쪽으로 내려가 보니 포도나무의 잎이 더 무성하고 밑동도 더 굵다. 페데리코가 막대기를 힘껏 내리꽂는다. 이번엔 80센티미터다.

“이쪽 포도나무는 유혹을 많이 느껴요.” 그가 재밌다는 듯 말한다. “냉장고에 먹을 게 많으면 살이 찌는 것과 마찬가지입니다. 포도나무도 흙이 깊으면 양분을 많이 흡수하여 수세樹勢가 강해집니다.”

‘강하다’는 말은 보통 좋은 뜻이지만, 그의 말투를 보면 분명 좋은 의미가 아닌 듯하다. 포도 재배 용어 사전이 있다면 ‘약하다’가 오히려 좋은 말일 것이다. 포도나무는 약해야 더 좋은 열매를 맺는다.

일에 온 시간과 정력을 쏟느라 아이를 돌볼 여력이 없는 부모처럼, 포도나무도 수세가 좋으면 나무가 너무 오랫동안 잘 자라 포도가 먹을 양분까지 모두 빼앗아버린다. 열매는 늦게 맺히고 포도 껍질은 얇아지며 병충해에도 약해진다. 우거지고 뒤엉킨 잎들은 경작을 방해한다. 포도알은 크기만 하고 맛이 없다.

포도나무의 수세는 그해 뻗어나온 새 가지의 길이와 나무 밑동의 굵기를 측정해보면 알 수 있다.

자상한 부모처럼 잎을 살펴보던 페데리코는 나직하게 감탄하는 목소리로 말한다. “산 로렌조의 포도나무는 균형 있게 자랍니다.” 어떤 나무는 그가 태어나기 전부터 있었다. 세월보다 더 좋은 약은 없다. 사람도 마찬가지지만 포도나무도 나이가 들면 저절로 수세가 수그러진다. 그런데 안젤로가 최근 매입한 바롤로 지역 세라룽가의 포도나무 얘기를 할 때는 목소리가 커진다. 페데리코는 그 포도나무들을 모조리 뽑아버릴 참이다.

“네비올로를 심기에는 흙이 너무 깊은 곳이 있어요. 캘리포니아 같아요.” 캘리포니아라고 말할 때 페데리코의 어조에는 경외와 경멸이 섞여 있다. “몇 년 전 그곳에 갔을 때 밑동이 거대한 나무처럼 굵은 걸

봤어요!" 그는 몸통을 가리키며 소리를 높인다. "그런 포도나무는 마이크 타이슨 같죠. 근육만 있지 섬세함이 없어요." 페데리코는 고개를 가로젓는다.

수세는 수분과 질소의 역할에 크게 좌우된다. 이를 줄이면 수세도 약해진다.

페데리코는 실험실에서 방금 받아온 토양 성분 조사 결과를 보여준다. 서류에는 토양의 질을 '척박' '적당' '비옥'으로 결정짓는 토양의 질소 비율이 나와 있다. 질소 비율이 0.12퍼센트 이하이면 '척박'으로 분류되는데, 소리 산 로렌조의 토양은 질소 함량이 0.073퍼센트밖에 안 된다. 실험 결과만 보면 이 포도밭은 영양 결핍 상태의 척박한 땅이다. 실험실에서는 비료를 많이 주어 빨리 비옥한 땅으로 만들어야 한다고 조언한다.

"다른 농작물이라면 그 충고를 따라야 합니다." 페데리코가 대수롭지 않게 말한다. "옥수수를 재배할 거라면 말이죠."

역시 중요한 것은 토양의 균형이다. "포도나무가 적당한 수세를 유지하도록 땅의 상태를 관리해야 해요. 포도나무를 일부러 영양실조로 만들어 괴롭힌다는 뜻이 아닙니다." 페데리코가 눈썹을 찌푸리며 말한다. "어떤 글을 보면 사드 후작이 직접 포도 재배 강령을 쓴 건 아닌가 하는 착각이 들 정도입니다." 그의 얼굴에 장난스런 웃음이 번진다. "나도 사드를 읽었거든요."

그가 타나로 강 건너편 언덕을 가리킨다. "저 포도밭을 보세요. 질소 비료를 많이 뿌려 잎들이 짙은 초록색입니다." 그는 두리번거리다 강 쪽으로 고개를 돌리며 말한다. "저기 저 황량한 곳은 우리 밭이 아닙니다. 포도나무를 너무 빽빽하게 심었어요. 연료가 부족한 자동차처럼 잎도 양분이 부족하면 빨리 떨어집니다."

페데리코는 포도나무 이랑 사이에 콩과 식물을 심는다. 고대 로마의 대大 플리니우스는 콩이 "씨를 뿌린 곳의 토양을 비옥하게 한다"고 했다. 페데리코에 따르면 콩은 질소를 만들어 "적당히 조절하는 방식으로" 포도나무에 양분을 공급한다. 이 '녹색 거름'은 포도나무에만 좋은 게 아니다. 식물이 한창 자랄 늦봄에 땅을 뒤엎고 갈묻이를 하면 분해되어 부식토가 된다. 부식토는 흙의 입자를 비교적 안정적인 상태로 혼합해 수분과 공기를 잘 투과시킨다. 부식토는 페데리코의 든든한 동맹군으로, 이상적인 토양 구조를 만드는 일등공신이다.

"유기 물질은 토양의 거의 모든 병해를 자연 치료해줍니다." 페데리코가 근처 농장에서 양질의 거름을 발견했다며 자랑스럽게 말한다. 복권에 당첨되어 행운을 잡은 것처럼 흥분한 목소리다. 주변에 가축이 점점 줄고 있어 요즘은 좋은 거름을 찾기가 쉽지 않다. 여기저기에 가축 배설물이 있지만 대부분 항생제를 함유하고 있어 건강한 토양을 위해 꼭 필요한 박테리아를 죽이고 만다. 그런데 페데리코가 송아지 사료에 항생제를 넣지 않는 농장을 발견한 것이다. 페데리코는 짚이 얼마나 섞여 있는지도 살펴보아야 한다고 말한다. 그리고 돼지 배설물은 진짜 질소 범벅이니 조심해야 한다.

페데리코와 함께 포도밭을 배회하고 있으니 신기한 자연 현상들이 눈에 더 잘 보이는 것 같다.

포도밭의 기호학자는 지하 세계로부터 온 신호를 알아챈다. 흙덩이 속의 나무 밑동에서 무언가 불룩하게 부풀어 올라와 있다. 페데리코가 하는 말을 알아듣기가 점점 더 어려워진다. 갑자기 그가 사투리를 쓰는 것도 아니다. 그보다는 무슨 전문용어나 암호 같다. 420A, 코베르Kober

5BB, So4. 이들은 모두 미국에서 온 이주민들이다. 오만한 유럽의 귀족들은 스스로 땅에 뿌리를 내리고 살 수 없어 미천한 이들에게 생존을 전적으로 의지한다. 부풀어 오른 것은 미국산 뿌리에 유럽산 가지를 접목한 부분이다.

1860년경 미국에서 배를 타고 건너온 식물 표본 중 포도나무에 필록세라phylloxera라는 해충이 붙어 왔다. 이들은 가는 곳마다 포도나무 뿌리를 갉아먹으며 유럽의 포도밭을 황폐화시켰다. 이 작은 침입자의 정체는 밝혀지지 않았고, 유럽의 포도나무 비티스 비니페라는 멸종 위기를 맞았다. 급기야 상식적으로나 식물학적으로나 매우 과격한 처방이 내려졌다. 필록세라에 면역력이 있는 미국종 뿌리에 유럽종 비니페라를 접목하는 방법이었다.

이에 대해 격렬한 논쟁이 있었고 전문가들의 의견도 양분되었다. 감염의 우려는 없는 것일까? 외래 품종에 또 다른 해충이 묻어 올 수도 있을 것이다.

이탈리아 정부는 1881년에 미국종 대목에 비니페라를 접목하는 실험 묘목장을 조성하고 책임자로 도미지오 카바차Domizio Cavazza를 임명했다. 그는 당시 알바에 새로 설립된 왕립 포도재배양조학교의 원장이었으며, 훗날 바르바레스코 와이너리 조합을 만들 때에도 중요한 역할을 했다. 묘목장은 해충 확산을 예방하는 차원에서 이탈리아 반도 서쪽 몬테크리스토 섬에 격리되었다. 하지만 반대 의견이 수그러들지 않아 결국 얼마 지나지 않아서 정부는 묘목장을 폐기하기로 결정했다.

반대자들의 우려가 전혀 근거 없는 것은 아니었다. 새로운 포도나무 질병인 '노균병'이 이주 집단에 묻어 유럽에 침입했다. 그래도 접목 실험은 계속되었다.

가장 큰 문제는 낮은 신분의 미국 포도가 귀족적인 비니페라 포도의 위상을 격하시킬지도 모른다는 우려였다. 그러나 다행히도 미국종 대목은 눈에 띄지 않게 배우자를 은밀히 보필하여 포도알의 품질에는 영향을 미치지 않았다. 우수한 비니페라의 순수 혈통이 그대로 계승되었다.

필록세라 격퇴 연맹은 대서양 연안 국가들 사이에 이루어진 동맹 중 역사적으로 가장 성공한 사례다. 19세기에 결성된 나토NATO, 즉 북대서양 이식 기구North Atlantic Transplant Operation는 여전히 건재하다. 수억 그루의 미국 대목이 유럽 땅에 뿌리를 내리고, 유럽의 묘목장은 해마다 수백만 주의 묘목을 길러 교체한다.

그러나 이런 성공 스토리가 모두 해피엔딩으로 끝나지는 않는다. 많은 외래 품종이 새로운 환경에 적응하지 못하거나, 서로 짝이 맞지 않아 파경을 맞기도 했다.

카바차는 "미국종은 뿌리가 가늘고 질기며 베기 어렵고 잘 뽑히지도 않는다. 즉, 유럽종보다는 매우 강하다"고 한다. 그러나 여러 미국종이 각기 다른 비니페라 품종과 조화를 이루는 데는 정도의 차이가 있으며, 유럽의 환경에 적응하는 데도 차이가 있다. "필록세라를 이겨내기도 해야 하지만 스스로도 잘 살아나갈 힘이 있어야 한다"고 그는 강조했다.

미국의 포도나무들은 대체로 유럽의 포도밭보다 더 비옥하고 덜 건조한 곳에서 자라왔다. 그러니 수세가 약한 나무는 석회석이 많은 척박한 랑게 언덕에서는 뿌리를 내리기가 어렵고 적응이 힘들다. 대목으로 흔히 사용하는 미국 비티스종(리파리아*riparia*, 루페스트리스*rupestris*, 베를란디에리*berlandieri*) 가운데 리파리아가 가장 수세가 약하고 석회석에 예민하다. 루페스트리스는 뿌리가 깊이 파고들며 가뭄에 가장 잘 견딘다. 베를란디에리는 석회석에는 잘 견디지만 잎이 무성하며 뿌리를 잘 내리지 못한다. 처음에는 이런 차이점과 문제를 잘 파악하지 못하고 무작정 접목을 시도하여 실패가 잦았다.

결국 최종 해결책은 이종 교배crossbreed였다. 대개 두 개의 미국종을 교배했으며, 드물지만 미국종과 비니페라를 교배하기도 했다. 페데리코의 알 수 없는 전문용어는 이종 교배의 결과물인 교배종 대목을 말한다. So4는 독일 오펜하임 연구소에서 선택한 네 번째 대목이다. 코베르 5BB는 코베르가 만든 교배 대목 중 하나다. 바르바레스코에서 가장 흔한 대목은 420A와 코베르 5BB인데, 식물학자들에 따르면 둘 다 리파리아와 베를란디에리를 교배한 종이다.

사실 접목의 장점도 많다. 유럽의 토양과 비니페라 품종에 맞는 대목을 만들어내면 포도나무의 수세를 조절할 수 있기 때문이다. 비니페라는 통통하게 뻗는 원뿌리가 수세를 강화한다. 필록세라 해충이 퍼지기 전 19세기에 포도나무에 거름을 주지 않았던 이유도 원뿌리의 활력을 줄이기 위해서였다. 캘리포니아 몬터레이의 재배자들은 수천 헥타르 포도밭에 접목하지 않은 비니페라 포도나무를 심은 후 이들의 수세가 더 강하다는 사실을 알게 되었다.

아울러 그 지역이 필록세라에 면역성이 없다는 사실도 알게 되었다. 나파와 소노마의 재배자들도 65퍼센트에 달하는 포도나무를 곧 다시 심어야 한다는 사실을 깨달았다. 캘리포니아 대학 데이비스 캠퍼스에서는 1985년에 필록세라 돌연변이종(B유전자)을 발견했는데, 이것이 AxR#1 대목(루페스트리스와 비니페라 품종 아라몬Aramon의 교배종)에 접목한 포도나무를 놀랄 만한 속도로 황폐화한다는 것도 확인했다. AxR#1

대목은 비니페라의 특성을 지니므로 순수 미국 교배종보다 더 공격당하기 쉽다. 물론 기존 필록세라(A유전자)에 대한 면역성도 약하다. 그러나 재배자들은 수명이 짧은 대신 생산성이 월등히 높은 이 대목을 선호했다.

비니페라 품종이 처음 접목되었을 때는 충격도 컸을 것이다. 그러나 네비올로의 접목은 역사적으로 전혀 새로운 일이 아니었다. 포도나무를 심을 때는 꺾꽂이를 한다. 필록세라 이전 시대에는 나무가 겨울잠을 잘 때 눈을 두세 개씩 남긴 일년생 가지를 잘라 꺾꽂이를 했다. 하지만 네비올로 특유의 활력이 문제가 되었다. 19세기 후반 랑게의 지오메트라였던 로렌조 판티니Lorenzo Fantini는 포도 재배와 양조학의 중요 자료를 집대성하며 다음과 같은 글을 남겼다. "꺾꽂이를 한 네비올로는 5~6년이 지나야 열매를 맺는다. 수세가 강하여 그동안은 새 가지만 무성하게 나오고 열매를 맺지 못한다. 그래서 재배자들은 네비올로 대신 수세가 약한 돌체토나 모스카텔로를 심었다. 4년이 되면 네비올로를 이 대목에 접목하여 그해에 포도를 수확할 수 있었다."

페데리코는 알고 있다는 듯이 미소를 짓는다.

"접목으로 네비올로의 수세를 줄여 한 해라도 빨리 포도를 수확하려고 한 거지요." 그가 흙덩이를 살펴보며 말한다. "네비올로는 산 로렌조처럼 척박한 땅에서 자랄 때에만 진짜 고귀한 포도가 된답니다."

이탈리아 와인의 역사

와인 왕국의 성도들에게는 위대한 포도밭은 성지와도 같다. 하지만 1964년 이전의 소리 산 로렌조는 순례자들을 슬프게 했을 것이다. 신성한 땅이 모독당하고 있었기 때문이다.

당시 이 포도밭은 알바 성당 소유였으며 소작인들이 농사를 짓는 언덕배기의 초라한 경작지였다. 그래서 아직도 이곳을 '소작농'이라는 뜻의 방언인 마주에masuè라고 부른다. 안젤로의 아버지 지오반니 가야는 1964년에 이 땅을 전부 구입했다.

알바의 수호성인 이름을 따서 지금은 '산 로렌조'라 부르는 이 언덕에 아래위로 통하는 좁은 길이 있다. 단지 포도밭을 오르내리는 트랙터 길만은 아니다. 1950년대의 지도에는 '스트라다 몬타Strada Montà'라고 표기되어 있다. '바르바레스코의 항구'인 타나로 강 나루터에서 마을로 올라가는 '길'이자 '도로'였다. 밤낮으로 다니는 나룻배는 강 건너편으로 가는 가장 빠른 교통수단이었다. 사람뿐 아니라 가축과 수레도 이 길로 지나다녔다. 길 양쪽에는 참나무와 느릅나무, 미루나무가 늘어서 있었다. 구이도 리벨라는 바로 강 건너에 사는 할아버지 집으로 다니던 길이었기에 더 잘 기억한다.

지금은 언덕 전체에 포도를 심었지만 1964년까지는 가축을 먹이는 넓은 목초지였다. "가축은 소작농들의 저금통이었습니다." 안젤로가 말한다. "현금이 필요할 때 언제나 팔 수 있었으니까요." 목초지에는 과수와 개암나무도 있었다.

포도나무 사이에는 다른 농작물을 심었다. "당시에는 생존을 위해 농사를 지어야 했어요." 안젤로와 함께 1960년대부터 포도밭에서 일한 피에트로 로카Pietro Rocca가 말한다. "포도는 중요하지 않았어요. 가족이 먹을 빵과 파스타를 만들 수 있는 밀이 우선이었습니다." 지오반니가 마주에를 구입한 해에 안젤로는 포도보다 밀을 더 많이 수확했다. 스무 명이 새로 산 밭에서 10톤이 넘는 밀을 거둬들였다.

바르바레스코에는 소작농이 흔했다. 3년 뒤 안젤로의 아버지가 론칼리에테Roncagliette 농장을 샀을 때는 상황이 더 나빴다. 론칼리에테는 지금 유명한 포도밭이 된 소리 틸딘과 코스타 루시가 있는 농장이며, 당시 코스타 루시에는 포도나무가 한 그루도 없었다.

"농장은 폐허 같았어요." 안젤로가 말한다. "주인은 피아트의 엔지니어였는데 그 땅에 돈이 얼마나 드는지 모른다며 불평만 하고 다녔습니다. 소작농들은 주인이 재주넘기라도 해서 수지를 맞추라고 강요한다고 불평했고요. 양쪽 다 한 푼도 투자하려고 하지 않았습니다."

당시 바르바레스코에서는 포도 재배가 전혀 매력적인 일이 아니었다. 송아지가 뛰어놀고, 평범한 농작물이 귀족 포도나무와 어깨를 부대끼며 함께 자라고 있었다. 산 로렌조의 귀한 땅이 왜 그렇게 버려져 있었을까?

맑은 날에는 바르바레스코에서 뚜렷이 보이는 알프스 산맥의 반대편에도 포도밭이 있다. 산 너머 프랑스에는 농작물이 이미 제자리를 찾아 자라고 있었다. 프랑스의 위대한 포도밭에는, 19세기의 농경학자가 말한 "식물들의 자유, 평등, 우애는" 있을 수 없는 일이다. 작은 풀잎 하나도 포도나무와는 물과 양분을 공유할 수 없다. 로마네 콩티의 옥수수나 샤토 라투르의 밀로 만든 빵은 상상도 할 수 없다.

빈티지 포트Vintage Port 같은 예외가 있긴 하지만 고급 와인은 곧 프랑스 와인을 뜻했다. 과거에는 로마 군단이 프랑스에 포도 재배를 전파했지만, 현대적 와인의 시대가 열린 17세기 후반부터는 이탈리아가 훨씬 뒤처졌다.

그때까지만 해도 와인은 별다를 것 없는 농산물에 불과했다. 와인의 생산지는 전혀 중요하지 않았으며, 와인 가격은 수확한 해가 지나고 햇와인이 나오면 폭락했다. 어떤 와인이라도 1년이 지나면 식초로 변해갔기 때문이다.

단순한 알코올음료가 '경험'을 이끌어내는 음료로 격상된 데에는 여러 요인이 있었다. 단단한 유리병과 코르크 마개의 등장, 야심 찬 도시인들이 소유한 보르도의 웅장한 저택과 포도밭, 그리고 와인에 열광하는 부유한 시민 계층의 출현 등이다. 최고의 와인 시장은 영국이었고 와인 가격은 런던에서 정해졌다. 1950년대까지도 보르도 사람들은 "8월에 런던 날씨가 좋으면 와인도 좋은 해"라고 말하곤 했다.•

영국인들의 프랑스 와인 사랑은 먼 옛날 영국의 헨리 2세가 프랑스

• 영국인들이 프랑스도 여름 날씨가 좋아 훌륭한 빈티지가 될 것이므로 그해 프랑스 와인 수출량이 늘어난다는 뜻-옮긴이.

아키텐의 엘레아노르와 결혼하면서 영국 왕실이 보르도를 소유하게 된 1152년까지 거슬러 올라간다. 현대적 와인의 시대가 열린 1660년대에 샤토 오 브리옹Haut-Brion의 소유주였던 아르노 드 퐁탁Arnaud de Pontac은 최초로 샤토 이름과 생산지를 명시한 와인을 출시했다. 보르도의 유력 인사이자 주 런던 대사였던 그는 와인을 즐기는 이들뿐 아니라 살 수 있는 이들, 소문을 퍼뜨릴 수 있는 이들에게 와인을 선전했다. 영국의 수필가 새뮤얼 피프스Samuel Pepys는 그의 유명한 일기에서 "호 브라이언Ho Bryan"을 언급했으며, 영국의 철학자 존 로크John Locke는 1677년에 그곳으로 순례여행을 떠나기도 했다. 오브리옹을 선두로 다른 프랑스 샤토들도 이와 같이 이름을 알렸다.

프랑스 와인은 전 세계적으로 와인의 기준이 되었고, 보르도와 부르고뉴(버건디)는 색조를 가리키는 일상용어가 되었다. 프랭크 시나트라 같은 젊은 이탈리아계 미국인 가수가 즐겨 마시던 와인도 선조들이 마시던 아스티 스푸만테가 아닌 샴페인이었다. 평범한 프랑스 와인일지라도 귀족적 분위기를 연상시키는 멋지고 긴 이름이 매력을 더했다. 반면 고급 이탈리아 와인은 람브루스코 같은 가벼운 와인에 가려 제대로 평가를 받지 못했다.

영국은 프랑스와 잦은 전쟁을 치르며 적국의 수출품에 무차별적인 관세를 매겼고, 결국에는 프랑스를 대체할 와인 생산지를 찾게 되었다. 포트Port가 영국의 문턱에 들어설 수 있었던 것도 이 때문이다. 18세기 초 바르바레스코와 이웃한 바롤로 지역의 와인도 그 당시 수출 기회를 엿볼 수 있었다. 영국 상인들은 이 지역 와인을 수입하고 싶어 했지만 영국까지 수송하는 일이 난관이었다. 프랑스 니스 항까지 무거운 와인 통을 운송할 수 있는 적합한 도로가 없었다. 당시 제노아 공화국에는 더 가까운 항구들이 있었지만 와인에 무거운 세금을 부과했다.

이탈리아의 지리적 고립과 정치적 분열은 바르바레스코 같은 지역 와인의 성장에 치명적 타격을 입혔다. 결국 랑게의 농부들은 주민들만 소비하는 와인을 만들 수밖에 없었다.

국제 시장에서 수요가 없는 와인은 고향의 관객을 위해서만 공연하는 무용수나 음악가와 같다. 경쟁도 없고 비평도 없다. 프랑스 와인이 장기 공연에 성공하는 이유는 유리한 지리적 위치나 마케팅 덕분이기도 하지만 와인의 품질에 경쟁력이 있기 때문이다.

로렌조 판티니는 1880년대 초에 자신의 역작 《쿠네오 지역의 양조와 포도 재배》를 집필하기 시작해 1895년까지 멋진 필기체로 내용을 계속 추가했다. 그는 랑게의 포도밭과 셀러를 직접 알고 있었고, 포도를 재배하는 농부보다 훨씬 더 넓은 시야로 관찰할 수 있었다. 판티니는 "19세기 중반 이탈리아의 와인 양조는 마치 노아의 시대로 돌아간 것처럼 형편없었다"라고 썼다. 가장 큰 이유로 "무역 부재"를 꼽았다. "도로가 드물거나 전혀 없어" 수송이 불가능했기 때문이다. 악순환이 계속되었다. "그 당시에 수출이라는 단어는 산스크리트어처럼 생소했다. 생산자들이 와인을 팔 곳이 없어 자신의 와인을 마셔버려야 하는 해도 많았다. 할아버지 때에 친구들을 불러 모아 와인을 풍족하게 대접하던 상황도 자연스레 설명이 된다."

판티니는 그 이후로 많은 발전이 있었음을 인정했지만 이 지역의 와인은 "여전히 알프스 너머에 있는 이웃 프랑스의 경쟁 상대가 될 수 없다"고 생각했다.

판티니와 같은 시대의 오타비오 오타비Ottavio Ottavi는 더욱 비판적이었다. 이웃 지역 카잘레 몬페라토 출신인 그는 이탈리아 최초로 포도 재배와 양조에 관한 정기 간행물을 발간했다. "현재 우리는 고급 와인은 거의 만들지 못하고 있으며 열등한 와인은 넘쳐난다. 식초 같은 와인은 아주 많다. 최고급 와인이라도 품질이 고르지 않다. 어떤 와인은 교황 바오로 3세의 입맛에도 맞지만, 어떤 와인은 요리에나 쓸 만하다"라고 꼬집었다.

판티니는 발전을 저해한 주요 요인이 소작농 제도라고 보았다. "포도 재배에 능숙한 소작농을 만나기란 불사조를 만나는 것만큼이나 어렵다. 또 소작인에게 땅을 맡기는 주인은 어느 누구도 품질 개량에 한 푼도 투자하려고 하지 않는다."

포도 재배에 적합한 땅에 다른 농작물을 함께 심는 것은 경제적으로 불안한 상황 때문이었다. 언제나 인류에게 가장 큰 공포는 식량이 부족할 수 있다는 것이었다. 농부들은 포도 바구니 하나에 달걀을 몽땅 몰아 담기를 주저한다. 판티니는 그들이 '조금씩 여러 작물을 수확'하려고 마음먹는 것은 당연하다고 옹호했다. 그는 포도밭에 다른 작물을 전혀 심지 않은 한 농부의 예를 들었다.

농부의 밭은 바르바레스코에서 얼마 떨어지지 않은 곳이었는데 결과는 놀라웠다. 포도를 다른 작물과 함께 심은 곳에 비해 포도만 심은 곳에서는 포도의 품질이 눈에 띄게 향상되었다. 그래서 다음 해에는 포도밭 전체에 아예 밀을 심지 않았다. 그러자 가족을 비롯하여 친구와 이웃들이 모두 이단자로 몰아 다시 밀을 심을 수밖에 없었다.

오타비도 '술의 신 바쿠스와 곡물의 여신 세레스'의 결혼을 비난했다. 둘의 결혼은 수분과 양분을 두고 서로 경쟁하게 만들고, 포도나무를 그늘지게 하며, 과습을 초래하고, 포도밭에서 일하기도 어렵게 만든다. 오타비와 판티니는 둘 다 포도나무를 다른 농작물과 분리해야 한다고 설득했지만 소용이 없었다. 1896년 농산청 통계에 따르면 알바 지역의 포도밭 99.5퍼센트는 농작물을 혼합 재배하고 있었다.

프랑스는 모든 면에서 단연 앞서갔다. 1910년 바르바레스코의 한 젊은 농부가 툴루즈에 가서 그곳 농부들이 새 포도밭 땅을 가는 기술에 경탄하며 아버지에게 편지를 보냈다. "큰 도르래 두 개가 큰 쟁기를 앞뒤로 잡아당겨요. 우리처럼 작은 괭이로 땅을 파지 않아요. 기계로 땅을 고르니 단 며칠 만에 일이 끝났어요." 아들이 바르바레스코에 돌아왔을 때 아버지는 그 이야기를 아무에게도 하지 말라고 귀띔했다. "아무도 너를 믿지 않을 테고 웃음거리만 될 거야."

시대조차도 발전에 도움이 되지 못했다. 제1차 세계대전이 큰 타격을 주었다. 바르바레스코 타운홀 앞에는 '나라를 위해 목숨을 바친 마을의 용맹한 아들들' 54명의 이름을 새긴 대리석 기념비가 있다. 무솔리니가 '곡식을 위한 전투'로 명문화한 파시즘의 자급자족 판타지는 포도밭에 더 많은 곡식을 심게 만들었다. 그리고 제2차 세계대전 중에는 25년 전 제1차 세계대전 때처럼 농민들이 먼 전쟁터로 징집되었을 뿐만 아니라, 바르바레스코 마을 자체도 이념적 갈등에 휩싸였다.

바르바레스코의 와인 산업이 나아지려는 조짐을 보이던 때도 있었다. 도미지오 카바차가 1894년에 와이너리 조합을 설립하고 이끌던 짧은 기간 동안이었다. 그러나 전체적으로는 50년이 지난 뒤에도 크게 변하지 않았다. 당시 상황에 대한 판티니의 분석은 여전히 공감을 불러일으킨다. "경제의 주요한 요소는 노동이다. 그러나 노동이 자본과 지식의 적용이라는 다른 두 요소와 결합하는 경우는 거의 없다."

1989. 1. 24

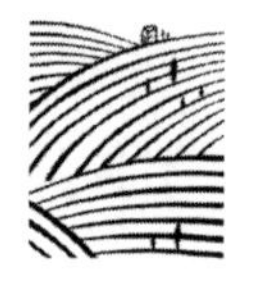

안젤로 가야의 도약

안젤로가 전화를 받으며 전에 시음장이었던 임시 사무실에서 창밖을 내다본다. 스위스 번호판을 단 BMW가 마당 저편에 서 있고, 차주인 듯한 머리가 희끗한 멋쟁이 신사가 그와 함께 앉아 있다.

공사장 일꾼이 마당 난간에 서서 아래쪽을 향해 큰 소리로 무언가 외치고 있다. 사무실 문이 열릴 때마다 쿵쾅거리는 소리와 드릴의 소음이 차가운 바깥 공기와 함께 들어온다.

세라룽가 포도밭을 구입한 뒤 비좁아진 셀러를 확장하는 공사를 하는 중이다. 새 건물을 짓기 위해 사무실을 헐었다. 거대한 두 개의 크레인이 와이너리가 있는 마을 위로 머리를 치켜든다.

전화 속 목소리는 영국식 영어로 말하고 있다. 알도 바카가 팩스를 들고 들어온다. "런던에서는 화요일에 온다네." 안젤로가 수화기를 귀에 댄 채 알도에게 속삭인다. 그의 눈은 팩스를 읽기 시작한다.

또다시 하루가 시작되었다.

안젤로는 알바에서 10킬로미터쯤 떨어진 곳에서 태어나 1963년까지 알바에서 살았다. 일요일이나 가족 모임이 있을 때마다 바르바레스코로 왔으며 여름 방학에는 가을 학기가 시작할 때까지 오랫동안 머물렀다. 그는 '눈이 너무 많이 와서 외출도 못 하던' 크리스마스를 기억하고, 삼촌이 늘 아버지를 놀려대던 말도 잊지 않았다. "주머니에 돈만 생기면 오크통을 사거나 셀러에 들일 물건을 사러 갔지."

안젤로는 1944년에 돌아가신 할아버지는 잘 알지 못한다. 그러나 할머니 클로틸데 레이Clotilde Rey는 그의 기억 속에 특별한 자리를 차지하고 있다. 프랑스 국경에서 5킬로미터밖에 떨어지지 않은 마을에서 태어난 할머니는 교사가 되기 위해 공부했다. 그녀는 가족에게 좀 더 문화적인 환경을 만들어주었고, 손자 안젤로에게는 어렴풋이나마 와이너리에 대한 꿈을 심어주었다. 가져온 지참금으로 작은 포도밭을 샀고, 훗날 안젤로의 아버지가 포도밭을 새로 구입할 때에도 꼭 최고의 밭을 사도록 했다. 그녀는 회계와 서신, 고객 응대 등 와이너리의 마케팅 전반을 맡았다. 안젤로는 무엇보다도 와인의 품질에 대해 귀가 따갑게 말씀하시던 할머니를 기억한다. "할머니는 와인 전도사셨어요."

할머니의 의례를 회상하는 그의 얼굴에 따뜻한 미소가 번진다. 할머니는 다음 해 부활절에 온 가족이 모일 때까지 전해 가을에 수확한 포도를 따로 남겨두었다. "이미 반쯤은 상한 포도를 자랑스럽게 갖고 나오셨지요." 클로틸데 레이의 절약 정신은 유명했다. "구두쇠는 아니셨습니다." 신용카드로 쉽게 결제하는 현대 사회에서는 절약이라는 말의 의미가 퇴색되었다. "할머니는 늘 아끼셨지요." 그는 잠시 회상에 잠긴다. "할머니는 아무것도 가져본 적 없는 산악 지대 출신이셨어요. 아마도 자신이 갖게 된 부를 누리는 법을 모르셨을 겁니다."

1961년 할머니가 세상을 뜰 무렵 가야 와이너리는 바르바레스코를 대표하는 와이너리가 되어 있었다. 소량이지만 와인을 직접 병입하는 몇 되지 않는 와이너리이기도 했다. 당시 알바와 바롤로 지역의 큰 상인들은 바르바레스코를 병입할 때 좋지 못한 빈티지나, 질 낮은 바르베라와 블렌딩해 팔았다. "그러나 할아버지와 아버지가 병입한 와인은 라벨에 순수한 그해의 바르바레스코만 병입했다는 것을 명시했습니다. 품질에 대한 원칙이 있었지요."

안젤로의 아버지가 다른 직업이 있었고, 와이너리의 수입에만 의존하지 않았기 때문에 가능한 일이었다. 품질이 좋지 못한 해에는 벌크와인으로 팔아버리면 그만이었고, 품질이 우수한 해에는 판매에 대한 걱정 없이 높은 가격을 부를 수 있었다.

가야 와이너리는 바르바레스코에서는 일류로 꼽혔지만, 지역을 벗어나면 대단하지 못했다. 여전히 대부분이 피에몬테 주 안에서 판매되었고, 라벨도 없는 큰 병에 넣어 소비자에게 직접 팔았다. 알바에서 유년 시절을 보내며 학교를 다닌 안젤로는 시야가 더 넓었고, 생각이 남달랐다.

1950년대 초만 해도 알바 시는 쿠네오 현에서 가장 산업화되지 않은 곳이었다. 그런데 1950년대 말에 이 지역 기업가가 설립한 두 기업, 페레로Ferrero와 미롤리오Miroglio가 세계적으로 거대하게 성장하며 상황이 역전되었다.

페레로는 유럽에서 두 번째로 큰 초콜릿 생산 기업으로, 알바 현지 직원만 3,500명이며 전 세계에 걸쳐 5,000명이 넘는 직원을 두고 있다. 피에트로 페레로Pietro Ferrero는 1946년에 작은 제과점을 차렸고, 전쟁 직후 가난에 허덕이던 시대에 '대중을 위한 초콜릿'을 만들어 히트를 쳤다. 헤이즐넛 페이스트에 코코아를 약간 넣어 초콜릿 가격의 5분의

1도 되지 않는 가격으로 팔았다. 5년 동안이나 전쟁에 시달리며 어느 때보다도 단맛을 갈구했던 이탈리아인들은 지금은 누텔라Nutella라고 부르는 이 초콜릿에 열광했다. 페레로는 이미 1951년에 직원이 300명이나 되었는데 1961년에는 2,700명으로 늘어났다. 오늘날 이탈리아의 5대 방직 그룹 중 하나인 미롤리오도 비슷한 역사를 갖고 있다.

1950년대 알바는 이탈리아 경제 기적의 중심지였다. 인구는 1만 6,000명에서 2만 1,000명으로 늘어났고 산업 노동자도 세 배로 증가했다. 세계로 향한 문이 열렸다. 안젤로는 작은 바르바레스코 마을과는 다른 공기를 마시며 자랐다.

경제 기적은 포도 재배와 양조에도 직접적인 영향을 미쳤다. 알바의 급성장에 따른 건설 붐은 지오반니 가야에게 부를 안겨주었다. 이전보다 더 많은 돈을 포도밭에 투자할 수 있게 되었고, 마침내 125에이커(약 15만 평)가 넘는 땅을 구입했다.

안젤로는 1960년 알바의 왕립 포도재배양조학교를 졸업하자마자 바르바레스코로 돌아왔다. 1960년대는 세계적으로 고급 와인의 생산과 소비가 시작되는 전환기였다. 1950년대는 프랑스도 불황이었다. 보르도의 한 일급 생산자의 전언에 따르면 메독 전 지역이 매물로 나와 있었다고 한다. 샤토 라투르가 1963년에 영국 재벌에 팔린 사건은 어떤 의미에서 보르도 르네상스의 전조로도 볼 수 있다. 거금을 주고 영지를 구입하고 새롭게 개발하려는 사람이 실제로 있었던 것이다! 1966년에는 로버트 몬다비가 캘리포니아 나파에 와이너리를 설립했고, 같은 해에 런던의 크리스티는 일시 중단했던 와인 경매를 재개했다. 와인 가격은 꾸준히 오르기 시작했다. 와인 혁명이 시작된 것이다.

여행에 대한 열망이 안젤로를 런던으로 이끌었다. 그는 지하철의 피시앤칩스 가게에서도 일했으며 그때 '유용한 인생 교훈'을 얻었다고 한다. 이후 10여 년간 그는 외국 여행을 많이 했고, 특히 프랑스를 자주 여행했다고 한다.

"외국에 나가보니 이탈리아 와인의 이미지가 전무하다는 걸 알게 되었어요." 안젤로는 잠시 멈췄다가 말을 잇는다. "레스토랑에서 와인 리스트를 보는 게 부끄러웠습니다. 보르도 와인은 몇 페이지나 되었지만, 이탈리아 와인은 싸구려 소아베나 평범한 키안티밖에 없었거든요."

안젤로는 드디어 도전해야 할 일을 찾았다.

그는 프랑스 와인의 성공 비결을 알고 싶었다. 부르고뉴와 보르도의 유명 와이너리를 찾아다니며 견문을 넓혔다. 특히 프랑스 남부 몽펠리에의 포도 재배자 과정은 큰 도움이 되었다. "유명 산지에 가보면 잘 정리된 훌륭한 전통이 있었어요. 프랑스 남부는 이탈리아와 비슷한 점이 꽤 많았습니다. 그들도 벌크와인이나 판에 박힌 블렌딩 와인에서 탈피하려는 시도를 하고 있었어요."

바르바레스코로 돌아온 안젤로는 가족 와이너리에서 일했다. 아버지가 점점 더 많은 땅을 구입하면서 할 일도 늘어났다. 당시 아버지가 새로 사들인 땅들은 오늘날 가야 왕관의 보석 같은 포도밭이 되었다. 1961년에는 브리코 전체를 구입해 3년 뒤 새 집을 지어 온 가족이 살기 시작했다. 1964년에는 마주에를, 1967년에는 론칼리에테를 샀다.

"포도밭은 혹독한 교육의 현장입니다. 우리는 현재 상황을 믿지 않는 법을 배우게 되고, 희망이 산산조각 나는 것에도 익숙해집니다. 계절이 시작될 때부터 날씨가 좋지 않으면 미리 포기할 시간적 여유가 있어요. 하지만 1966년에는 가을까지 날씨가 완벽했는데 갑자기 비가 쏟아져 탐스런 포도를 다 망쳤습니다."

바르바레스코의 노인들은 아직도 안젤로가 트랙터를 경주용 자동차처럼 빠르게 몰면서 마을과 포도밭을 질주하고 다니던 때를 기억한다. 그는 늘 서둘렀는데, 포도밭 언덕을 오르내릴 때만 그런 것은 아니었다. 그는 이미 경영 정책상의 중대한 변화들을 시도하고 있었다.

1962년부터 가야는 이웃 재배자들로부터 포도를 매입하지 않기로 결정했다. "예전에는 우리 포도밭의 포도만큼 좋은 포도를 살 수 있었습니다. 그런데 포도 재배법이 빠르게 바뀌면서 점점 좋지 않은 방향으로 변해갔어요."

1963년에 채택된 원산지 통제법Denominazione di Origine Controllata에 대한 기대도 컸다. 프랑스에서는 이미 30여 년 전에 같은 법이 시행되었다. 바르바레스코와 같은 와인이 이름을 알릴 수 있는 좋은 기회도 되고 법적 보호도 받을 수 있으니 재배자들은 기대가 컸다. 그들은 네비올로를 전혀 맞지 않는 땅에도 마구 심었다. 활력을 증진시키는 코베르 5BB 대목을 선택하고, 재배자들은 화학 비료도 점점 더 많이 사용했다. 전통적인 농약인 황산구리는 포도나무의 수세를 줄이지만, 새로 나온 농약은 수세를 오히려 강화시켰다.

"어려운 결정이었습니다!" 안젤로의 목소리가 커진다. "결국 더 유명한 바롤로 와인을 포기해야 했습니다. 바롤로 지역에는 우리 포도밭이 없었거든요. 하지만 '보세요! 우리는 포도 재배에서 병입까지 전부 우리 와이너리에서 끝냅니다'라고 고객들에게 떳떳하게 말할 수 있었습니다."

이 일을 계기로 품질에 대한 일차적인 방어선이 그어졌고, 2년 후 내린 또 다른 중대 결정은 이를 더 강화했다.

"아버지가 어떤 해가 좋은 빈티지라고 말씀하실 때마다 나는 항상 그해 수확량이 특히 더 적었다는 사실을 알게 되었어요. 1961년 빈티지도 그랬습니다. 전해의 우박 때문에 포도나무가 많이 훼손되어 수확이 절반 이상 감소했거든요. 그래서 차라리 매년 수확량을 절반으로 줄이면 어떨까라는 생각을 했습니다."

1989. 1. 23

겨울 가지치기

파셋의 북편 언덕은 어제 내린 가벼운 눈발로 아직도 하얗다. 부르고뉴에서는 수호성인 성 빈센트가 '성 빈센트의 날'에 내려준 눈송이에 고마워했을 것이다. 누가 보내주었든 농부들은 첫눈에 감사할 따름이다. 눈이 녹으면 수분이 흙 속에 서서히 스며들어 지층으로 흡수된다. 깊이 내린 뿌리는 가뭄이 심할 때 비상용으로 땅속 수분을 흡수한다.

길에는 눈이 덮여 있지만 산 로렌조의 언덕에는 눈의 흔적도 없다. 이웃 밭에는 띄엄띄엄 눈이 쌓여 있다. 바르바레스코 와이너리 조합은 처음 포도밭의 등급을 정할 때 눈이 가장 빨리 녹는 곳을 최고의 포도밭으로 분류했다. 네비올로를 잘 알기 때문이다. 판티니는 "같은 품종의 포도도 심는 곳에 따라 품질이 달라진다는 것은 부인할 수 없는 사실이다. 특히 네비올로 품종은 더욱더 절대적인 영향을 받는다"라고 썼다.

페데리코와 작업반은 지금 산 로렌조에서 겨울 가지치기를 하고 있다. 페데리코는 추위에 떨며 불평하는 일꾼들에게 말한다. "이건 아무것도 아니야. 4년 전에 가지치기할 때는 영하 17도였어!"

페데리코 옆에서 안젤로 렘보Angelo Lembo가 일하고 있다. 렘보는 얼굴은 더 희지만, 남쪽 시칠리아 출신이다.

1861년 이탈리아 왕국 선포로 막을 내린 이탈리아의 통일 과정을, 공식문서는 외세의 통치에 대항하여 사르데냐 왕국이 주도한 해방 전쟁으로 기록하고 있다. 그러나 역사학자들 사이에서 의견이 분분하다. 독일을 통일한 프러시아처럼 사르데냐 왕국이 외세 축출이라는 명분하에 이탈리아의 나머지 지역을 정복한 것은 아닌가 하는 의문이 아직도 남아 있다. 한 가지는 확실하다. 이탈리아 왕국의 첫 통치자가 된 사르데냐 왕국의 비토리오 에마누엘레 2세Vittorio Emanuele II는 나라 이름을 그대로 사용하고 법령도 바꿀 이유가 없다고 보았다. 그에게는 새 이탈리아 왕국은 옛 사르데냐 왕국의 연장일 뿐이었다.

북부 지도자들은 남부 이탈리아에 대해 아는 바가 거의 없었다. 지리적으로도 토리노에서는 렘보의 고향인 시칠리아보다 런던이 더 가깝다. 통일의 주역으로 초대 수상이 된 카보우르도 영국을 더 친근하게 느꼈고 시칠리아 사람들 말은 아랍어처럼 들렸다고 인정했다. 훗날 수상이 된 루이지 카를로 파리니Luigi Carlo Farini는 이탈리아가 통일되었을 때 남부를 시찰하러 내려갔다. "여기가 이탈리아야?" 그는 믿지 못하겠다며 소리쳤다. "이곳은 아프리카다!"

안젤로 렘보는 1960년대 중반 열여섯 나이에 시칠리아를 떠나 북쪽으로 향하는 대규모 이주 대열에 합류했다. 처음에는 토리노의 피아트 자동차 공장에서 일했다. 1968년 와이너리에서 일을 시작했을 때는 동료들의 놀림 때문에 괴로운 시간을 보냈다. 루이지 카발로가 제일 심했다. "나는 아직도 그가 '남부인들은 이탈리아어를 바로 할 줄 몰라!'라며 요란한 피에몬테 사투리로 소리치는 게 들리는 것 같아요." 렘보가 미소 지으며 말한다.

렘보는 벌써 20년째 가지치기를 하고 있다. "렘보는 포도나무와 친하게 지내요. 이름을 부르고 얘기도 해요. 물론 피에몬테 말로요." 페데리코가 껄껄 웃으며 말한다.

인간도 유인원의 유전자를 갖고 있듯이, 고귀한 포도나무에도 기어오르는 숲속 덩굴 식물의 원시적 본성이 남아 있다. 포도나무는 든든하게 받쳐주는 굵은 가지가 없어 햇볕을 잘 받는 자리를 차지하기 위해 진화를 거듭해왔다. 덩굴손이 끈질기게 다른 나무 가지를 타고 올라가 제일 윗자리를 차지한다. 빠르게 기어오르고 오랫동안 자란다. 자연 상태에서는 포도나무도 다른 식물들과 경쟁해야 한다.

호손Nathaniel Hawthorne은 1858년 토스카나에서 본 포도나무에 매료되어 다음과 같은 글을 남겼다. "오래된 포도나무처럼 아름다운 장관은 없다. 어릴 적 그를 지탱해주던 나무를 꼭 껴안고 달라붙어 생존을 위한 이기적인 목적에 이용한다. 가지마다 셀 수도 없는 팔을 뻗쳐 나뭇잎은 얼씬도 못 하게 막고 포도 잎만 무성하게 키운다."

작가는 약간 주저하며 "고급 와인을 만들기 위해 인공적으로 길들인 나무보다, 이렇게 자연 상태로 자라는 포도나무가 보기에는 더 아름답다"라고 덧붙였다.

호손의 회의적인 태도에는 분명 이유가 있다. 위대한 와인을 만드는 포도는 엄격한 포도 재배 방식의 산물로, 자연을 길들인 결과다. 포도도 인간처럼 훈련을 통해 본성을 변화시켜 목적에 맞게 길들인다.

포도밭에서는 포도나무의 왕성한 생명력이 별 효용이 없다. 다른 나무와 경쟁할 필요도 없으며, 지지대가 든든히 받쳐주기 때문에 적자생존의 법칙이 적용되지 않는다. 하지만 포도나무는 여전히 문명화된 환경에 적응하지 못한 채 숲속 조상들의 본성을 버리지 못하고 있다.

페데리코가 고개를 끄덕인다. 와인 애호가의 자연관은 너무나도 와인 중심적이다.

"사실 포도나무는 와인에 관심이 없습니다. 씨에 관심이 있죠."

포도도 다른 과일과 마찬가지로 종의 번식을 위해 본능적으로 씨를 퍼뜨린다. 씨는 필요한 모든 양분을 포도알에서 섭취한다. 씨가 많을수록 포도알은 당분이 줄어들고 산을 더 함유하게 된다. 포도알에 남아 있는 당분은 씨를 만든 뒤 남은 부산물일 뿐이다. 또 씨는 성장 촉진 호르몬을 생성하기 때문에 씨가 많으면 포도알이 커지고, 따라서 와인이 묽어진다.

자연의 입장에서 보면 포도알이 많을수록 더 좋다. 그러나 포도나무에는 와인의 색과 향, 풍미를 내는 물질의 양이 한정되어 있다. 같은 양이 더 많은 포도에 분산되면 와인 맛은 희석될 수밖에 없다. 자연 상태의 포도나무는 아이를 잘 키울 능력도 없는 부모가 줄줄이 애만 많이 낳는 것과 같다.

"아이들을 잘 키우려면 엄한 규율이 필요해요." 페데리코는 괴로운 이야기를 하기 전 잠시 말을 멈춘다. "그 규율에는 절단도 포함됩니다."

인간의 쾌락을 위해 자연의 본성을 변화시킨 예는 담배 재배에서도 찾을 수 있다. 담배나무는 꼭지에 피는 꽃에 가장 좋은 양분을 공급하며 모든 물질이 꽃으로 집중된다. 그러나 인간에게는 담뱃잎이 더 중요하다. 애호가들이 점점 진한 맛의 담배를 찾게 되자 꽃이 피면 바로 잘라 향미가 꽃 대신 맨 위쪽의 잎으로 가도록 유도했다. 따라서 위쪽 담뱃잎이 가장 향이 좋으며 고급 시가를 만드는 데 사용된다. 시가 잎은 번식을 위한 꽃과 씨를 희생시킨 결과물이다.

포도밭에서는 수형樹形을 만들고 가지를 치는 방식으로 엄격한 훈련을 시행한다. 포도나무가 특정한 형태로 자라도록 수형을 잡아주는데, 정기적으로 머리를 손질하듯 매년 가지치기를 하여 수형을 관리한다. 만들 수 있는 수형은 다양하다. 가지치기를 짧게 할 수도 있고, 길게 할 수도 있고, 넝쿨로 자라게 할 수도 있으며, 지면에서 높이 자라게 할 수도 있고 낮게 자라게 할 수도 있다. 또 지지대를 세우지 않거나, 수직 또는 수평으로 지지대를 세울 수도 있다. 선택은 기후와 품종의 활력, 와인의 종류에 따라 달라진다.

산 로렌조의 포도나무는 60센티미터 높이의 밑동에서 가지가 자라나도록 수형을 만든다. 그해에 자라는 가지와 포도송이는 180센티미터 높이 정도의 지지대를 설치하고 철사를 여러 줄 연결해 받쳐준다.

가지치기는 해마다 자라는 포도나무의 성장을 조절한다. 즉, 가지치기는 포도의 품질을 위해 수확량을 희생하는 것이라 할 수 있다.

이러한 엄격한 포도 재배법은 그리스에서 이탈리아로 전파되었다. 여행가이자 지리학자인 파우사니아스는 당나귀상을 숭배하는 그리스 시골 마을에서 당나귀가 포도나무 일부를 먹어치우자 더 맛있는 포도가 열렸다고 기록한 바 있다. 이솝 우화에 나오는 야생 포도는 나무를 기어올라 꼭대기에 달려 있다. 도저히 따 먹을 수가 없자, 여우는 분명 저 포도는 신 포도일 거라며 돌아선다. 씨가 많은 야생 포도는 확실히 달지는 않으니 여우 말이 맞을지도 모른다. 당분이 적으니 좋은 와인이 되지도 못했을 것이다. 이탈리아 반도에서 고대 문명을 세웠던 에트루리아인은 포도나무를 타잔의 덩굴식물 사촌처럼 멋대로 뻗어나가게 내버려두었다. 호손의 글에 나온 포도나무도 에트루리아식으로, 1960년대까지만 해도 중부 이탈리아에서 흔히 볼 수 있었다.

수확량은 가지치기를 할 때 눈을 얼마나 남기느냐에 달려 있다. 몇 개가 이상적이라고 말할 수는 없지만, 눈을 많이 남기면 수확량은 많아지는 반면 포도의 품질은 떨어진다. "그렇다고 너무 짧게 쳐도 안 됩니다." 페데리코가 경고한다. 눈이 너무 적으면 포도나무의 에너지가 오히려 줄기와 잎으로만 가게 된다. 수년 전 안젤로가 카베르네 소비뇽의 수확량을 더 줄이려고 눈을 여섯 개만 남기고 가지치기를 한 적이 있었는데, 열매는 맺지 못하고 새 가지만 미친 듯이 돋아났다. 번식과 나무의 성장 간의 균형이 깨져 포도가 열리지 못한 것이다. 다시 한번 균형이 얼마나 중요한지 깨우치게 된다.

"그때그때 달라요." 페데리코가 항상 입에 달고 사는 말이다. 눈을 몇 개 남길지는 포도의 품종과 수령, 과거의 수확, 토양 등에 따라 달라진다.

네비올로는 밑동에 가장 가까운 새 가지의 첫째, 둘째 눈에서는 포도가 거의 열리지 않는다. 캘리포니아의 포도밭을 회상하는 페데리코의 얼굴에 웃음기가 가득하다. 네비올로를 넓게 퍼진 외대가꾸기 발톱 모양cordon spur system으로 길들이고 짧은 새 가지마다 눈을 두 개씩만 남겨 놓았던 것이다.

"정말 그 광경을 봤어야 합니다. 포도나무는 미친 듯이 자라고 열매는 전혀 맺히지 않았지요. 잎들은 얼마나 무성하던지!"

작년 7월에 새로 산 세라룽가 포도밭은 가지치기를 전혀 하지 않았다. 전 주인은 나무 한 그루에 눈을 열여덟 개쯤 남겼다. 페데리코는 점차적으로 숫자를 줄여가려고 한다. "지금 당장 가지치기를 했다간 포도나무만 살찌게 됩니다." 생산량은 줄여야 하지만 포도나무가 스스로 균형을 찾도록 시간을 주기 위해서이다.

"오래된 포도나무는 최고의 균형을 유지하고 있어요. 스스로 제어하는 힘을 충분히 갖고 있지요. 현명하고 절제할 줄 압니다. 어린 나무는 고집이 세고 통제가 안 됩니다." 페데리코는 언젠가 고목을 찬양하는 시를 쓸 것만 같다. 그러나 키츠John Keats의 시 〈가을에게〉에 나오는 "초가집 처마를 감싸는 포도덩굴" 같은 에트루리아식 야생 고목 예찬은 분명 아닐 것이다.

자연 상태의 네비올로는 절제와 거리가 멀다.

"로데오에서 날뛰는 야생마 같아요." 페데리코가 말한다. "고삐를 맬 수가 없어요."

그러나 산 로렌조의 포도나무는 나이가 들었고 토양은 척박하다.

"이곳에서는 가지치기를 어떻게 할지 오래 고민하지 않아도 됩니다. 눈을 스무 개 남겨도 포도는 몇 송이밖에 열리지 않거든요." 그는 가지치기를 하지 않은 포도나무를 가리키며 말한다. "다른 밭처럼 긴 가지가 괴물같이 올라오는 네비올로는 눈을 씻어도 찾아볼 수 없어요."

산 로렌조의 포도나무 한 그루에서 쳐낸 가지의 무게는 평균 5킬로그램 정도다. 그러나 기름진 토양의 어린 나무에서는 15킬로그램도 넘는다. 수세가 강한 나무와 약한 나무의 차이이다.

머리를 깎는 이발사처럼 안젤로 렘보는 포도나무를 이리저리 살핀다. 열두 개가량 나뭇가지가 얽혀 있다. 두 개를 제외한 나머지는 지난봄 눈에서 수줍게 나온 부드러운 순이 자라 가지가 된 것들이다.

그는 지난해 새 가지에서 포도를 맺었던, 이제 2년이 된 '과거'의 가지를 잘라낸다. 다음 두 개의 1년짜리 '현재' 가지 중 하나를 선택하여 눈을 여덟 개만 남기고 잘라낸다. 이 가지는 지지대 제일 아래쪽 철사에 묶는다. 지난해 성장 기간 동안 생긴 가지의 잠자는 눈에서 새순이 나와 올해 포도를 맺을 것이다. 마지막으로 남은 가지는 눈을 두 개만 남기고 짧게 자른다. '미래'의 새 가지가 두 개의 눈에서 태어날 것이다. 내년 겨울 가지치기를 할 때에 하나는 '현재'로 선택되어 소리 산 로렌조 1990년산을 만들 포도를 잉태할 것이며, 다른 하나는 짧게 쳐서 새로운 '미래'의 가지로 남겨질 것이다.

페데리코가 선택한 방법은 짧게 가지치기cane-and-spur 방식 중 귀요 방식이다. 19세기 프랑스 농학자 쥘 귀요Jules Guyot가 전파한 방식으로 이미 오랫동안 여러 포도밭에서 시행되고 있었다. 가지치기에 대해서는 1670년 토머스 한머 경Sir Thomas Hanmer이 분명한 지침을 제시했다.

> 주 가지를 하나만 남긴다. 포도나무의 수세에 따라 주 가지의 길이를 0.5미터나 1미터가 되게 치고 중심 가지가 되게 한다. 다른 가지들 중 가장 아래쪽 가지는 짧게 치고 눈은 하나, 많아도 둘 이상은 남기지 않는다. 이 짧은 가지는 지난해의 주 가지를 치고 나면 다음해의 주 가지가 된다. 가지치기는 이런 식으로 두 개의 가지만 남기고 나머지 가지들은 모두 잘라낸다.

근처에서 페데리코가 일하고 있다. "우리는 가지를 좀 더 짧게 치고 싶어요. 그러면 포도나무를 더 촘촘하게 심을 수 있습니다. 포도나무를 다시 심을 때는 나무의 밀도를 1헥타르에 5,000주 정도로 높이려고 해요. 저쪽 밭의 메를로처럼요." 그는 마주에 언덕 저편에 있는 포도밭 쪽으로 고개를 돌린다. 밀도를 높이면 뿌리들이 서로 양분을 섭취하려고 심하게 경쟁하기 때문에 수세도 약해진다. 소리 산 로렌조는 현재 1헥타르당 4,000주가 약간 넘는 정도다.

페데리코는 포도나무의 '주 가지'에 눈을 일곱 개만 남긴다. "지금은 포도나무가 힘들어하지만 곧 기운을 차릴 겁니다."

모든 포도나무가 그렇게 건강하지는 않다. "실제로 병든 나무도 많고 바이러스에 감염도 되었어요." 무서운 이야기지만 페데리코는 무덤덤하게 말한다.

바이러스는 잎 가장자리를 말아 올리는 잎말이병을 유발한다. 심하지 않으면 와인의 품질에는 손상을 끼치지 않지만 포도나무의 수세와 수명에 영향을 끼친다.

"아니, 오히려 활력을 줄임으로써 더 나은 포도를 얻을 수도 있어요." 그는 생각에 잠겨 잠깐 쉬었다 말을 잇는다. "열처리나 클론 선택 등으로 개량한 바이러스 없는 나무는 절제를 못 합니다. 요즘 늘어나는 수확량을 보세요."

건강이 오히려 해가 될 수 있다. 아주 심오한 역설이다.

페데리코는 피곤해 보인다. 그와 함께 일하는 작업반도 11월부터 하루도 쉬지 않고 한 그루씩 계속 가지치기를 하고 있다.

"이상적으로는 가지치기를 늦게 시작하는 것이 더 좋아요." 잎이 떨어지고 나면 나무는 신진대사를 멈추고 남은 영양분을 밑동으로 보낸다. 이동한 양분은 밑동에 저장되고, 봄이 돌아와 새순이 날 때 사용된다. 가지의 양분이 밑동까지 이동하는 데는 시간이 걸리기 때문에 가지치기는 늦어질수록 좋다. "하지만 한꺼번에 하기에는 일이 너무 많아요. 불과 몇 주 동안에 전부 가지치기를 할 수는 없기 때문에 중요한 포도밭을 나중으로 미루고 나머지를 먼저 돌아가며 합니다."

세라룽가의 새 포도밭까지 합하면 가야 와이너리의 포도나무는 현재 30만 그루가 넘는다. "가지치기한 가지들을 모두 모아놓으면 어마어마할 겁니다."

가지치기가 비교적 쉬운 품종도 있다. "메를로는 단숨에 칠 수 있습니다. 나무가 부드럽고 딱히 문제를 일으키지 않거든요. 소비뇽 블랑과 카베르네 소비뇽은 덩굴이 너무 질기고 나무가 거칠어 가지치기하려면 체력이 아주 강해야 합니다." 실제로 옛날 보르도에서는 카베르네 소비뇽을 비뒤르Vidure라고도 불렀다. 강한 포도나무라는 뜻이다.

네비올로는 나무는 부드럽지만 가지치기가 까다롭다. "어떻게 치느냐가 문제입니다. 샤르도네는 짧게 가지치기하면 그만큼만 수확량이 줄지만 네비올로는 짧게 하면 포도송이가 한두 개만 열릴 수도 있고 그나마도 제대로 익지 않을 수 있어요."

가위질이 언덕 아래쪽으로 서서히 진행되면서 경계선이 분명해진다. 문명의 최전선에서 보안관이 가위를 들고 험난한 개척지를 돌파하며 법과 질서를 세우고 있는 것만 같다. 헝클어진 자연이 후퇴한다. 잔혹한 방법이긴 하지만 아무리 온정 많은 와인 애호가라도 이를 비난하지는 않는다. 적어도 포도밭에서는 목적이 수단을 정당화한다.

과감한 가지치기에는 두 가지 전제가 있다. 만약 그 전제가 잘못되었으면 재배자는 손실을 입게 된다. 하나는 수확량을 희생하는 만큼 와인값을 더 비싸게 받을 수 있는 시장이 있다는 것이고, 다른 하나는 자연이 스스로 가지치기를 하지 않는다는 것이다. 개화 시 수정 비율이 낮아지면 수확량이 한층 줄어들고, 우박이 내리면 더 감소할 수 있다.

위대한 와인은 포도나무의 번식 본능도 억눌러야 하지만, 재배자의 본능도 억제해야 한다. 수확량이 많으면 그 순간은 만족하지만, 포도의 품질은 와인이 되고 난 후에야 드러난다. 물론 가격도 한참 후에야 반영된다. 그러니 재배자는 포도밭의 문명화가 우선은 내키지 않을 수밖에 없다.

"요즘에도 처음 시작하는 사람들은 이 일에 적응하기 힘들어합니다. 그들에게는 고급 와인이나 품질 같은 개념이 아주 생소하고 추상적이지요. 왜 많은 양을 희생해야 하는지 이해하지 못합니다." 페데리코가 쓴웃음을 짓는다. "물론 비교 시음에도 아무 관심이 없고요!"

1950년대까지만 해도 바르바레스코의 수확량은 오늘날 수확량이 가장 적을 때보다도 더 적은 편이었다. 지금처럼 재배자들이 품질 향상을 위해 생산량을 줄였기 때문이 아니라 더 많이 생산할 수 있는 방법을 몰랐기 때문이었다. 농부들은 풍요로운 수확의 꿈을 실현할 수 있는 행운을 일부러 피하지는 않았을 것이다.

홍보 담당인 알도 바카에게는 포도를 재배하는 삼촌이 둘 있는데, 한 분이 네비올로 여섯 이랑을 재배하고 있다. "지난해 제가 늘 포도가 덜 익는 아래쪽 세 이랑의 수확량을 줄였어요. 그러자 다른 이랑에서 재배한 포도로 만든 와인보다 알코올 함량이 0.5도 넘게 높아졌어요. 맛도 분명히 달랐습니다." 알도는 머리를 긁적거리며 그때를 회상한다. "삼촌은 품질에 대한 문제를 어렴풋이는 알고 있었지만 수확량에 대한 집착이 유전적으로 핏속에 흐르고 있었지요."

피에트로 로카는 1960년대부터 안젤로와 일해왔다. 1960년대 중반 안젤로가 수확량을 참혹하게 줄였을 때를 회고하며 그는 목소리를 낮춘다. "안젤로는 자기 이름(천사)과 상반되는 행동을 했죠. 분명 악마적인 행동이었어요." 그는 눈을 반짝이며 말한다. "당시에는 나무 한 그루에 눈 열여덟 개도 볼품없이 적은 양이었거든요. 가지 두 개나 세

개에 각각 눈을 열두 개씩 남기는 것이 보통이었습니다." 그가 낄낄 웃는다. "지금도 그런 포도나무를 볼 수 있긴 합니다. 그야말로 박물관 전시품감이죠."

안젤로는 포도나무 한 그루에 눈 열두 개만 남기기로 결정했는데, 이는 수확량을 엄청나게 포기한다는 뜻이었다. 한 그루에 한 눈만 줄여도 1헥타르당 포도 4,000송이가 줄어든다. 동네 선술집에 모인 주민들은 안젤로가 제정신인지 의아해했다. 당시 바르바레스코의 시장이었던 지오반니 가야는 사람들의 험담을 유심히 들었다.

"어느 날 아버지가 화가 머리끝까지 올라 집에 들어오셨어요." 안젤로는 아버지의 호통을 기억한다. "포도송이를 그렇게 줄이면 우리는 곧 파산할 거야! 일꾼들 삯은 어떻게 주려고 그래!"

1968년 안젤로 렘보가 가야 와이너리에서 일을 시작했을 때에도 싹눈 전쟁은 여전히 치열했다. "안젤로가 가지치기를 지시하고 돌아가자마자 포도밭 관리인 지노(루이지 카발로의 애칭)와 일꾼들은 옛날에 하던 방식대로 가지치기를 했어요."

안젤로는 한숨을 쉬며 미소 지었다. "아, 지노! 루이지 카발로는 우리 와이너리의 기둥이었습니다. 굉장히 헌신적이었지요. 항상 '내 포도' '내 와인'이라고 말했어요. 아파서 하루라도 일을 쉬어야 한다면 차라리 죽는 편이 낫다고 했을 사람입니다. 수확 때에는 동트기 전부터 포도밭에 나와 늦게 오는 일꾼들에게 호통을 쳤어요." 안젤로는 고개를 절레절레 흔든다. "하지만 가지치기를 짧게 하는 데 대해서는 불만이 많았습니다. 진짜 전쟁이었지요. '코베르 대목은 수세가 너무 강해서 잎만 무성해지고 정작 포도는 하나도 수확하지 못할 수도 있다' '개화가 잘 안 되면 어쩌려고 그러느냐' '우박이 내리면 어떡할 거냐' 등 항상 사족을 달았어요."

싹눈 전쟁만이 아니었다. 새 포도밭에 심을 대목을 고를 때도 마찬가지였다. 안젤로는 네비올로의 활력을 줄이기 위해 420A를 원했지만 카발로는 활력이 있는 코베르 5BB를 선호했다. 봄에 일년생 가지와 어린 새 가지를 지지대에 맬 때 전통적으로 사용하는 버들고리도 말썽을 일으켰다.

"지노는 가을이 되면 갈대를 모아 껍질을 벗겼습니다. 몇 달 동안을요. 일을 쉽게 끝낼 수 있는 철사 타래가 나왔을 때도 도무지 말을 듣지 않고 철사 타래를 주면 내다버렸습니다. 그의 침대 옆에 철사 타래를 두고 잠자는 동안 철사가 그의 뇌리에 서서히 스며들도록 최면을 걸어야만 했을 정도였지요! 3년이 지나자 겨우 사용하기 시작하더군요."

당시 안젤로는 세계를 정복하려는 듯 추진력이 넘치는 젊은이였다. 루이지 카발로는 토리노에도 한번 가보지 못한 소작농 출신의 중년이었다. 그렇지만 포도밭에서는 지휘관이었다. 갈등이 심했지만 피투성이 싸움으로 가지는 않았다.

안젤로는 일을 시작하며 바르바레스코로 이주했고 알바의 집에서는 전혀 쓰지 않던 사투리도 배웠다. 야심 차지만 심성이 착한 그는 자신을 위해 일하는 사람들을 본능적으로 이해했다. 가끔씩 저녁에 카발로를 데리고 나가 의논도 하며 자신의 계획에 동조하도록 노력을 기울였다. 포도밭 개혁이 급선무라고 생각하지 않았더라면 성질 급한 이 젊은이도 기다렸을 것이다.

크리스마스 직전에는 와이너리 식구들을 위한 연말 파티가 열린다. 디저트와 커피가 나오면 안젤로가 일어나 인사말을 몇 마디 한다. 그는 오랫동안 와이너리의 기둥이 되어준 카발로에게 따뜻한 감사의 말을 잊지 않는다. 카발로는 수년 전에 의족을 하게 되어 걷지 못한다. 머리에는 항상 베레모를 쓰고 거의 매일 뜰에 나와 앉아 있다. 그는 안젤로가 와이너리 일을 맡으며 일어난 변화를 자랑스럽게 이야기한다.

"안젤로가 와이너리 일을 인계받았을 때 집으로 가서 만났습니다. 일을 어떻게 하려는지 내게 차분히 설명해줬어요. 포도를 많이 수확하는 데는 관심이 없다고 말했지요. 안젤로와 그의 아버지는 밤과 낮처럼 달랐습니다."

카발로는 '밤'이라고 할 때는 손바닥을 아래로 하고 '낮'이라고 말할 때는 손바닥을 위로 하며 강조한다.

"지오반니는 포도를 많이 수확하면 흡족해했어요. 우리는 어떤 포도라도 가리지 않고 거둬들였습니다. 그것으로 끝이었어요. 하지만 안젤로가 연주하는 곡은 완전히 달랐지요. 잘 익은 포도만 골라 따야 했고, 필요하면 몇 번이라도 포도밭 이랑을 오가야 했습니다.

7월의 어느 일요일 안젤로가 와서 산 로렌조에 포도가 너무 많이 열렸다고 하더군요. 그래서 다음 날 우리는 송이를 솎아냈습니다. 사람들은 그가 제정신이 아니라고 생각했고, '우리 밭에 열린 포도가 이보다 네 배는 더 많을걸요'라며 놀려대기도 했지요. 그들은 그때도 아무것도 몰랐고 지금도 여전히 아무것도 이해하지 못합니다.

외지에서 온 일꾼들은 포도밭 일이 처음인 사람이 많아요. 남부 사람에게도 일을 새로 가르쳐야 했지요. 이제는 그 친구도 자기 일을 잘 알아요. 좋은 사람입니다."

싹둑! 마지막 포도나무의 '미래'가 잘려나간다. 산 로렌조의 헝클어진 머리가 이제 단정하게 손질되었다. 하지만 말쑥한 상고머리는 오래가지 않을 것이다.

1989. 5. 10

포도밭 관리

“저기를 좀 봐요!” 페데리코가 소리친다. “저들이 벌써 기운차게 활주로로 진입하고 있어요.” 포도나무 아래에서 쪼그리고 앉아 일하던 그가 일어난다.

성 로렌조가 내려다보는 소리 산 로렌조에 오후의 햇살이 뜨겁게 내리쬔다. 기온은 27도까지 올랐다. 하지만 페데리코가 정신을 잃을 정도는 아니다. 빗대어 한 말이다.

페데리코는 포도나무의 성장 단계를 비행기에 비유한다. 포도나무가 겨울잠에서 깨어날 때는 비행기가 게이트를 떠나 활주로로 진입하는 때이다. 싹눈이 날 때는 활주로를 달리며 속력을 올릴 때이다. 개화기는 이륙의 시점이다. 포도나무도 자라고 꽃도 피니 성장과 생식이 맞부딪치는 결정적 긴장의 순간이다. 포도알이 열리고 나면 나무와 열매는 비교적 평온하게 순항한다. 포도알의 색깔이 변할 때부터는 긴 하강이 시작된다. 해가 나고 맑은 날씨가 계속되면 포도는 맛이 점점 더 좋아지고 포도나무는 수분을 잃어간다.

포도밭과 공항에서는 날씨 얘기가 단순히 주고받는 인사말이 아니다. 페데리코는 가지치기를 하고 난 뒤 몇 주 동안 걱정했다. 1월에 한 차례 눈이 오고, 2월과 3월에는 비도 거의 오지 않았기 때문이다.

"그래도 포도나무에는 물기가 올라 3월 둘째 주에는 눈물을 보였어요."

갑자기 페데리코가 사드 후작의 마법에 걸리기라도 한 걸까? 그가 고개를 흔들며 이를 드러내고 웃는다. 봄에 포도나무가 깨어나면 가지치기를 한 상처에서 수액이 흘러나온다. "포도나무가 슬퍼서 울거나 피를 흘리며 죽어가는 것이라 생각하지만 실은 기쁨의 눈물입니다. 갈증이 나지 않는다는 표시죠. 가뭄이 오래가면 포도나무는 너무 슬퍼 눈물도 흘리지 못한답니다."

올 3월은 여름날 같았다. 지난주에도 기온이 오늘처럼 올라 싹눈이 활짝 폈다. 산 로렌조의 포도는 예정보다 빨리 게이트를 떠나 곧바로 활주로로 미끄러져 들어갔다.

"이제 비유는 그만!" 페데리코는 상상의 날개를 접으며 갑자기 말을 멈춘다. 포도밭의 시인은 땅에 굳건히 발을 딛고 선다.

"저기 소비뇽이 보이지요?" 페데리코가 마주에 언덕 저편 포도밭을 가리키며 말한다. "저기 소비뇽은 여기 네비올로보다 싹눈이 늦게 터요. 그런데 소비뇽을 작년에는 8월 24일에 수확했어요. 네비올로는 6주가 더 지난 10월 7일까지도 수확을 못 했습니다."

카베르네도 네비올로보다 늦게 싹눈이 트지만 성장 후반기에 따라잡는다. 산 로렌조보다 고도가 100미터쯤 더 높은 파요레Pajoré 포도밭에서는 네비올로의 성장이 모든 단계에서 이곳보다 10일가량 더 늦다.

올해는 4월에 유달리 비가 많이 와서 페데리코는 걱정을 덜었다. 그가 〈4월의 소나기April Showers〉라는 노래를 알았더라면 틀림없이 한 곡조 뽑았을 것이다. 봄비는 언제 내리건 반가운 손님이다. 여름에는 보통 집중 호우가 내린다. 센 장대비가 삽시간에 언덕을 휩쓸고 내려가며 땅을 침식시킨다. 봄비는 대개 부드럽게 땅속으로 스며든다.

페데리코는 오늘부터 산 로렌조에서 순지르기를 시작한다. 대목에서 자라난 순과 포도나무의 쓸모없는 가지를 치는 일인데 오늘 포도밭에서 해야 하는 여러 일 중 제일 먼저 할 일이다.

"지난 1월에 열심히 가지치기를 했지만 날씨가 좋으니 순들도 포도밭 나들이를 하고 싶어 하네요." 페데리코가 웃음을 띠며 중얼거린다.

순지르기는 겨울 가지치기 후 수확 때까지 계속되는 그의 주요 업무 중 하나다.

"셀러 청소나 집안 청소를 하는 것과 같아요. 수확이나 겨울 가지치기처럼 크게 눈에 띄는 일은 아닙니다. 그냥 평범하게 매일 하는 단조로운 일이지만 중요하긴 합니다. 방어 태세를 갖추는 것과 같아요."

방어! 페데리코는 무심코 내뱉은 말이지만 폭탄 같은 위력이 느껴진다. '방어'라는 말은 포도나무와 포도를 병충해로부터 보호하는 임무가 얼마나 막중한지를 보여준다. 페데리코는 또 '암과 싸운다'라고 할 때 쓰는 '격투lotta'라는 단어를 사용한다. 포도밭의 일꾼, 군인들에게는 이런 말들이 훨씬 더 선동적이다. '병충해 제어'라고 일반적으로 표현하면 강한 전투 의지가 일어날까?

페데리코의 궁극적 목표는 '방어'다. "제 임무는 와인 메이커가 수확 날짜를 자유롭게 결정할 수 있도록 하는 것입니다. 포도가 건강하면 완숙될 때까지 기다렸다 딸 수 있지만, 상하기 시작하면 바로 따야 하니까요. 선택의 여지가 없어집니다."

그의 목표는 간단해 보인다. 건강한 포도를 수확하는 그날이 바로 승리의 날이다.

건강한 포도는 껍질에 손상이 가지 않아야 한다. "껍질에 흠이 가면 이야기가 달라져요. 포도도 사람과 같아요. 손에 상처가 나면 감염될까 걱정합니다. 하지만 포도는 소독하고 반창고를 붙일 수가 없으니까요." 이미 오래전에 스위스의 와인 과학자 헤르만 뮐러Hermann Müller는 건강한 포도보다 껍질이 찢어진 포도에 박테리아가 40배나 더 많다는 사실을 밝혀냈다.

방어는 부지런히 해야 한다. 단순히 경계 태세를 취하는 것이 전부가 아니다. 적극적으로 잠재적 침입자가 쳐들어오기 어렵도록 만들어야 하기 때문이다. "운동 경기와 같습니다. 최선의 방어는 공격을 잘하는 것이니까요."

페데리코는 포도나무뿐 아니라 토양도 방어해야 한다. "언젠가는 꼭 이 문제로 다시 돌아오게 됩니다. 포도 재배에서 토양의 보존이 제일 어려운 문제지요."

그는 이랑 끝까지 일을 끝내고 소리 산 로렌조의 가장자리에 서서 언덕에 수직으로 늘어서 있는 포도나무들을 바라본다. 가야 와이너리는 1978년부터 수직 심기rittochino를 해오고 있다. 랑게에서도 과거에 수직 심기를 했지만, 언덕을 돌며 밭고랑을 만드는 수평 심기girapoggio로 점차 대체되었고 소리 산 로렌조도 마찬가지였다. 토머스 제퍼슨은 거의 두 세기 전쯤 친구에게 보낸 편지에서 이에 대해 언급했다.

"지금은 언덕의 등고선을 따라 수평 심기를 한다. 밭고랑은 수분을 흡수하고 유지하는 저수지 역할을 한다. 말들은 밭고랑을 돌아가며 가파른 언덕 꼭대기까지 훨씬 더 쉽게 접근할 수 있다. 실제로 수평 심기를 하면 언덕도 평지와 같아진다."

또 랑게의 농민들은 밭고랑에 덤으로 다른 작물을 심을 수도 있었다.

하지만 수직 심기에도 이유가 있다. 말뿐 아니라 소 역시 수평으로 발을 옮기는 편이 더 수월하겠지만 트랙터는 언덕 위아래를 쉽게 오르내릴 수 있다. 그리고 남향 포도밭에서는 이랑이 남과 북으로 이어지기 때문에 나무의 양면이 햇볕을 직접 받을 수 있다.

수직 심기의 결점은 땅의 침식이 많다는 점이다. 하지만 흙이 흘러내리는 문제는 포도밭에 풀을 자라게 하면 부분적으로 해결할 수 있다.

"얼마 전까지만 해도 포도밭의 건강 유지를 보디빌딩식으로 했습니다." 페데리코는 잠시 말을 멈추고 팔뚝의 근육을 자랑한다. "슈워제네거 스타일이죠. 포도나무의 수세를 중시했어요. 양분을 독차지하기 위해서는 경쟁자를 없애야 하는데, 풀이 가장 큰 적입니다. 잡초를 없애려고 종종 밭을 갈아엎었어요."

밭을 갈면 산화가 일어나고 유기물이 파괴된다. 특히 깊게 파거나 여름 햇볕 속에서 흙을 갈아엎으면 더욱 심하다. 밭 갈기는 토양의 구조를 파괴한다.

페데리코는 잡초를 뽑으며 곰곰이 생각한다. "대신 제초제를 쓸 수 있지만 그것 역시 토양을 허약하게 만듭니다."

그는 아스티의 연구소에서 일하는 토양 전문가 친구 로렌조 코리노 Lorenzo Corino 얘기를 하곤 한다. "그가 프랑스에서는 이미 15년 전부터 제초제를 사용해 포도밭을 완전무결하게 유지했다고 하더군요." 페데리코는 코리노의 말을 기억하며 키득거린다. "'우리는 오랫동안 프랑스를 따라잡으려고 노력했는데, 역부족이라 그러지 못한 것이 오히려 다행이다, 뒤떨어졌던 탓에 오히려 지금은 앞서가고 있다'라고 무표정하게 말했습니다."

풀은 흙이 쓸려 내려가는 것을 방지하고 수분 흡수를 돕는다. 풀을 깨끗이 제거한 언덕에 세찬 빗줄기가 떨어지면 침식이 일어난다.

"잡초는 정말 소중한 동맹군이 될 수 있어요. 하지만 때에 따라 달라집니다. 잘못된 장소에 잘못된 타이밍이라면 위험한 적군으로 변할 수도 있습니다."

사람들은 친구는 친구이고 적은 적인 구식 전투를 동경한다. 그럼 제초제는? 그때그때 다르다.

"약을 복용하는 것과 같아요. 약 없이도 나을 수 있다면 쓰지 않는 게 좋지만, 꼭 필요할 때는 복용해야 합니다. 더 악화되지 않도록이요. 때로는 제초제를 한 줌만 뿌려주면 중장비를 동원해 포도밭으로 나가야 하는 일을 줄일 수도 있습니다. 기계는 언제든 무슨 일이든 다 할 수 있다고 생각하지만 항상 그렇지는 않거든요. 땅이 젖은 경우에는 기계가 땅을 눌러 굳게 만듭니다."

'굳게'라는 말을 뱉을 때 페데리코의 표정이 근엄해진다. 땅을 굳게 만드는 것은 죄악이기 때문이다. 토양의 구조를 죽이는 행위다.

"급하게 농약을 분무해야 할 때에는 잡초가 꼭 있어야 합니다. 벌거벗은 젖은 땅 위에서 트랙터를 움식이면 땅을 망치게 됩니다."

페데리코가 미간을 찌푸린다. "작년 봄에는 비가 많이 왔고 6월 20일인데도 아직 포도밭에 풀이 자라고 있었어요. 안젤로가 여행에서 돌아와 매우 황당해하며 물었습니다. '이렇게 늦게까지 밭에 잡초라니?' 물론 메독의 포도밭처럼 흠 없는 포도밭이 이상적이라는 건 알고 있습니다. 그런 풍경에 사람들은 감명을 받아요. 그런데 여기는 보르도가 아닌 바르바레스코입니다. 밭에 들어가 농약을 뿌려야 하는데, 언덕인 데다 흙이 드러나고 흠뻑 젖은 땅에서는 일을 할 수가 없습니다." 그는 땅을 유심히 본다. "풀이 토양의 구조를 살립니다."

일꾼들은 이곳에서 순지르기를 마치면 다른 포도밭으로 이동한다. 바르바레스코만 해도 21개의 포도밭을 돌봐야 하니 늘 옮겨 다닌다. 그중 14개는 네비올로 밭이다. 알바와 인근 트레이조Treiso 마을에도 밭이 있고, 좀 더 먼 세라룽가에도 30헥타르의 포도밭이 있다.

"아, 세라룽가!" 페데리코의 목소리가 커진다. "거기는 포도밭이 한 군데인데 크고 넓어서 일하기가 쉬워요. 아니, 비교적 쉽다는 말이지요. 실제로 많은 사람이 우리가 돌았다고 생각해요. 보르도에서는 훨씬 더 많은 일을 기계로 합니다. 부르고뉴도 이곳과 비교하면 포도밭이 거의 완만하고 캘리포니아도 대부분이 평지거든요." 그는 산 로렌조의 경사진 언덕을 가리키며 "저 계곡 아래쪽에서는 카베르네를 재배할 수도 있지만 우리는 거기에도 네비올로를 심고 있습니다!"

페데리코는 생각에 잠긴 채 포도나무를 바라본다.

"네비올로를 심는 것 자체가 정말 미친 짓이라는 생각이 듭니다. 재배와 가지치기가 쉬운 카베르네나 바르베라 같은 품종을 심는 편이 훨씬 나아요. 네비올로에 끈질기게 집착하는 농부들이 놀라울 뿐입니다."

실제로 많은 재배자들이 오래전에 네비올로를 포기했다. 한때 네비올로는 피에몬테와 이탈리아 북서부 다른 지역에서도 널리 재배됐으며, 스판나Spanna, 키아벤나스카Chiavennasca, 피코테네르Picotener 등 여러 이름으로 불렸다. 하지만 1709년의 끔찍한 서리와 19세기 중반의 오이듐oidium, 또 수십 년 후의 필록세라 등 자연재해가 잇달아 일어나며 점점 줄어들었다. 그 후 농부들은 새로 포도나무를 심을 때 네비올로 대신 고귀하지는 않지만 강하고 열매를 잘 맺는 다른 품종을 골랐다.

한 예로 아스티 지역은 1330년대까지만 해도 네비올로가 주품종이었다. 20세기 초까지도 근처 코스틸리올레 포도밭에는 네비올로가 20퍼센트가량 되었다. 그러나 지금은 전무한 상태이다.

한 세기 앞서 판티니는 이미 네비올로 재배지가 점차 줄어들고 있다고 언급했다. 네비올로는 일급 포도밭에서만 잘 자라고, 또 공을 들이는 만큼 경제적 보상을 안겨주지도 않았다. 따라서 랑게 지역은 외부에서 온 바르베라에 점점 자리를 내어주었다. 바르베라는 1875년 처음으로 랑게에 모습을 드러냈고, 1883년 랑게의 몇 곳에서 재배되었지만 수확량은 얼마 되지 않았다고 한다. 1895년 무렵에는 큰 비중을 차지하며 재배지가 점점 더 늘어났고, 지금은 이 지역에서 가장 많이 재배하는 품종이 되었다.

도미지오 카바차는 1907년 발간한 《바르바레스코 와인》이란 책자에서 네비올로에 대한 갖가지 불만을 법정에 소송을 제기하듯 열거했다. 이듬해 바르바레스코에서는 재배자들이 네비올로 포도밭에 제일 높은 등급의 세금을 매기는 데 항의했다. 결국 네비올로만으로는 일정한 수익이 보장되지 않았으므로, 어쩔 수 없이 바르베라와 프레이자, 돌체토 등을 함께 심었다.

네비올로는 아직도 피에몬테의 몇몇 지역과 또 더 멀리 떨어진 곳에서도 재배되고 있다. 하지만 네비올로 최후의 보루는 바르바레스코와 바롤로 지역이다. 네비올로는 포위 공격을 당했지만 워털루 전투에서처럼 참패를 당하지는 않았다. 오히려 제2차 세계대전 말 벌지 전투의 격전지였던 벨기에 마을 바스토뉴를 연상시킨다. 독일군이 미군 부대를 포위 공격하며 항복을 권고했을 때 미군 지휘관은 "미친 소리!"라고 응답했다. 피에몬테 방언일지라도 여기에서도 대답은 같을 것이다. “네비올로여 영원하라!”

“나는 가끔씩 생각해요.” 페데리코가 말한다. “이곳에는 네비올로를 향한 어떤 종교적 경외심이 있는 것 같아요. 일요일에 교회에 가는 대신 종일 포도밭을 돌보는 사람들이 많거든요. 그들 식으로 드리는 예배처럼 보입니다.”

그는 산 로렌조를 돌아본다.

“그들은 이 포도나무들을 숭배합니다.”

1989. 5. 23

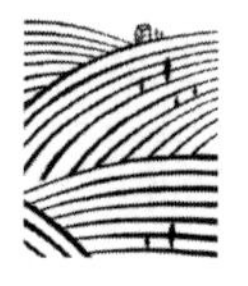

네비올로

알도 바카가 귀를 기울인다. 그가 애매한 미소를 짓는다.

"맞아요. 네비올로를 재배하려면 늘 밭에 붙어 있어야 합니다."

알도는 셀러 계단 옆 임시 시음장 문 앞에 서 있다. 방문객들이 오간다. 안젤로는 와인잔과 병이 늘어선 곳에서 메모를 하며 "시음장에도 늘 붙어 있어야 합니다"라고 말하려는 듯한 표정으로 올려다본다.

네비올로는 설명이 필요하다.

네비올로는 유서 깊은 품종이다. 최초의 기록은 1268년으로 거슬러 올라간다. 1606년 토리노 궁정의 한 와인 애호가는 "적포도의 여왕"이라고 기록했다. 토머스 제퍼슨은 1787년 토리노를 지나며 "네비울레Nebiule"로 만든 와인을 맛보았다고 일기에 적었다.

바르바레스코 사람들은 수세기 동안 포도를 재배하고 와인을 만들어 왔다. 알바 성당은 15세기 후반에 완성되어 성 로렌조에게 헌정되었다. 오래된 성가대석 위쪽 벽면에 액자가 늘어서 있다. 그중에 포도를 담은 그릇 아래 바르바레스코 마을과 탑이 새겨진 액자가 있다.

안젤로가 장난스레 웃으며 말한다. "그래요, 이곳 와인은 고대적 와인이었습니다. 와인 양조 역시 최근까지만 하더라도 고대적이었다고 할 수 있어요."

제퍼슨은 당시 토리노에서 마셨던 와인이 "만족스러웠다"고 평했지만 요즘이라면 환불해달라는 애호가들이 넘쳐났을 것이다. 제퍼슨은 시음 노트에 다음과 같이 썼다. "대서양 섬에서 만드는 비단 같은 마데이라처럼 달콤하고, 보르도 와인처럼 떫은맛이 나며, 샴페인처럼 톡 쏘는 듯했다."

달콤하고 가끔 거품도 생기는 네비올로는 그 후 한두 세기 동안 지속되었다. 1908년에는 재배자들이 가짜 와인으로부터 바르바레스코를 보호하기 위한 협회를 결성하며 다음과 같은 점을 인정했다. "과거에는 대부분이 약한 스위트 와인이나 스파클링, 또는 거품투성이 와인으로 조상들의 세련되지 못한 미각과 강한 위장을 만족시켰다." 몇몇 선구자들이 있었지만, 1894년 바르바레스코 와이너리 조합이 결성될 때까지는 생산량도 많지 않았고 품질도 일정치 못했다. 재배자가 직접 생산하는 평판 좋고 주목할 만한 와인은 거의 없었다. 4년 뒤 피에몬테 와인 생산자 협회보에는 "뉴욕에서 네비올로를 벌크로 수입하여 세금을 줄일 목적으로 '스파클링 세미스위트 레드 와인'으로 둔갑시켜 수천 상자씩 팔고 있다"는 미국 주재원의 보고가 있었다. 1933년 미국의 저명한 기자이자 작가인 줄리언 스트리트는 그가 마신 최고의 이탈리아 와인은 "비록 다른 와인 생산지의 위대한 와인과 동급은 아니었지만, '네비올로 스푸만테'가 아닌 약간 달지만 거품이 없는 31년 된 네비올로였다"라고 썼다.

시음장 테이블 위의 와인은 바르바레스코 1961년산이다. 그 병 속에는 안젤로의 일대기가 담겨 있다. 그는 1961년부터 와이너리에서 일하기 시작했고, 외부에서 마지막으로 포도를 사들인 해도 같은 해였다.

이웃에 살던 피에트로 로카와 구이도 리벨라의 아버지는 그해에도 가야 와이너리에 포도를 팔았다. 마주에 밭의 포도도 와인에 약간 들어갔다. 전해의 우박으로 포도나무들이 손상되어 수확이 형편없이 적었다. 훌륭한 와인은 이렇게 포도밭에서부터 시작되었다.

"영광과 불운이 함께했던 네비올로입니다." 안젤로가 1961년산 와인의 향을 맡으면서 한숨을 내쉬며 말했다. 이 와인을 칭송하는 자는 많았다. 영국의 마이클 브로드벤트도 칭찬을 아끼지 않았다. "내가 마신 이탈리아 와인 중 가장 훌륭한 와인에 속한다. 부드럽고 향미가 점차적으로 열리며 피어오른다." 와인이 23년 숙성된 1984년에 그가 남긴 시음 노트다. 1960년대에 맛보았더라면 뭐라고 썼을까?

"1961년산 중에서도 어느 것을 마셨는지 누가 알겠어요?" 안젤로가 대꾸한다. "어떤 것은 발효가 완전히 끝나는 데 수년이 걸렸지요. 우리는 과거에 늘 그랬듯이 한 번에 1,000병씩 작은 로트 단위로 병입했습니다. 어떤 로트는 1년 넘게 오크통에서 기다릴 때도 있었어요. 같은 해 와인이라도 차이가 아주 큽니다."

당시 이 와인은 바르바레스코에서 생산된 최고급 와인의 전형이었다. 하지만 안젤로의 평가는 그다지 열광적이지 않다.

"물론 풍부하고 확실히 그 나름대로 대단한 와인이긴 합니다. 하지만 나는 더 깔끔하고 신선한 부케를 원합니다. 걸쭉하고 무디지 않은, 더 순수한 과일 향을 지향하지요."

대부분의 바르바레스코 와인은 지역 시장을 벗어나서는 호응을 얻지 못했다.

1961년산은 당시 양조 수준으로 봤을 때 대단한 와인이었다. 그렇지만 문제가 있었다. 바로 네비올로 품종으로 만든 와인이라는 점이다.

네비올로에 대해 이야기할 때 안젤로는 재능 있는 아들에게 잔뜩 기대를 걸고 사는 아버지처럼 말한다. 그의 목소리에는 기대와 실망이 교차한다. 아직도 큰 희망을 품고 살지만 더 이상 환상도 남아 있지 않다.

1663년 4월 11일 새뮤얼 피프스Samuel Pepys가 오 브리옹을 마시고 남긴 일기는 가장 많이 인용되는 시음 노트이다. "호 브라이언Ho Bryan이라 부르는 프랑스 와인을 마셨다. 지금껏 내가 맛본 와인 중 정말 좋고 가장 특별한 맛이었다."

와인이 유명해지려면 다른 와인과는 확실히 구별되는 특별함이 있어야 한다.

하지만 와인도 음식처럼 너무 특별하면 대중적인 인기를 누릴 수 없다. 네비올로 와인의 고민도 그런 것이다. 가야의 1982년산 소리 틸딘에 대한 브로드벤트의 시음 노트에서 그 예를 찾아볼 수 있다. 그는 "풍부하고" "진하며" "대단히 감동적"이라고 표현하면서도 "낯설고" "보르도 와인에 익숙한 사람들에게는 이질감을 준다"라고 썼다.

"외국으로 여행을 다니기 시작하며 네비올로가 다른 품종과는 공통점이 별로 없다는 점을 바로 알아챘습니다." 안젤로가 말한다. "한편으로는 기뻤어요. 우리만의 것이 있다는 의미니까요. 하지만 다른 한편으로는 고립을 의미했습니다. 프랑스의 위대한 품종과 네비올로를 비교하는 것은, 세계적 스포츠인 축구나 농구와 랑게의 전통 운동인 '고무공 경기'를 비교하는 것과도 같습니다."

프랑스 와인과 포도 품종은 전 세계적으로 맛의 기준이 되었다. 그러나 1976년 역사적인 파리 테이스팅에서는 캘리포니아 나파 밸리의 두 와인이 프랑스 와인을 이기기도 했다. 문제는 카베르네 소비뇽이나 샤르도네로 겨루는 그들의 게임에 참가해야 한다는 것이다. 이들 품종은 영어에서 와인의 대명사로 쓰일 만큼 보편적이다. 하지만 네비올로는 핀란드어를 하는 것처럼 낯설고 소통이 어렵다. 카베르네는 너무 잘 알려져 있어서 '캡Cab'이라는 친근한 이름으로도 불리게 되었지만, 네비올로를 '넵Neb'이라고 부르지는 않는다.

와인 전문가들의 글도 네비올로의 원래 뜻인 안개nebulous처럼 모호하기만 하다. 캘리포니아 대학 데이비스 캠퍼스에서 40년 가까이 가르쳤고, 영어권에서 와인 전문 서적을 가장 많이 출판한 메이너드 애머린Maynard Amerine은 1976년 에드워드 뢰슬러Edward B. Roessler와 함께 집필한 《와인: 관능검사*Wines: Their Sensory Evaluation*》에 다음과 같이 썼다.

> 네비올라Nebbiola는 북서 이탈리아의 여러 지역에서 주로 재배하는 품종이다. 다양한 와인을 만들지만 뛰어난 와인은 전혀 없다. … 바롤로는 어릴 때는 쓰고 떫은맛을 지니고 있으며 오래되어도 마찬가지다. 15년이나 20년이 지나도 특별한 부케가 나타나지 않는다. 다른 곳에서도 재배하는지는 모르겠지만 분명 안 할 것이다(그럴 만한 이유가 있다).

네비올로에 대한 지식이 이 정도라면 바르바레스코는 언급도 안 한 게 당연하다!

"네비올로는 포도밭에서나 셀러에서나 제어하기가 어렵습니다." 안젤로가 말한다.

영국의 와인 평론가 잰시스 로빈슨Jancis Robinson은 "네비올로는 본질적으로 다루기 힘든 품종이다. 그렇게 고집스런 타닌과 산을 갖고 있는 품종은 어디에서도 찾아보기 어렵다"라고 단호하게 서술했다.

로버트 파커는 "타닌이 강렬하고 단단한 와인이기 때문에 어리고 숙성되지 않았을 때는 굳게 닫혀 있고 야만적이다"라고 썼다.

그러나 그들은 애머린과는 달리 세월이 지나면 그 단단함 속에서 모습을 드러내는 보물이 있음을 안다. 그들이 공통적으로 열거한 인상적인 부케는 바이올렛과 감초, 후추, 송로버섯, 가죽, 타르, 담배 향 등이다. 로빈슨은 와인 애호가가 아니라면 이런 고전적인 표현이 너무 생소하여 믿지 못하겠다는 듯 고개를 갸웃거릴 것이라고 했다.

안젤로는 이런 두려운 와인보다는 마음을 끄는 바르바레스코 와인을 만들고 싶었다. "프랑스에서 돌아올 때마다 희망을 품고 왔지만 며칠 동안 전통의 벽에 머리를 박고 나면 그대로 물거품이 되었습니다."

가야 와이너리의 '전통의 보존자'는 셀러 담당자인 루이지 라마Luigi Rama였다.

"라마는 와이너리의 붙박이였어요. 그는 마당이 내려다보이는 방에서 잠자고 가족과 함께 식사를 했습니다. 와인을 제 몸처럼 돌보며 새벽 두 시에도 일어나 와인 통을 살폈어요. 외부와 접촉이 전혀 없었고 자기 세계에만 갇혀 살았습니다."

안젤로는 포도밭 일뿐 아니라 셀러 일에도 적극적으로 간섭하기 시작했다. "라마와 함께 일하는 것은 결코 쉬운 일이 아니었습니다." 하지만 그것은 문제의 일부였을 뿐이다.

"프랑스에서는 연구소와 생산자 사이에 항상 교류가 있었습니다. 몽펠리에에서 와인을 가르치는 선생님 중에는 생산자도 두어 명 있었지요. 그러나 고향에서는 문제가 생기면 누구를 찾아가 의논해야 할지 갑갑했습니다. 재배자들은 매번 나타나는 결점에 너무도 익숙해진 나머지 잘못된 와인인지 알아채지도 못했지요." 그가 혼자 웃는다. "정말 당혹스런 일이었어요. 어쨌든 우리 와이너리가 제일 앞서가고 있었습니다."

안젤로는 동료 재배자들도 동참시키려고 했다. 1964년 그는 버스를 빌려 부르고뉴 여행을 기획했다. 마흔 명이 함께 갔다.

그는 두 손을 들 수밖에 없었다.

"철통 방어막이 시야를 가리고 있는 것만 같았어요. 그들은 직접 본 것도 모두 거부했습니다. 우리가 하는 방법만이 유일하다고 믿으려 했지요."

한편 외국인들은 고향 사람들이 대단하다고 생각하는 와인을 헐뜯었다. 안젤로는 영국인들이 네비올로 와인의 노란 색조를 비웃던 말을 뼈아프게 기억했다. "'살라미 껍질' 같다고도 하고 '치킨 껍질' 같다고도 했습니다."

"그건 옛날 스타일 와인이지요." 그가 한숨짓는다. "하지만 이탈리아 와인의 전형적 스타일이기도 합니다."

전형tipicità이라는 아픈 곳을 건드린 듯한 표정이다.

"외국인들이 강하게 거부하는 스타일을 우리는 전형이라는 미명하에 고수하고 있었던 겁니다. 전형이라는 말은 열등하다는 말의 완곡한 표현이기도 하지요."

안젤로는 와인에 대한 그의 가족들의 태도를 회상한다.

"아버지는 식사 때 외엔 와인을 마시지 않으셨어요. 딱 한 잔이었지요. 거의 신성불가침의 원칙이었습니다. 아버지는 자신의 와인이 어느 누구의 와인보다 낫다고 확신하셨습니다. 와인이 특별히 좋을 때는

'아, 이게 진짜 마르살라Marsala지!'라고 하셨지요. 그 말은 최고의 찬사였습니다."

마르살라는 보르도나 부르고뉴 같은 전통적 테이블 와인보다는 셰리나 마데이라에 가까운 산화 와인이다.

"고모할머니 한 분은 항상 바르바레스코 와인 병을 자물쇠 달린 작은 장에 넣어두고 가끔씩 꺼내서 한 모금씩 맛보시곤 하셨어요. 와인을 정말로 '마시고' 싶을 때는 바르베라나 돌체토처럼 품질이 덜한 와인에 물을 섞어서 마셨고요. 고급 와인은 거의 병자나 노인을 위한 약처럼 취급했습니다."

다른 전통적 생산지와 마찬가지로 이탈리아에서도 와인은 당시 미국에서 마시던 커피처럼 그저 하나의 음료일 뿐이었다. 커피도 신선함이나 맛에 정도차가 있지만, 단편적 대화를 넘어서는 주제가 되지는 않았다. 일반 소비자들은 아라비카와 로부스타의 차이를 알지 못했고, 원두 생산지가 어디인지 중요하게 생각하지도 않았다. 로스팅 정도를 비교해가면서 커피를 마시는 사람은 거의 없었다. 커피는 과거에, 그리고 지금도 여전히 상당히 많은 이들에게는 습관적으로 마시는 음료, '뜨거운' 음료, '정신을 차리게 해주는' 음료이다. 와인에 물을 타는 것이 이상하게 들릴지도 모르지만, 커피에 설탕이나 크림을 타는 것과 크게 다를 바 없었다.

당시 이탈리아에서는 와인은 음식의 일부였으며 항상 빵과 함께 식탁에 놓였다. 대부분 매일 같은 와인을 마시면서도 이름도 몰랐다. 와인 리스트를 갖춘 레스토랑은 드물었고, 손님들은 메뉴도 보기 전에 "레드 와인으로 하시겠어요, 화이트 와인으로 하시겠어요?"라는 질문을 먼저 받았다.

안젤로는 외국 여행에서 견문을 넓히며 스스로도 와인에 대한 새로운 생각을 발전시켰다. 특히 아버지의 친구이자 고객이었던 제노아의 레스토랑 주인 파롤디Paroldi에게 영향을 많이 받았다.

“그 레스토랑 주방에서 식사를 하곤 했어요.” 그의 표정이 밝아진다. “그는 가끔 고급 부르고뉴와 보르도 와인을 따주곤 했습니다. 향과 맛이 얼마나 다채롭던지! 정말 흥분된 경험이었지요. 그리고 파롤디는 바르바레스코 와인의 열렬한 팬이기도 했습니다.”

안젤로는 1961년산이 담긴 잔을 돌리며 향을 강하게 들이마신다.

포도밭뿐 아니라 셀러에서도 와인의 품질을 개선할 수 있을 것이라는 그의 신념이 점점 굳어졌다. 바르바레스코가 ‘특별한’ 와인임에는 의심의 여지가 없다. 하지만 과연 프랑스 와인에 푹 젖어 있는 애호가들의 입맛에도 맞는 보편적인 와인이 될 수 있을까?

전후 이탈리아의 주요 작가인 체자레 파베제Cesare Pavese의 글에서도 비슷한 고민이 등장한다. 파베제는 랑게에서 태어나 토리노에서 살았다. 그는 미국 작가 셔우드 앤더슨Sherwood Anderson에 관한 글인 〈중서부와 피에몬테〉라는 글에서 “중서부의 특수성을 보편적으로 이해할 수 있도록” 포착한 앤더슨의 능력을 칭송했다. 그리고 피에몬테에서도 언젠가는 “우리들만의 것이 아닌, 세상의 모든 남녀에게 다가갈 수 있는 세계적이면서도 신선한 충격을 줄 수 있는 작품이 나오기를 바란다”는 희망을 표현했다.

고급 와인은 국제 와인 시장에서 그에 부응하는 가격이 형성되기 때문에 생산이 가능하다. 그러나 개성이 강하면 그만큼 위험 부담도 따른다. 안젤로는 특수성을 희생하지 않고 보편성을 획득할 수 있는 와인을 만드는 데 도전했다. 바르바레스코는 이전에도 변신해왔고 앞으로도 변신할 것이다. 그는 도움이 필요했다.

라마는 건강이 나빠졌다. 은퇴할 나이가 되기도 했다. 이제 행동할 때가 왔다.

"나는 진정한 대화 상대를 원했습니다. 내가 외국에서 얻은 모든 경험과 배움을 받아들일 수 있으며, 자신의 개성과 의견도 있는 동료를 찾았어요. 또 다른 고용인이 아닌 서로 배울 수 있는 와인 메이커를 구했습니다."

1989. 5. 30

구이도 리벨라

"구이도!"

구이도 리벨라의 왕국으로 뛰어 내려가는 안젤로의 목소리가 울려 퍼진다.

계단을 내려가면 창이 없는 옛날 셀러를 지나게 된다. 예전에 발효에 사용했던 거대한 시멘트 탱크가 벽에 붙어 있다. 아직도 와인이 저장된 큰 통들이 줄지어 있다. 1969년에서 1972년 사이에 지은 새 셀러는 창을 통해 포도밭이 내다보인다. 포도밭은 마당 난간에서도 내려다보인다. 맨 위층에는 요즈음 사용하는 발효 탱크(에폭시를 입힌 강철로 만든 오래된 탱크와 스테인리스로 만든 새 탱크)와 압착기가 있다. 와인은 한 층 아래에서 병입되고 저장고는 그 아래층에 있다. 제일 아래층에는 작은 오크통에서 와인이 숙성되고 있다.

"아버지 고객들 중에는 새 셀러를 좋아하지 않는 사람들도 있었습니다." 안젤로가 말한다. "새 셀러가 고풍스럽지는 않지요. 너무 밝고, 강철도 많고, 신기술로 채워져 있으니까요."

그는 와인을 옮기는 굵은 호스를 넘어 지나간다.

"우습지 않나요? 다른 분야에서는 신기술을 좋게 받아들입니다. 최고 시설을 갖춘 치과에 가면 최신 기계가 고통도 줄여줄 거라고 기대합니다." 그는 호스로 고개를 돌리며 목소리를 높인다. "생각해보세요! 옛날에는 이걸 50리터가 넘는 나무통으로 날랐습니다. 큰 통에서 와인을 빼내 가득 채워 어깨에 지고, 사다리를 타고 올라가 다른 통에 옮겼지요. 늘 사무실에 앉아 운동 부족인 도시인들에게는 그 같은 육체노동이 멋지게 보였을 겁니다."

최근까지도 이런 힘든 일은 와인을 만드는 수많은 단순 노동 중 하나였을 뿐이다. 물론 주변에 와인을 많이 흘리기도 하고, 와인이 산소에 노출되어 상하기도 했다.

"처음 나온 펌프는 아주 거칠었지만, 지금은 와인을 부드럽게 다루는 펌프가 나왔어요. 현재 공사 중인 셀러는 펌프 사용을 더 줄이고 중력을 이용해 와인을 이동합니다." 그가 만족스러운 듯 미소 짓는다. "이런 게 바로 발전이 아닐까요?"

갑자기 발효 탱크 뒤에서 스팀이 퍼진다. 구이도가 알몸으로 허리에 수건만 감고 나타날 것만 같다. 물론 와이너리에서 부업으로 터키탕을 운영하는 것은 아니다.

와이너리보다 세균을 더 두려워하는 곳은 병원밖에 없을 것이다. 19세기 후반 루이 파스퇴르는 와인의 질병이나 사람의 질병이나 모두 공통 감염원에 의해 발생한다는 사실을 발견했다. 65도 이상으로 스팀 살균을 하면 와인을 오염시킬 수 있는 합성세제를 사용하지 않아도 살균이 된다. 안젤로는 다시 '고풍스러운' 옛 시절을 떠올린다. "옛날에는 우물에서 길어오는 물로 셀러를 청소해야 했으니 얼마나 힘들었을

지 상상이나 할 수 있겠어요?"

지금도 루이지 카발로의 목소리를 들을 수 있고, 토리노 길 아래 집 마당에 앉아 손짓하는 그를 볼 수 있다. "오해하지 마세요." 카발로가 주장한다. "셀러는 언제나 깨끗했답니다. 하지만 안젤로가 나타나서…" 손바닥을 아래로, 손바닥을 위로.

안젤로 렘보도 옛 시절을 기억한다.

"안젤로는 늘 통을 꼼꼼하게 닦으라고 말했죠. 하지만 라마는 간단히 훔치면 된다고 우겼어요. 라마는 안젤로가 유달리 까다로운 젊은이라고 생각했습니다."

스테인리스 탱크 옆을 지나는 안젤로가 유난히 작아 보인다. 그가 다시 큰 소리로 구이도를 부른다.

"여기 위에 있어요!" 증기 속에서 목소리가 새어 나온다. 위쪽 탱크 뒤에서 원숭이 같은 형체가 고양이처럼 잽싸게 기어 내려온다. 안젤로는 구이도와 의논하러 다가간다. 그들은 루이지 카발로의 언어로 말한다. 대화 속에서 독일, 스톡홀름, 일본 같은 먼 곳의 이름이 간간이 들린다.

회색 머리칼이 듬성듬성한 40대 후반의 구이도는 바르바레스코에서 자랐다. 바르바레스코 마을에서 돌을 던지면(두 번 던지면) 맞을 거리인 몬테스테파노의 보가타라는 곳에서 태어났다. 포도밭의 심해에 둘러싸인 작은 집들이 모여 있는 마을이다.

"그때는 아무것도 가진 게 없었어요." 구이도가 어린 시절을 회상하며 말한다. 하지만 과거의 껍질을 들추자 송로버섯을 찾는 개가 향기로운 버섯 향을 맡은 것처럼 얼굴에 빛이 난다. 땅속에는 보물이 숨어 있다. 행복한 유년 시절의 추억이다.

세상은 많이 변했다. 송로버섯만 해도 그렇다. 현재 알바에서는 송로버섯이 500그램에 1,000달러를 호가한다. 어릴 때 구이도는 아저씨 집의 개와 함께 놀았다. "개가 냄새를 맡고 버섯을 캐내기도 했지만 별 관심이 없었습니다. 돈 받고 팔 일도 없었고요. 그때는 그렇게 귀하지도 않았고 거래도 알바에서만 이루어졌지요. 하루 일을 제치고 알바를 오가는 시간과 기차 삯을 계산하면 오히려 손해였습니다."

구이도는 포도밭에서 자랐다. 와인은 언제나 생활의 일부였다.

"어릴 때 어머니는 항상 나를 데리고 밭으로 나가셨어요. 물론 다른 어머니들도 마찬가지였고요. 여덟 살 무렵에는 이미 밭일을 돕고 있었습니다."

그의 아버지는 집에서 수확한 포도를 안젤로의 아버지에게 팔았고, 바롤로 지역의 큰 와이너리인 폰타나프레다Fontanafredda에도 팔았다. 집에서도 와인을 조금 만들었다.

"그때는 수동식 펌프만 있었어요. 셀러에서 몇 시간 동안 펌프질을 했던 기억이 납니다."

리벨라 가족에게도 포도밭에 여러 작물을 함께 재배하는 것은 당연한 일이었다. "포도는 여러 농작물 중 하나였지요."

구이도가 손가락으로 세며 말한다. "밀, 옥수수, 강낭콩 등 무엇이든 포도와 함께 길렀어요. 가족들이 배불리 먹을 수 있을 만큼요."

가축도 물론 함께 자랐다. 구이도의 눈이 어린아이처럼 빛난다.

"순하고 착한 소와 같이 놀았어요. 아직도 멍에를 메던 소의 목 감촉이 느껴집니다. 새벽 네 시에 소를 끌고 큰아버지네 농장으로 일하러 가기도 했지요. 아버지는 1966년까지 소를 키우셨어요."

그는 깊은 생각에 잠긴다.

"그때는 모든 게 느렸고 우리는 스트레스가 뭔지 몰랐습니다. 종종 그 시절이 그리울 때가 있어요." 그는 꿈에서 깨어나려는 듯 무릎을 친다. "하지만 생계가 불안정한 건 참을 수 없었습니다."

1950년대에는 와인으로 생계를 유지하기 어려웠고 포도 재배는 전도유망한 일이 아니었다. 우박과 곰팡이가 큰 문제였고, 수확이 좋지 않은 해가 계속되었다. 그의 형 둘은 이미 10대 중반에 페레로 공장으로 일하러 갔다.

"생각해보세요!" 구이도의 목소리가 커진다. "형들은 매달 꼬박꼬박 월급봉투 두 개를 집으로 가져왔어요. 당시만 하더라도 굉장한 사건이었습니다."

경제 성장이 한창일 때 구이도는 알바의 포도재배양조학교에 다녔다. 그는 아침마다 기차를 타러 2킬로미터를 걸었고 학교에서 집으로 올 때에는 중간까지 차를 얻어 타고 와서 또 걸어야 했다. 졸업 후에는 밀라노에 있는 큰 양조 회사에 바로 취직했다.

"정말이지 그곳은 가공 처리 공장 같았어요. 품질은 전혀 신경 쓰지 않았습니다." 구이도의 언성이 높아진다. "우리는 포도가 어디에서 왔는지도 전혀 몰랐고 포도를 발효시키고 나면 그것으로 끝났습니다. 화이트 와인에 향을 가미한 베르무트도 만들었습니다."

안젤로는 밀라노에 일이 있을 때마다 구이도를 만나러 갔고 미래 계획도 이야기했다. 1970년 2월 드디어 구이도는 가야 와이너리에서 일을 시작했다.

"안젤로의 아이디어는 아주 흥미로웠습니다. 나도 바르바레스코로 돌아가고 싶었고요."

그들에게는 오랜 만남에서 비롯한 형제와 같은 끈끈한 정이 있다. 안젤로와 구이도가 옛 친구처럼 편안한 피에몬테 방언으로 최근 일들을 의논하는 광경을 보면, 둘이 떨어져 있는 모습을 상상조차 할 수 없을 것만 같다. 사랑과 결혼. 말과 마차. 가야와 리벨라. 그러나 형제라고 마찰이 없을 수는 없다. 운 좋게도 그들의 성격은 서로의 단점을 보완해준다.

"구이도는 훌륭한 중재자입니다." 안젤로가 말한다. "나는 비전이 명확해 보이다가도 가끔 구름 위에 떠 있는 것 같을 때가 있어요. 우리 둘 다를 위해 구이도는 현실에 굳건히 발을 디디고 있지요. 만약 구이도가 아닌 다른 개혁자와 일했더라면 상황이 지금과 전혀 달라졌을 겁니다."

"안젤로는 무엇 하나 지나치는 법이 없어요." 구이도가 말한다. "여행을 다녀오면 그의 머리는 새로운 아이디어로 가득 차 있었습니다. 안젤로는 항상 날 긴장하게 만들지요. 그가 아니었다면 나도 다른 사람들처럼 일상에 안주했을 겁니다. 그는 직관적으로 움직이고, 모든 것이 우리의 독특한 상황에서 입증되어야만 했어요. 바르바레스코는 보르도가 아님을 주지시켰습니다."

안젤로는 아이디어를 연신 쏟아낸다. 구이도는 산 로렌조의 흙처럼 적당히 받아들이고 나머지는 흘린다. 안젤로는 소비자, 평론가와 가깝게 지내고 구이도는 포도와 씨름한다. 안젤로는 가속 페달에 발을 올리고, 구이도는 브레이크에 발을 올린 채 목적지를 향해 간다.

"둘 사이에 긴장의 순간도 있었습니다." 안젤로가 말한다. "와이너리의 대표는 한 명이기에 구이도는 늘 그늘 속에 가려지지요."

안젤로는 바르바레스코 같은 작은 마을의 세계적인 유명 생산자로서 늘 조심스럽게 행동해야 했다. 그는 이권 때문에 일어날 수 있는 갈등을 잘 알고 있으며, 결코 지역 정치에 개입하려 하지 않았다. 구이도는 한때 부시장으로 일하기도 했지만, 그 역시 몸을 낮추었다.

"구이도는 훌륭한 시장이 되었을 겁니다." 안젤로는 잠시 말을 멈추고 회상에 잠긴다. "구이도는 무언가 자신만의 일을 해보고 싶었을 겁니다."

둘은 늘 대화로 문제를 풀었다. 그들은 서로 무척 다르지만 2인 1조가 되어 세월의 시험을 이겨냈다.

작전회의가 끝나고 '2인조'가 위층으로 올라간다. 안젤로는 그의 사무실로 서둘러 돌아가고 구이도는 계단 끝에 있는 좁은 문으로 걸어간다. 왼쪽에는 그의 실험실이 있다. 그가 '실험실'이라고 말할 때는 항상 인용 부호를 찍는 것 같다. 작은 방에는 실험용 비커와 병이 빼곡하다. 그는 마당 저편으로 희망적인 눈길을 보낸다. 재건축이 끝나면 '진지한 실험'을 할 수 있는 제대로 된 '실험실'을 갖게 될 것이다. 계단을 올라가면 그의 사무실이다. 작은 책상과 두어 개의 선반에 책과 잡지, 인쇄물 등이 널려 있다.

"안젤로는 항상 연구에 더 중점을 두어야 한다고 말합니다. 맞는 말이지요. 하지만 이런 자료들은 대부분 정확하지 않아요. 와인 양조의 바이블은 아직 완성되지 않았습니다."

그가 눈을 찡긋한다.

"때로 상반되는 주장을 하는 연구 보고서를 읽으면, 도대체 와인을 어떻게 만들어야 할지 더 이상 모르겠다는 느낌이 든다니까요!"

구이도는 와인과 함께 커왔지만, 안젤로와 일하기 전 와인은 그에게 전혀 다른 의미였다. 1970년 5월 구이도는 지역의 와인 생산자들과 함께 부르고뉴에 갔다. 그 여행은 그에게 계시와도 같았다.

"진정한 와인 문화를 그곳에서 처음 경험했어요. 본Beaune에서 그런 기운을 느낄 수 있었지요. 레스토랑에서 소믈리에가 와인을 따를 때 새로운 세계가 보였습니다. 와인은 그저 단순한 음료가 아니라 그 이상의 무엇이었어요."

구이도와 와이너리는 함께 성장했고, 그는 지속적인 성장을 위해 더 노력해야 했다.

"여기에서 일을 시작했을 때에는 레드 와인 다섯 종류밖에 만들지 않았습니다. 9월 20일 전에는 수확을 시작하지 않았고 길어야 한 달이면 수확이 끝났지요. 수확하는 달에도 지금처럼 일이 힘들지는 않았어요. 지금은 화이트 품종과 새로운 레드 품종으로도 와인을 만들고, 전통 품종으로도 새로운 와인을 만듭니다. 작년에는 세라룽가 포도로 처음 와인을 만들었어요. 게다가 작은 오크통은 큰 통 몇 개보다 일이 훨씬 더 많습니다."

구이도는 깊은 숨을 내쉰다.

"생각해보세요! 작년에는 소비뇽을 8월 24일에 수확했어요. 수년 전보다 4주나 빨랐습니다."

구이도는 와이너리의 걱정거리도 맡고 있으며, 밤교대 근무도 마다하지 않는다. 그가 만드는 와인은 세계적으로 평가되고 비교되며 점수가 매겨진다. 가야의 가격과 평판을 등에 지고 있으니 기대가 클 수밖에 없다.

"가야는 유벤투스와 같아요." 그는 이탈리아에서 가장 유명한 축구팀을 들먹이며 짓궂게 말한다. "유베는 이겨야만 합니다."

운명적으로 이기겠지만 그의 열정은 변함이 없다.

"아직도 배울 게 정말 많아요! 그것이 바로 와인의 위대한 점입니다.

항상 놀라게 만드는 무언가가 있습니다."

"구이도가 여기 일하러 왔을 때 모두들 놀랐습니다." 안젤로가 말한다. "양조학자는 보통 대기업에서 일한다고 생각했기에 다들 의아해했지요. 우리처럼 작은 와이너리에서, 더구나 가족 중에서도 제일 젊은 내가 와인을 만들 사람을 따로 고용한다는 것은 있을 수 없는 일이었습니다."

안젤로가 싱긋 웃는다.

"이 소식을 들은 어머니의 반응을 결코 잊을 수가 없습니다. 정말로 어리둥절해 하시면서 물으셨어요. '그럼 너는? 넌 대체 무슨 일을 할 거니?'"

1989. 6. 6~9

와인 판매 전략

독일의 고속도로를 달리는 안젤로의 표정이 우울하고 약간 무서워 보이기도 한다. 황소자리인 그는 때로 황소처럼 보인다. 꽉 다문 입과 윤나는 이마에다 눈썹을 치켜세울 때는 성난 황소같이 뭔가 책망할 것만 같다.

여행은 생각하는 시간, 나 자신과 함께하는 시간이다. 지금처럼 깊은 생각에 잠길 수 있다. 사무실에는 전화기가 그의 주인이지만 차에는 전화기가 없다.

갑자기 안젤로는 무릎을 탁 친다. "오케이!" 번개 치듯 결정을 내리자 머릿속의 안개가 걷힌다. 드디어 그는 등받이에 기대어 긴장을 풀고, 아우토반처럼 드넓은 미소를 짓는다.

안젤로에게는 도로가 중요하다. 그는 길에서 많은 시간을 보낸다.

"정말 다행이죠!" 그가 행복하게 말한다. "여기는 시속 80킬로미터를 넘으면 안 된다고 말하는 정치가가 없어요!" 길바닥에서 시간을 낭비하다니! 속도 제한은 그가 결코 이해할 수 없는 미스터리다. 이곳 아우토반에는 속도 제한이 전혀 없다.

만약 판티니가 쿠네오 번호판을 단 자동차가 와인을 싣고 외국 도로를 질주하는 이 광경을 봤더라면 뭐라고 했을까? 19세기 후반 판티니는 쿠네오 지역 와인의 품질이 향상되지 못한 이유가 도로 사정이 나쁘기 때문이라고 확신했다. "이렇게 발전하는 시대에 왜 도로는 두 세기 전과 달라진 게 없는 걸까? 수확을 많이 한들 내다 팔 수 없다면 무슨 소용인가?"

판티니는 자신의 불만을 동화 같은 이야기로 끝맺는다.

"옛날 옛적에 전혀 개발되지 않고 아무것도 경작하지 않던 버려진 언덕이 있었다. 하지만 언덕을 둘러 새 길이 생기자 탐스런 포도나무들이 언덕을 완전히 뒤덮었다. 한 조각도 빈 땅이 남아 있지 않다. 지금은 그곳을 지나면 같은 하늘조차도 달라 보인다!"

독일의 매력은 고속도로만이 아니다. 안젤로에게 독일은 가장 중요한 수출 시장이다. 독일은 세계 최대의 와인 수입국으로 1년에 1,000만 리터를 수입한다. 영국은 700만 리터, 미국은 200만 리터이다.

여행은 강행군의 연속이다. 바람처럼 다니며 수입상과 미팅을 하고, 와인 평론가들과 현장 조사도 하고, 레스토랑 주인들에게 인사도 하고, 시음회도 주최한다.

"아직도 많은 사람이 독일을 맥주와 소시지의 나라라고만 알고 있습니다. 레스토랑의 혁명을 모르고 있어요." 독일은 프랑스를 제외하고 유럽에서 미쉐린 스타 레스토랑이 가장 많은 곳이다.

그는 벌써 며칠째 길에서 보내고 있다. 빡빡한 스케줄의 후유증이 나타나기 시작한다. 그에게 마케팅은 달리는 마일리지와 비례한다. 별이 박힌 레스토랑에서의 식사도 빼놓을 수 없는 스케줄이다.

다음 장소는 프랑스 국경 근처, 스위스 북부 바덴에 있는 마을이다. 레스토랑 주인은 그 지역의 으뜸가는 와인 생산자이다. 그는 안젤로의 와인을 수입하고 안젤로는 답례로 그를 방문한다. 바르바레스코에 가본 적이 있는 주인 아들이 안젤로에게 포도밭과 셀러를 안내하고, 저녁 식사에 앞서 와인을 시음하기 위해 모셔간다.

안젤로가 자신이 만든 음식을 잘 먹고 있는지, 별 두 개 레스토랑의 주인이 수시로 확인한다. "이 요리는 특별히 만들었으니 꼭 맛보셔야 합니다."

안젤로는 웃으며 감사를 표한다. 모두가 하루에 소화해야 하는 힘든 스케줄이다.

새벽빛이 어른거리는 시간이지만 안젤로는 벌써 운전대를 잡고 있다. 그는 프랑크푸르트에서 얼마 떨어지지 않은 비스바덴으로 향한다.

그는 이미 오래전에 세상이 바르바레스코로 찾아오지 않는다는 것을 알았다. 그가 찾아가야만 한다. "보르도와 달리 이탈리아에는 판매 네트워크가 없었습니다. 우리는 여행을 해야만 했지요."

안젤로는 새뮤얼 피프스의 일기를 곧잘 인용한다. 그에게는 오 브리옹에 대한 피프스의 찬사보다 피프스가 런던에서도 프랑스 와인을 맛볼 수 있었다는 사실이 더욱 인상적이었다.

"와인을 들고 고객을 찾아가 맛보게 하는 방법밖에 없었습니다. 그렇게 상표를 알리며 관심을 갖도록 하는 것이 자연스런 길이라고 생각했고요." 안젤로가 와인을 싣고 도로를 달리고 있을 때 많은 이탈리아 생산자들은 미처 그와 같은 생각을 하지 못했다. 하지만 지금은 분명히 알고 있다.

"소비자들이 수동적이지 않다는 사실을 알게 되었습니다. 그들의 태도는 변하고 있었어요. 품질에 따라 값을 치릅니다. 바르베라도 와인이 좋으면 비싼 값을 치르고 구입하지요. 그런 변화를 깨닫고 시야를 점차 넓혀가니 협소한 지역적 한계에서 점차 벗어날 수 있었습니다."

물론 처음부터 쉽지는 않았다.

"항상 사람들의 첫 질문은 '부르고뉴와 비슷한 맛인가요, 아니면 보르도와 비슷한 맛인가요?'였습니다." 바르바레스코는 이른바 이미지 문제에 직면했다.

생산지를 보면 바르바레스코는 보르도보다 부르고뉴에 가깝다. 작은 재배 지역으로 나뉘어 소규모 재배자가 많고, 포도 품종도 피노 누아처럼 성질이 까다롭다. 하지만 부르고뉴는 이미지가 화려하다. 나폴레옹 같은 유명인사들과 연관된 일화도 많다.

물론 바르바레스코 와인과 역사적 사건을 연관시켜보려는 애처로운 시도도 있었다. 1907년 도메니코 카바차Domenico Cavazza는 오스트리아의 폰 멜라스von Melas 장군이 인근 지역의 전투에서 프랑스군을 물리친 것을 기념하여 1799년 11월 6일 바르바레스코 마을의 와인을 주문했다는 역사적 사실을 상기시켰다. "폰 누구라고?" 사람들은 오히려 의아해했고, 바르바레스코의 판매량은 달라지지 않았다. 아주 상징적이게도 그로부터 7개월 뒤 폰 멜라스 장군은 다름 아닌 나폴레옹에게 대패했다. 바르바레스코에서 겨우 50킬로미터쯤 떨어진 마렝고에서 벌어진 훨씬 더 중요했던 전투였다. 만약 그때 나폴레옹이 바르바레스코 와인으로 승리를 기념했더라면, 전쟁터에서 요리사가 즉석으로 만들어 바쳤다는 마렝고식 닭요리처럼 바르바레스코 와인도 유명세를 탔을 것이다.

바르바레스코는 알프스 산맥 건너편의 프랑스뿐 아니라 인근의 바롤로와도 비교되었다.

"나는 어디를 가든지 '바롤로와 비슷한 와인을 만드는 생산자'라고 소개되었지요." 안젤로가 말한다.

바롤로도 부르고뉴는 아니었지만, 바르바레스코보다는 훨씬 평판이 좋았다. 이탈리아에서는 '와인의 왕', '왕의 와인'으로 알려져 있었다. 비토리오 에마누엘레 2세와 카를로 알베르토 같은 왕들, 카보우르와 팔레티 가문 등 명망 있는 귀족들이 즐겨 마시던 와인이었기 때문이다.

1966년 발간된 랜덤하우스 영어 사전에 '바롤로'는 수록되었지만 '바르바레스코'는 수록되지 않았다. 미국인들의 착오였을까? 이듬해에는 이탈리아의 인기 있는 요리 평론가 마시모 알베리니Massimo Alberini가 피에몬테 요리에 관한 책을 출간했는데, 저자는 바롤로에 3쪽에 달하는 일화와 찬사를 바쳤다. "바롤로는 위대한 유럽 와인의 반열에 올랐다. 메독의 샤토 마고, 그리고 병마다 번호를 매기는 샤토 라피테Château Lafitte에 필적하는 와인이다." 바르바레스코도 수록은 되었으나 "기타 와인들"이라는 항목에 그리뇰리노나 브라케토 같은 와인과 함께 언급되었을 뿐이었다.

카바차가 제시한 해결책은 간단했다. 바롤로를 이길 수 없다면 거기에 편승하자는 것이었다. 1892년에 그는 바롤로와 바르바레스코, 네비올로 달바Nebbiolo d'Alba를 가장 유명한 바롤로의 이름 아래 하나로 묶자고 제안했다. 물론 바롤로의 반대로 성사되지 못했다. 그러자 그는 '바르바레스코'를 와인 이름으로 선전하기 시작했다. 옛날에도 단순하게 '바르바레스코'라고만 부르는 와인을 소량 생산하긴 했지만(오래된 것은 1870년까지 거슬러 올라간다) 그때까지는 주로 '네비올로 디 바르바레스코Nebbiolo di Barbaresco'라고 불렀다.

외부 포도를 사지 않기로 한 1962년, 가야의 결정은 값비싼 대가를 치렀다. 그전에는 바롤로 지역의 포도를 매입하여 가야 와이너리에서도 바롤로 와인을 생산할 수 있었다. "1960년대 후반에 독일의 큰 수입상이 우리 바르바레스코를 맛보고 열광했어요. 수입을 하고 싶은데 바롤로가 더 유명하니 바롤로와 함께 수입해야 한다고 했지요. 그는 결국 바르바레스코에 등을 돌리고 바롤로 판매상과 거래를 했습니다."

안젤로가 의미 있는 웃음을 지으며 말한다.

"바롤로의 난관을 극복하기까지 20년이 걸렸습니다."

비스바덴의 미쉐린 별 하나 레스토랑. 안젤로가 주인과 얘기하기 위해 테이블을 잠시 뜬 사이에 소믈리에가 가이아 & 레이 1984년산을 보여준다. "이 샤르도네는 우리 셀러에서 가장 비싼 화이트 와인 중 하나입니다. 지하에 정말 좋은 와인들이 있지요."

테이블에는 프랑크푸르트의 유명 일간지에 경제와 와인 기사를 쓰는 기자가 앉아 있다. 그의 곁에는 프랑스어를 가르치는 아내가 앉아 있다. 낮은 목소리로 영어와 프랑스어, 이탈리아어도 몇 마디 섞어가며 편안한 대화가 이어진다.

"이상한 일이죠." 기자가 의견을 펼친다. "네비올로 와인은 굉장히 특이해요. 처음에는 밀어내는 감이 있어 전혀 좋아하지 않았어요. 그런데 한번 당기면 꼭 붙들리게 됩니다." 그의 아내가 열심히 끄떡이며 미소 짓는다. "평생 친구가 되는 거죠."

안젤로는 프랑크푸르트에서 남동쪽의 뮌헨으로 향한다. 150킬로쯤 떨어진 곳에 고급 호텔이 있다.

"평생 친구요? 참 좋은 말이네요!" 황소 같은 그가 다정다감한 표정으로 말한다. "하지만 항상 외국인들만 그렇게 말합니다."

안젤로는 이야깃거리가 무궁무진하다. 외국인도 그중 하나다.

"이탈리아의 고급 와인 시장이 넓어진 것도 모두 외국인 덕분이지요. 외국에서뿐 아니라 이탈리아 안에서도 마찬가지입니다." 그가 무릎을 탁 치며 목소리를 높인다. "분명한 사실입니다."

"랑게의 고급 레스토랑에 가보세요. 바깥에 주차된 차들의 번호판이 어느 나라입니까? 대부분 독일이나 오스트리아, 스위스 차들입니다. 최고급 바롤로와 바르바레스코를 주문하는 사람은 누구일까요? 외국인입니다!"

안젤로는 열이 오르기 시작한다.

"어느 날 저녁 바르바레스코 근처의 레스토랑에 갔습니다. 독일인 여섯 명이 들어와 우리 옆 테이블에 앉았지요. 무슨 와인을 시켰는지 아세요? 소리 산 로렌조 한 병과 지아코자Giacosa의 산토 스테파노Santo Stefano였습니다."

산토 스테파노, 즉 성 스테파노는 바르바레스코 네이베Neive 마을 포도밭의 수호성인이다. 그곳에서 생산되는 부루노 지아코자Bruno Giacosa의 와인은 바르바레스코에서 안젤로의 최고 와인에 버금가는 명성을 누리는 유일한 와인이다. 하지만 놀라지 마시라. 성자들이 테이블에 입성한 후, 계산서에는 악마가 도사리고 기다릴 거니까.

가야 와인은 3분의 2가량이 수출된다.

"1970년대 후반과 1980년대 초반에야 획기적인 진전이 나타났습니다." 1980년 버튼 앤더슨Burton Anderson의 책 《비노*Vino*》가 출판되었다.

그 이후 이탈리아 와인은 영향력 있는 잡지에서 주목받기 시작했으며, 특히 미국과 독일어권 유럽 지역에서 각광을 받았다. 1970년대 말에는 가야 와인 네 병 중 한 병이 외국에 팔렸다.

1870년대 말 이탈리아는 프랑스를 따라잡을 기회가 있었다. 프랑스를 공격한 프로이센처럼 필록세라가 프랑스 전역의 포도밭을 황폐화하던 때였다. 1870년까지 프랑스 와인은 수출량과 수입량의 비율이 8 대 1이었으나 19세기 말에는 3 대 1이 되었고, 다음 몇 년간은 그보다 더 줄어들었다.

이탈리아는 필록세라가 더 늦게 침투했고 피해도 덜했다. 세계 고급 와인 시장을 공략할 수 있는 좋은 기회가 왔으나 대약진을 이루지는 못했다. 1870년에서 1890년 사이에 이탈리아의 전체 생산량은 두 배로 늘어났으나 대부분이 남쪽에서 생산하는 벌크와인이었다. 오타비는 이를 신랄하게 비판했다. "수출 와인의 5분의 4가 블렌딩용 원료다. 그런 와인은 수요가 많아도 우리에게 별 이득이 되지 않는다."

값싼 와인이란 오명은 지금도 어깨를 무겁게 짓누른다. 이탈리아는 아직도 프랑스에 매년 3억 리터를 파는데 그중 95퍼센트가 블렌딩용 벌크와인이다. 두 나라 모두 연간 12억 리터가량을 외국에 수출하고 있지만, 프랑스는 이탈리아보다 세 배나 더 비싼 값을 받는다.

"아, 프랑스!" 안젤로의 목소리가 높아진다. "와인을 팔기 제일 어려운 나라입니다." 별 세 개 레스토랑 여러 곳에서 그의 바르바레스코를 비치하고 있지만 실제 수요보다 구색을 갖추는 데 의미가 있을 뿐이다. 최소한 프랑스의 문턱에 발은 들여놓은 셈이다.

"발이라기보다는 발가락이죠. 하지만 불평하진 않습니다. 프랑스는 전 세계에 고급 와인을 전파시켰고, 또 고급 와인을 마시는 사람은 누구나 장차 우리 고객이 될 가능성이 있으니까요."

지금까지 와본 곳 중 가장 멋진 레스토랑이다. 별이 다섯 개나 된다. 안젤로는 와인을 수입하며 평론도 쓰고 있는 젊은 전직 교수 부부와 식사를 한다.

"어느 편이 더 재미있나요? 와인의 세계인가요, 학문의 세계인가요?" 안젤로가 묻는다. 그들은 마음을 열고 웃으며 대답 대신 섬세한 리슬링 한 잔으로 각주를 단다.

"구세대 와인 평론가들은 뼛속까지 프랑스 와인 애호가들이죠. 하지만 젊은 세대는 편견이 없어요. 몇몇은 이탈리아 와인을 잘 알고 더 좋아합니다."

"10년 전에는 피에몬테 와인을 아는 사람이 거의 없었지만 지금은 정말 인기 있죠." 안젤로를 쳐다보며 말한다. "누가 공로상을 받아야 할까요?"

뮌헨으로 가는 길. 안젤로는 그곳에서 두 번의 식사를 해야 하고 그 사이에 약속들이 잡혀 있다.

1960년대 피에몬테의 생산자들은 안젤로가 독일과 같은 나라에 고급 와인을 팔고 인정을 받게 되리라고는 아무도 생각하지 못했다.

"1970년대에 대부분 생산자들은 연간 200만 병쯤 생산하는 큰 회사를 꾸려나가는 것이 꿈이었습니다. 값싼 와인의 수요가 늘 거라고 기대했지요. 소수의 장인이 만드는 와인이 비싸게 팔릴 거라고는 전혀 생각하지 못했습니다." 안젤로가 웃으며 말한다. "이제 싸고 그저 그런 와인은 수요가 별로 없어요. 작은 것이 아름답다는 세상이 왔습니다."

레스토랑 공략은 안젤로의 주요한 마케팅 전략이다. 그의 아버지는 와인을 대부분 대용량 병에 담아 고객에게 직접 팔았다. 그들은 큰 병을 사 가서 작은 병에 나누어 마셨다.

"개인 고객은 어려운 시기에 큰 도움이 되었습니다." 안젤로가 말한다. "하지만 우리 와인이 남몰래 소모되는 것 같은 느낌이 들었어요. 레스토랑은 무대와 같은 곳입니다. 손님이 어떤 와인을 좋아하면 레스토랑 주인이 알게 되고, 그러면 소문이 퍼지게 됩니다."

1960년대 후반부터는 와이너리에서 병입하는 와인이 늘어나고, 대용량으로 고객에게 직접 파는 와인은 점점 사라지게 되었다.

와인을 병입하여 팔기 시작한 데는 또 다른 요인도 있었다. 1960년대 중반 대리점을 통한 판매가 시작되었다. "대리점들은 레스토랑 고객을 고려하여 바르바레스코보다 덜 비싸고 어릴 때 마실 수 있는 와인을 원했습니다." 주문 배송은 최소 다섯 케이스가 되어야 하는데 바르바레스코만으로 60병을 채우면 너무 비싸고, 고객에게도 큰 부담이 되었다. 가야 와이너리는 1967년 알바 외곽에 포도밭을 사고 대리점이 원하는 와인을 만들었다. 바르베라와 돌체토, 네비올로 달바 와인을 만들어 따로 병입했다.

또 다른 혁신은 안젤로가 '네비올로 등급제'라고 부르는 것이었다. 판매량을 늘리면서도 고품질 와인 라인을 보호할 수 있는 방법이었다.

법적으로 지정된 바르바레스코 지역 내에서 최소한의 기준에 부합하게 네비올로로 와인을 만들면 원산지 통제 명칭을 사용할 수 있는 자격을 갖게 된다. 하지만 그 범주 안에는 공식적으로 인정되는 등급이 없다. 그렇다면 품질을 중시하는 생산자가 법적 기준에는 맞지만, 자신의 바르바레스코 라벨 기준에는 못 미치는 포도로 와인을 만들어야 할 때는 어떤 일이 일어날까? 라벨은 같더라도 와인의 품질이 낮아질 수밖에 없다. 아니면 형편없는 가격에 벌크와인으로 팔아버리는 과감한 선택을 해야 한다.

더 나은 해결책이 있다. 안젤로는 10년 전쯤 자체적으로 와인 등급제를 구상했다. 제일 아래 등급은 '비노Vinót'로 보졸레 누보처럼 어린 와인일 때 마실 수 있다. 다음 등급은 '네비올로 델레 랑게Nebbiolo delle Langhe'로 규정이 없고 법적으로 보호받지 못하는 와인이다. 그보다 품질이나 가격 면에서 훨씬 상위에 있는 '일반' 바르바레스코는 한 해 10만 병가량 생산한다. 마지막으로 피라미드의 꼭대기에는 연간 3만 병만 생산하는 단일 포도밭 바르바레스코가 있다. 최초의 단일 포도밭 와인은 소리 산 로렌조 1967년산이었다.

물론 포도의 품질이 기준에 못 미칠 때는 생산자가 수확한 포도를 전부 혹은 일부 희생해야 할 때도 있다. 1987년 안젤로는 평소의 반밖에 안 되는 일반 바르바레스코를 병입했고, 1984년에는 전혀 생산하지 못했다.

뮌헨 외곽이 보이기 시작한다. 안젤로는 고개를 좌우로 젓는다.

"1984년의 결정은 정말 고통스러웠습니다."

별 세 개 레스토랑에서의 점심 식사. 안젤로의 테이블에는 경제 기사뿐 아니라 와인 칼럼을 쓰는 또 다른 기자가 앉아 있다. 그의 부인은 와인 생산자의 딸이다. "프란코니아(독일 북부 프랑켄 지역)에서 두 번째로 좋은 와인입니다." 그가 씩 웃으며 말한다. 이탈리아 여행 계획, 이탈리아 와인에 대한 그의 책 등 이런저런 이야기가 이어진다. 페데리코가 포도나무에 온 정신을 집중하듯, 안젤로는 이들이 마치 포도나무인 것처럼 열심히 귀를 기울인다.

별의 숫자만큼 값진 점심 식사는 절정으로 향한다. 웨이터가 이것저것 권하며 미소를 짓는다. 셰프도 나와 정중히 그의 작품을 권한다. 안젤로는 운명을 멋지게 받아들인다. 그가 맛있는 음식과 친절에 쓰러진다한들 별도리가 없지 않나?

뮌헨은 향연의 연속이다. 안젤로는 또 다른 레스토랑으로 이동한다. 와인 리스트가 톨스토이의 《전쟁과 평화》만큼이나 길다. 이곳은 와인 수입상 소유의 레스토랑이다. 그는 와인뿐 아니라 스피드에 대한 열정도 안젤로와 공유한다. 1년에 BMW 몇 백 대를 "세계에서 가장 빠른 4도어 세단"으로 개조하는 최고의 자동차 기술자이기도 하다.

첫 번째 와인은 1984년 독일산이다. "1983년산처럼 풍부하지는 않지만 균형이 잘 잡힌 와인으로 숙성이 잘됩니다." 그는 테너처럼 서정적으로 리슬링에 대한 사랑을 노래한다.

독일의 리슬링과 이탈리아의 네비올로만큼이나 서로 다른 포도가 있을까? 독일 북부 자르Saar와 루버Ruwer 지역 리슬링의 산도는 네비올로의 타닌만큼 강하다. 그리고 네비올로가 더 못한 품종에게 자리를 빼앗겼듯이, 리슬링도 뮐러 투르가우라는 품종에게 필록세라보다 더한 침공을 당했다. 리슬링은 세계 시장에서 같은 화이트 와인인 샤르도네의 발꿈치도 따라가지 못한다. 네비올로와 카베르네 소비뇽만큼이나 격차가 벌어진다. 리슬링도 시간이 필요하다. 하지만 제대로 만나기만 하면 평생 친구가 될 수 있다.

아리아가 끝나고 음식이 나온다. 저녁의 향연이 시작되었다.

다시 도로로 접어든 안젤로는 자신에게 특별한 장소인 스위스로 향한다. 독일어를 하는 스위스 사람들은 세계 어느 곳보다 1인당 가야 와인 소비량이 많다.

국경선이 가까워질수록 속도가 빨라진다. "수입상인 그 친구에게 개조를 부탁하면 이 차가 더 빨리 달릴 수도 있습니다. 가격이 비싸긴 하지만요."

고가의 자동차도 고급 와인과 비슷하다. 엄청난 값이지만 그들만의 시장이 형성되어 있다. 극히 소수지만 품질이 확실히 좋으면 비싼 값을 치르고도 구입하는 고객이 있다. 명품이라서 사는 이들도 있다.

"얼마 전까지만 해도 가격이 큰 문제였습니다. 하지만 2~3년 전부터는 사람들이 가격부터 먼저 묻지 않습니다."

바르바레스코를 비롯한 이탈리아 와인은 명품 와인의 반열에는 오르지 못했다. 값싸고 그저 그런 와인으로 간주되었다.

"1970년대 후반에 있었던 사건을 잊을 수가 없습니다. 보스턴에서 수입상이 가야 와인을 소개하는 자리를 마련했어요. 사람들도 많이 모였고 모든 일이 순조롭게 진행되었지요. 그런데 가격을 말하자 보스턴의 유력 일간지에 와인 기사를 쓰는 기자가 시음이 시작되기도 전에 자리를 박차고 나가버렸습니다!"

고속도로는 스위스의 산길을 굽이쳐 돌고 있다. 안젤로가 시계를 본다. 시간 엄수는 그의 십계명 중 하나다.

"우리 와인과 다른 바르바레스코 와인 사이의 가격 차이가 문제였습니다."

보르도나 부르고뉴는 품질에 따른 등급이 있고, 지역에 따른 공식적 분류나 전통적 분류에 따른 서열이 있다. 따라서 샤토 라투르가 일반 보르도나 포이약 지역의 다른 샤토들보다도 비싼 것은 당연하게 받아들여진다.

“1970년대에 미국에서는 대량 생산한 바르바레스코를 단돈 2달러에 팔았습니다. ‘왜 가야는 10달러야?’ 나는 그들이 직접 맛을 보게 하는 방법밖에 없다고 생각했어요.”

1980년대에 접어들자 안젤로는 전속력으로 달려갔다. 작황이 나쁜 해가 3년간 계속된 후, 1978년과 1979년 두 해는 연달아 뛰어난 빈티지가 나왔다(1972년은 흉작이라 아무도 바르바레스코를 생산하지 않았다). 또한 1977년에 가야는 와인 수입사인 가야 유통을 설립했다.

“정말 우연히 시작하게 되었습니다. 친구 한 명이 로마네 콩티를 수입할 회사를 소개해달라고 해서 몇 명을 추천했어요. 그런데 나중에 다시 전화해서 나보고 직접 해보면 어떻겠느냐고 물었습니다. 무명이었던 나는 그 일로 미국에서 이탈리아의 로마네 콩티 수입업자로 알려지게 되었지요!” 안젤로의 눈이 빛난다.

1987년에 가야 유통은 활동을 넓혔다. 현재 안젤로는 전 세계 최고의 와인을 모두 갖추고 있으며, 와인 리스트는 해마다 길어지고 있다. 또 오스트리아의 유명한 리델Riedel 와인글라스를 수입하기도 한다.

“가야 유통 덕분에 나는 다른 와이너리를 관광객이 아닌 고객의 자격으로 방문할 수 있게 되었습니다. 생산과 마케팅 전략 등에 대해 많은 것을 배웠고, 다른 지역에 대한 식견도 넓어졌지요.”

과거를 회상하던 안젤로가 갑자기 이마를 친다.

“그게 바로 기회였어요! 최소한 10년은 줄일 수 있었을 겁니다.”

1965년 여름 어느 무더운 오후에 한 미국인이 와이너리에 나타나서 와인을 사고 싶다고 했다. 밀라노에서 바르바레스코를 맛보고 너무 감격한 나머지 곧바로 차를 몰고 왔다는 것이다.

"아버지는 미국 고객을 공상과학소설 속 인물 같이 생각했어요." 안젤로가 웃는다. "화성에서 온 외계인으로요!"

그 방문객은 당시 미국에서 가장 영향력 있는 와인 평론가이자 수입상이었던 프랭크 슌메이커였다. 고급 캘리포니아 와인의 라벨에 품종명을 쓰게 한 장본인이자, 부르고뉴 와인을 와이너리에서 직접 병입하도록 유도한 인물이었다. 무엇보다 특별한 점은 그가 그 시절 네비올로에 심취한 영향력 있는 와인계 인사였다는 점이다. 1964년 출간된 《와인 백과*The Encyclopedia of Wine*》에서 그는 "네비올로는 이탈리아의 우수한 품종으로 세계 최고 품종 중 하나"라고 썼다. 바롤로는 "분명 위대한 와인"이며 바르바레스코는 "위대한 등급에 속하는 뛰어난 와인"이라고 평했다. 그가 가야 와이너리 마당에서 스물다섯 살 안젤로와 영어와 불어를 섞어가며 대화를 이어가고 있었던 것이다.

하지만 실수 연발이었다. 안젤로는 '비극적 코미디'라고 말한다.

"안타깝게도 그건 대화라기보다 충돌이었습니다. 나는 어리고 경험도 없었고, 그는 단도직입적으로 물었어요. '몇 병이나 보유하고 있나요?' 나는 그가 셀러의 와인을 몽땅 사려 한다고 생각했고, 허풍에 당황했지요. 지금 생각해보면 수입상이 어느 정도 양을 살 수 있을지 가늠하기 위해 묻는 정상적인 질문이었습니다."

안젤로는 아직도 믿기지가 않는다.

"그가 무슨 말을 하고 있는지 이해하기 힘들었어요. 와인 라벨이 올리브오일 병에 더 어울릴 것 같다고 하기에 라벨을 바꾸라는 줄 알았습니다. 나중에야 그가 선별한 와인이라는 스티커를 붙이면 좋겠다는 뜻이라는 걸 알게 되었습니다."

바르바레스코 병에 '프랭크 슌메이커 선별 와인A Frank Schoonmaker

Selection' 스티커를 붙이다니! 얼마나 놀라운 변화가 일어났을까!

"나는 그때 그가 누구인지 전혀 몰랐어요. 수년이 지난 뒤에야 그에 대한 이야기를 듣고 거의 기절할 뻔했습니다."

별 세 개 레스토랑에서의 점심 식사. 시계의 종소리가 열두 시를 알린다. 소믈리에는 안젤로를 따뜻하게 반긴다. 바르바레스코에 가본 적이 있다는 그는 그곳에서 맛본 '경이로운 와인'을 기억한다. 안젤로는 와인 리스트를 훑어본다. 그의 와인이 있다. 하지만 토스카나 밑에 있다! 안젤로는 너그럽게 받아들인다. "실수겠지." 그는 덤덤하게 말한다. "누구나 그럴 수 있어요."

스위스 와인 평론가가 테이블에 합석한다. "스위스에 새로운 뉴스가 있나요?" 안젤로가 묻는다. 그리고 귀를 기울인다.

코스 요리가 시작된다. "완벽해요! 이렇게 단순하면서도 미묘한 요리를 할 수 있다니. 정말 천재입니다." 안젤로가 감탄한다.

하지만 음식이 끊임없이 나오자 안젤로는 휘청거리는 권투선수처럼 보인다. 두어 코스는 건너뛰었지만 결과는 뻔하다. 마지막 음식이 아무리 가볍더라도 바닥에 쓰러져 KO 당할 것 같다. 정말 훌륭하면서도 산뜻한 이 음식들은 마치 젊은 날의 무하마드 알리 같다. 나비처럼 날아 벌처럼 쏜다.

안젤로는 로프에 기대어 있다. 바르바레스코가 아니었다면 벌써 쓰러졌을 것이다.

1989. 6. 10

포도나무 질병

파솃에서 바라보는 소리 산 로렌조의 풍경은 당혹스럽다. 탱크처럼 덜커덕거리는 트랙터가 소리를 내고 연기를 피우며 성스러운 포도밭에 약을 뿌린다. 포도밭은 화학전이 벌어지는 전쟁터를 연상시킨다.

최선의 방어는 공격이다. 하지만 적군은 망원경으로 보아도 눈에 띄지 않는다. 이 모든 '음향과 분노'가 그저 힘의 과시에 불과한 것일까?

페데리코는 지금이 분명 위험 상황이며, 적이 바로 앞에 있다고 주장한다. 그러나 적은 단 둘뿐이다. 수가 너무 적다! 게다가 이름도 귀엽다. 파우더리Powdery와 다우니Downy, 마치 월트 디즈니 만화에서 갓 튀어나온 캐릭터 같다.

"양의 탈을 쓴 늑대죠!" 페데리코가 내뱉는다. 만화영화의 주인공 벅스 버니가 아니라 마피아 킬러 벅시 시걸 같은 위장한 악당이다. 그는 이들의 특성을 잘 알고 있다. 문제는 어느 쪽이 적군 1호이고 2호인지 가려내야 한다는 것이다.

파우더리와 다우니, 즉 흰가루병과 노균병은 필록세라와 더불어

19세기 후반 미국에서 건너온 포도나무 전염병이다. 오이듐의 속명인 흰가루병은 균이 회색 가루처럼 포도나무에 나타나며, 이탈리아에서는 페로노스포라peronospora라고 부르는 노균병은 균이 하얀 솜털 뭉치 모양으로 나타난다. 둘 다 엽록소가 없는 식물체로 영양분을 자가 합성하지 못하고 기생하는 균류이다.

포도나무에 치명적인 것으로 알려진 균류는 10만 종이 넘는다. 이들은 그중 두 가지에 불과하다. 하지만 정말 좋은 일을 하는 이로운 균류도 많다! 항생제의 기본인 페니실리움 노타툼*Penicillium notatum*은 수많은 생명을 구해냈고, 페니실리움 로크포르티*Penicillium roqueforti*의 유용성은 셀 수 없을 정도다. 보트리티스 시네레아*Botrytis cinerea*는 포도밭의 '지킬 박사와 하이드'이다. 일반 포도에 서식하면 대부분 하이드처럼 무서운 곰팡이로 변하지만, 스위트 와인을 만드는 포도에 서식하면 지킬 박사 같은 '노블 롯noble rot(귀족 곰팡이)'이 된다. 위대한 소테른과 로크포르 치즈의 환상적 조화를 즐길 때는, 지킬 박사와 하이드의 이중성이 만들어내는 향연 덕분임을 기억해야 한다.

유해한 곰팡이도 식물계에서는 균류에 속하며 계급도 나뉜다. 오이듐은 고등 미생물 아스코미세테스*Ascomycetes*에 속하며, 송로나 식용 버섯, 그리고 와인을 만드는 데 필수적인 이스트와도 같은 부류다. 페로노스포라는 하등 미생물에 속하며, 1845년부터 1848년까지 아일랜드에 기근을 일으킨 악명 높은 감자 병균 피코미세테스*Phycomycetes*와 같은 부류다.

이들 균의 약탈 방식은 비슷하다. 섬뜩한 백색의 가루가 포도나무에 번진다. 실같이 가는 줄이 잎의 작은 기공을 뚫고 들어가 매듭 같은 기관을 통해 세포의 수액을 빨아먹는다. 잎들은 영양실조에 걸려 색깔이 변하고 시들어 나무에서 떨어진다. 포도는 익지 못한 채 찢어지고, 곰팡이에 침범당한다.

유럽 포도밭에 가장 먼저 침입한 균은 오이듐이었다. 19세기 중반 오이듐이 랑게에 처음 나타났을 때에는 유럽에서 처음 보는 병이라 이름도 없었으며, 그냥 '포도나무병'이라고 불렀다. 미국에서 실려 온 식물에 붙어 영국을 거쳐 온 것 같은데, 아무런 대책도 세우지 못한 채로 급속하게 번졌다.

판티니에 따르면 대부분 농부들은 그 병이 '신의 저주이며 이를 퇴치하려는 노력은 어리석고 소용없는 일'이라고 생각했다. 이 병을 예방할 수 있는 유황제제가 발견되었을 때에도 많은 농부들이 사용을 거부했다. 유황불은 '성경의 저주'로 사탄과 직결되기 때문이었다.

성직자들이 오히려 농부들에게 오이듐을 퇴치하려면 유황제제를 사용해야 한다고 권고했다. 피에몬테 교구장인 몬시뇰 로산나Monsignor Losanna는 이를 설명하는 팸플릿을 발간했으며, 바롤로 지역의 사제 알레산드로 보나Alessandro Bona는 열심히 유황제제라는 복음을 전파했다.

1860년경 위기는 지나갔지만 결과는 참혹했다. 판티니는 "포도가 주 수입원이었던 농가는 모두 가난에 허덕이게 되었다. 모자라는 와인 대신 맥주 양조장이 우후죽순처럼 생겨났다. 사과나 배, 다른 과일로도 와인을 만들었다"라고 썼다. 1882년 권위 있는 《이탈리아 포도 분류학 *Ampelografia Italiana*》지는 많은 지역에서 오이듐이 네비올로에 "최후의 일격"을 가했다고 기록했다.

보르도 같은 유명 생산지도 마찬가지였다. 1852년 오이듐이 막 번지기 시작했을 때, 3년 뒤 1855년에 1등급으로 지정되는 보르도 4대 샤토의 생산량은 모두 합해 20만 리터에 육박했다. 하지만 2년 뒤에는

2만 리터에도 미치지 못했다.

30년 뒤에는 페로노스포라가 닥쳤다. 처음에는 대부분 농부들이 이를 오이듐과 혼동했다. 그들은 유황제제와 최근 건설된 기찻길까지 원망했다. 1884년 카바차는 "포도나무는 병들고 수십만 세균이 공기 중에 날아다닌다. 현재는 어떤 포도나무도 면역성이 전혀 없다"고 썼다. 판티니에 따르면 페로노스포라는 '정원을 사막으로 만드는 역병'이었다. 1884년 피해를 입지 않은 보르도의 샤토 마고는 한 통(약 950리터)에 5,000프랑을 받았다. 그러나 심한 타격을 입은 샤토 라피트Château Lafite는 보르도 거래소에서는 거절당하고, 한 통에 고작 1,500프랑씩 받고 팔았다.

페로노스포라의 전통적 방제약인 황산구리는 보르도 대학의 식물학 교수인 피에르 미야르데Pierre Millardet가 우연히 발견했다. 당시 많은 생산자들은 포도 서리를 방지하기 위해 녹청과 비슷한 색깔의 황산구리를 길가 쪽 포도나무에 뿌렸다. 어느 날 미야르데는 생 줄리앙 포도밭을 지나다 황산구리를 분무한 길가 포도나무가 다른 나무와 달리 이 병에 걸리지 않은 것을 발견했다.

석회와 물을 섞은 '보르도액'과 더불어 황산구리는 농부들의 필수품이 되었다. 구리가 귀했던 제2차 세계대전 중에 바르바레스코의 농부들은 동전이나 냄비, 그릇 등을 갈거나 산으로 녹여 구리를 얻었다. "어떤 사람들은 전화선을 끊어 녹이기도 했어요." 루이지 카발로가 회상한다. 농부들이 황산구리를 분무한 푸른색 포도나무에 익숙하여 최근 개발된 분무액 중에도 일부러 푸른색을 첨가한 제품이 있다.

페데리코가 오늘 사용하는 분무액은 무색이다.

"무색은 햇빛이 잘 통하고 광합성도 잘됩니다. 옛날 사람들은 푸른

색이 눈에 뚜렷하게 잘 보여 더 선호했어요. 푸른색은 포도밭에 분무액이 잘 뿌려졌는지 알 수 있고, 일을 잘했다는 표시도 확실하게 남겨주거든요. 축구 경기장에서 흔드는 응원 깃발 같은 상징입니다."

황산구리는 포도나무에 유독하고, 특히 기온이 낮을 때 뿌리면 포도나무의 활력을 감소시킨다. 그래서 오히려 네비올로의 품질을 향상시킨다고 한다. 그러나 부정적인 면도 있다. 밤에 가끔 추워지는 개화기에 무분별하게 살포하면 어리고 약한 새 가지와 꽃이 손상된다.

"포도가 전혀 열리지 않은 해도 있었어요. 포도나무가 다 타버린 겁니다." 피에트로 로카가 생각에 잠기며 말한다. "새로 개발된 분무액은 포도나무의 수세를 상승시켜 실수 연발이었어요. 우리는 아무것도 모르고 농약 회사 영업 사원 말만 들었답니다."

"카발로는 달력을 보고 규칙적으로 살포했습니다." 안젤로가 회상한다. "그게 바른 방법이지요." 하지만 그도 한번은 원칙대로 하지 않았다. 어느 해에 카발로는 페로노스포라가 더 이상 위협이 되지 않는다며 분무액을 뿌리지 않았다. 구이도는 그 일을 생생하게 기억한다.

"우리 몇 명이 광장에 앉아 얘기하고 있는데 갑자기 일꾼 한 명이 뛰어 올라왔어요. 그 표정을 봤어야 하는데!"

그 사건이 떠오르자 안젤로는 얼굴이 붉어진다.

"정말 큰일이었습니다." 그가 이마를 치며 신음한다. "아주 난리가 났다니까요!"

페데리코는 식물의 전쟁터에서는 신중한 전술가로 변신한다. 계획 없이 수시로 대응하기보다 적군의 행동 양상을 파악한 후 정확한 정보에 의해 명령을 내린다. 병세를 살펴보고 무차별 공격을 피한다. 사람도 마찬가지지만 어떤 포도밭은 병에 더 취약하기 때문에 포도밭마다 전술이 달라진다. 올해는 소리 산 로렌조에 분무액을 뿌리지 않았다. 지난 몇 년간 이 밭에는 오이듐이 나타나지 않았기 때문이다.

이상 증세가 나타나면 페데리코는 방역 전문가인 파올로 루아로Paolo Ruaro에게 조언을 구한다. 알바에 컨설팅 회사를 두고 있는 그는 나직한 목소리로 강의하는 교수 같다. 그들은 최근 연구에 대해서도 의견을 나눈다. 가을과 겨울 동안 페로노스포라 포자가 활동하는 생명주기 등에 대한 것이다. 이 균은 포도나무의 성장기에 비가 적게 올수록 전염성이 약해지는 경향이 있다.

"아직도 확실하지는 않아요." 루아로가 말한다. "하지만 우리가 알고 있는 것을 토대로 가능성을 예측하고 방어할 수는 있습니다."

페데리코는 지금까지 황산구리를 뿌리지 않고 있다. 아직도 밤 기온이 예상 외로 낮아질 가능성이 있기 때문이다. 포도나무 잎이 더 자라서 병충해에 잘 견딜 수 있게 될 때 분무할 예정이다.

오이듐과 페로노스포라 둘 중 어느 쪽이 더 파괴적일까?

"둘이 성격이 다릅니다." 페데리코가 말한다. "페로노스포라가 정규부대라면 오이듐은 게릴라 부대 같아요. 페로노스포라는 화력이 더 강해서 쳐들어오면 포도밭의 손상이 상당합니다. 하지만 예측 가능하다는 장점이 있어요." 그렇지만 오이듐은 실제로 어디에 있는지 경계가 불분명하다. "바람이 요인이 됩니다. 공기 중에 안개 기운이 약간만 있어도 공격을 유발할 수 있어요." 캘리포니아처럼 건조한 곳에서는 페로노스포라는 걱정하지 않아도 되지만 오이듐과는 전쟁을 치러야 한다. 페데리코가 지금 유황을 들고 싸우는 것처럼.

"오이듐이 페로노스포라보다 오래된 병은 아닙니다. 과거의 법으로는 통제가 되지 않는 신세대형 범죄죠. 어떤 제재도 전혀 먹히지가 않습니다. 아마도 분무액에 적응하면서 돌연변이가 발생하는 것 같아요. 요즘은 더 늦게, 따뜻할 때 찾아옵니다. 작년에는 7월 중순 포도알이 다 컸을 때 공격을 했어요. 수년 전에는 있을 수 없었던 일입니다."

페데리코의 비행기 비유에 따르면 포도나무는 현재 순항 중이다. 자세히 보면 작은 포도송이가 맺힌 것을 볼 수 있다. 개화는 5월 말을 며칠 남기고 조심스럽게 시작되었다.

"안젤로에게 산 로렌조에 개화가 거의 끝났다고 말하니 도무지 믿지 않았습니다." 페데리코가 웃으며 말한다. "개화는 날씨에 따라 짧으면 사흘, 길면 열흘쯤 걸립니다." 꽃이 이곳저곳에 약간 남아 있긴 해도 6월 3일에는 대부분 작은 포도송이가 열렸다.

개화기에는 포도알이 잘 맺히지 못할까 봐 늘 걱정이다. 품종마다 차이가 있지만 어느 정도 수정이 실패하는 것은 정상이다. 이 시기에는 포도나무의 일일 성장률이 절정에 달한다. 또 열매를 맺기 위해 꽃도 피워야 하니 서로 더 많은 양분을 차지하려고 치열한 경쟁을 벌인다.

"둘이 입을 크게 벌리고 싸워요." 페데리코가 말한다. "새로 태어나는 포도알과 새로 나오는 가지의 싸움입니다. 양분이 남아나지 않아요."봄에 비가 많이 오거나 나무의 수세가 강하면 열매가 줄어든다. 콜라투라colatura, 프랑스어로 쿨뤼르coulure라는 말은 꽃이 정상적인 수정에 실패하여 떨어지는 현상을 뜻한다. 이렇게 꽃떨이가 저절로 이루어지면 가지치기나 송이 솎기를 하지 않아도 포도알이 자연스레 줄어들게 되어 와인의 품질이 향상되는 데 일조를 한다. 저 위대한 보르도의 1961년 빈티지가 그렇게 탄생되었다.

"작년에는 개화기에 황산구리를 약하게 뿌려 꽃떨이를 유도하기도 했어요." 페데리코가 말한다. "포도알이 적게 열려 송이가 느슨하면 포도송이에 공기가 잘 통해 가을에 부패도 줄어듭니다."

그는 트랙터가 분무를 계속하고 있는 계곡 너머 포도나무들을 바라본다.

"한 이틀 후에 다시 해야 합니다. 한꺼번에 전부 할 수가 없어요."

불과 2주 전에 가지를 철사에 묶었지만, 벌써 또 새 가지가 뻗어나오고 있다. 온도와 수분의 양에 따라 달라지기는 하지만 6월은 포도나무의 일일 성장률이 최고치에 달한다. 6월은 적당히 덥다. 광합성 최적 온도는 27도에서 30도이며, 더 더우면 성장이 급격하게 감소하고 38도보다 더 높아지면 성장이 중지된다. 오늘은 올해 처음으로 기온이 30도를 넘어섰다. 4월의 비로 땅도 촉촉하게 습기를 머금고 있다.

"교과서에는 이 시기에 포도나무가 하루 2~3센티미터씩 자란다고 합니다. 그런데 네비올로를 두고 한 말은 아닐걸요? 어린 네비올로는 땅이 깊으면 두 배는 더 빨리 자랍니다. 카베르네 소비뇽은 네비올로의 반밖에 자라지 않아요." 페데리코가 의미심장한 미소를 짓는다.

"1984년 6월 중순 어느 토요일 포도밭에서 일했던 기억이 납니다. 더웠고 밤에는 습하기도 했어요. 다음 월요일에 일을 끝내려고 다시 갔더니 가지가 30센티미터 넘게 자라났어요. 정말 폭발적인 성장이었습니다!"

산 로렌조의 척박한 토양이 어느 때보다 귀하게 보이는 순간이다. 방어적인 공격은 서서히 끝나가고 있다.

"작년 이맘때는 전투가 훨씬 격렬했어요. 페로노스포라는 대규모 공습을 준비하고 있었고, 우리는 모든 수확을 잃을지도 모른다는 위기 속에서 사흘을 보냈습니다." 페데리코의 포도밭은 거의 해를 입지 않았지만 다른 포도밭들은 여기저기서 큰 손실을 입었다.

전술가는 생각이 깊다.

"불평을 말아야 합니다." 그가 우울하게 중얼거린다. "적어도 오이듐과 페로노스포라는 방어라도 할 수 있습니다. 하지만 우박은 손을 쓸 수가 없어요."

며칠 전에 세라룽가를 강타한 우박 얘기다. 가야 포도밭은 운 좋게 이를 피했지만 근처 유명 바롤로 생산자의 밭은 폐허가 되었다.

"생각해보세요." 페데리코가 말한다. "그 밭은 우리 밭과 1.5킬로미터도 떨어져 있지 않아요. 다음 날 그곳에 갔는데 마치 원자폭탄이 투하된 것 같았습니다. 그는 올해 포도를 한 송이도 건지지 못할 겁니다."

페데리코는 걱정하며 쓰디쓰게 말한다.

"만약 1989년이 위대한 바롤로 빈티지로 기록된다면, 지오반니 콘테르노Giovanni Conterno에게 물어보세요. 빈티지 차트에 대해 어떻게 생각하느냐고요."

1989. 6. 11

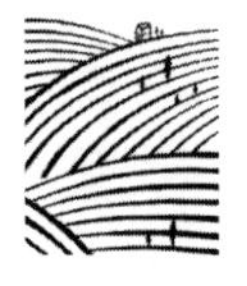

바르바레스코/캘리포니아

"별 네 개짜리 레스토랑이야!" 안젤로가 부인이 내온 넓고 깊은 그릇에 포크를 찔러 넣으며 기뻐한다. 커다란 그린 샐러드가 그의 귀환을 축하하는 저녁의 메인 요리이다. 여행 중에는 결코 만날 수 없는, 잎이 무성한 럭셔리 메뉴다.

루치아 가야Lucia Gaja는 남편을 잘 안다. 그녀와 함께 있으면 탈진한 권투 선수도 벨이 울리자마자 튀어나와 다시 뛸 수 있다.

쾌활하고 아름다운 루치아는 바르바레스코 마을 외곽 파예Pajé에서 태어나고 자랐다. 안젤로의 집에서 도보로 10분 거리다. 구이도가 태어난 몬테스테파노처럼 바르바레스코 라벨에서도 가끔 볼 수 있는 지역 이름이다. 그녀는 1970년 아직 십대일 때 가야 와이너리 사무실에서 일을 시작했다. 그해에 안젤로는 와인 메이커 구이도뿐 아니라 장래의 부인도 채용한 셈이다. 그들은 6년 뒤 결혼했다.

"루치아도 이곳 다른 여자애들처럼 느릿느릿 걸었지요." 마을의 한 노인이 회고한다. "하지만 안젤로를 만나면서부터 걸음이 빨라졌고 지금은 안젤로처럼 날아다닙니다."

안젤로가 이번에 수입하기로 결정한 보르도 와인을 따른다. 루치아가 한 모금 마셔본다.

"어때요?"

"얼마나 주문했는지 말해보세요." 루치아가 장난스럽게 묻는다.

"실은 내가 좀 많이 실은 것 같아. 큰 배가 오고 있어요." 안젤로가 답한다.

"정말 훌륭한걸요! 마음에 꼭 들어요." 루치아가 입맛을 다시며 정답게 말한다.

"내가 왜 이 여자와 결혼했는지 아시겠죠?" 안젤로가 활짝 웃으며 묻는다.

흥취가 오르고 정담이 오간다. 몸과 마음의 긴장이 녹아내리는 순간이다.

루치아는 와이너리 사무실에서 오랜 시간을 보내는 것 외에 딸 가이아Gaia와 로산나Rossana를 돌보고 음식도 한다. 그 와중에 손님을 대접하고 부족한 게 없는지 챙길 여유도 있다.

"이것 좀 맛보세요." 테이블에 그릇을 놓으며 '쿤야'라고 이름을 말한다. 도대체 뭘까? "이건 그냥 포도 주스를 걸쭉하게 될 때까지 끓인 거예요. 이 동네에서는 가을에 쿤야cognà를 만드는 일이 정말 큰 의식이었죠. 어린 시절이 생각나요."

하지만 철자를 어떻게 쓰는 건지 루치아는 헷갈려한다. Cugnà? Cougnà?

"무슨 말이야!" 안젤로가 쾌활하게 대꾸한다. "피에몬테 방언에서는 긴 첫 모음을 항상 o로 써요." 그는 원래 '수리'라고 읽는 소리sori를 비롯해 다른 예들을 줄줄이 나열한다.

기원전 2세기 그리스의 수학자이자 물리학자인 아르키메데스는 지렛대 하나로 이룰 수 있는 기적을 시라쿠사의 왕 히에론 2세에게 설명했다. "나에게 지렛대 받침점 하나만 준다면 지구도 옮길 수 있습니다." 바르바레스코는 세계를 돌아다니는 안젤로의 받침점이자 아르키메데스의 점이다.

"우리 가족은 쿤야를 바른 빵을 큰 접대라고 생각했어요." 루치아는 마흔이 채 되지 않았지만 힘들게 살았던 옛 시절을 충분히 기억할 나이다.

"배를 곯은 적은 없었지만 먹고 싶은 것을 다 먹을 수 있는 때는 크리스마스 때뿐이었죠. 돼지를 잡는 일은 동네의 큰 행사였어요. 소시지와 온갖 게 다 있었고 이웃과 친구들이 와서 같이 먹었죠."

안젤로는 할머니가 마당에서 키우던 돼지를 기억한다. "백정이 오면 돼지 눈에 공포가 서렸지요." 그가 몸서리치며 말한다. "그때는 세상이 지금보다는 한결 느긋했지만 어떤 면에서는 실로 잔인하기도 했어요."

루치아가 태어나고 그녀가 유년시절을 보냈던 1950년대 중반의 이야기다. 나이 많은 마을 주민들은 한목소리로 그때를 이야기한다.

겨울밤에 마구간에 모여 즐겁게 시간을 보내던 때도 있었다. 가축들 때문에 마구간이 더 따뜻했다. 이야기에 노랫가락을 붙여 사람들을 즐겁게 해주던 음유시인cantastorie도 왔다. 그중에는 인기가 많아 여기저기 불려 다니는 유명한 이들도 있었다.

알바로 가는 길을 따라 가면 트레 스텔레Tre Stelle라는 동네를 지난다. 마을에는 방앗간이 있었는데 마을 사람들은 한 달에 한 번쯤 밀을 빻기 위해 그곳에 찾아갔다. 장작을 때는 화덕이 있는 곳도 있어 저녁에 밀가루 반죽을 가져가면 빵을 구워 주었다. 타나로 강 나루터에는 24시간 강을 건너는 나룻배가 있었는데, 네 명이 한 달에 한 주씩 교대로 근무했다. 밤 12시라도 강을 건너고 싶으면 사공을 깨울 수 있었다. 주말과 공휴일에는 광장에서 '고무공 경기'를 하고 온 동네 사람이 모여 응원을 하곤 했다.

과거의 추억이 현재에 머물고, 와인의 온기처럼 가야의 얼굴에 행복이 피어오른다. 오늘 저녁 같은 순간에는 한때 제2차 세계대전의 참상을 겪기까지 했던 바르바레스코를 상상할 수 없다. 하지만 그 잔상도 서서히 기억 속에 떠오른다.

알바는 독일군에 점령당했고 연합군에 폭격당했다. 또 반反무솔리니 저항군에 23일간 포위된 적도 있었다. 랑게는 저항군(레지스탕스 게릴라)과 골수 파시스트(무솔리니군)의 내전이 일어난 지역이었으며, 전사자 비율이 이탈리아 전체 전사자 비율의 두 배에 달했다.

마을의 많은 젊은이들이 무기도 부족한 채로 쿠네오 보병사단에 배치되어 러시아 전선에 투입되었다. 쿠네오 보병사단은 거의 전멸했다.

1944년 8월 5일 독일과 파시스트 동맹군은 바르바레스코 주민 서른 명을 막무가내로 체포했다. 랑게 저항군에 잡힌 열한 명의 포로를 석방하지 않으면 모두 총살하겠다고 했다. 지오반니 가야는 가까스로 체포를 모면한 그날을 생생히 기억한다. "루이지 라마는 마당이 보이는 창가에 서서 면도를 하고 있었는데, 파시스트들이 뛰어 들어왔지. 무슨 일인지 영문도 모른 채 다른 사람들과 함께 토리노로 잡혀갔어."

루이지 카발로는 그들의 야만적인 행동을 기억한다. "어느 날 포도밭에서 일하는데 개가 이상한 소리로 짖기 시작해 따라갔어요. 10대로 보이는 어린 소년이 바지가 벗겨진 채 엉덩이를 내밀고 땅 속에 묻혀 있었습니다." 그 후 카발로는 포도밭에서 시체 두 구를 더 파냈다.

알도 바카의 아버지는 레지스탕스에 가담했는데, 어느 날 길을 가다 파시스트에게 검거당했다. 그전에 무기는 가까스로 버렸지만 체포되어 독일의 포로수용소로 끌려갔다. 전쟁 마지막 날에 그는 병으로 죽음을 눈앞에 두고 있었다. "때마침 미군이 도착해 항생제를 주었어요. 그 약이 아니었으면 나는 그곳에서 세상을 하직했을 겁니다."

목가적인 몬테스테파노도 폭풍우를 면치 못했다. "레지스탕스들이 와서 머물곤 했지요." 구이도의 어머니가 회상한다. "한번은 그들이 급히 떠나면서 무기를 두고 갔어요." 구이도의 숙모 둘은 할머니와 함께 근처 개암나무 숲으로 무기를 끌고 가서 묻었다. "파시스트들이 집에서 무기를 발견했다면 이 집을 송두리째 태워버렸을걸요?"

재미난 얘기도 있다. 전쟁이 끝을 향해 갈 때 연합군이 랑게에 도착했다. 알도 바카의 아버지는 연합군 비행기가 낙하산을 이용해 부대에 구호품을 투하했던 일을 기억한다. "다음 날 아침 랑게의 온 동네 발코니가 울긋불긋한 나일론 란제리 빛깔로 반짝거렸죠." 알바 거리를 걷는 흑인 미군 병사를 보고 눈이 휘둥그레진 아이들 사진도 있다. "군인들의 배낭 속에는 우리가 가진 걸 모두 합한 것보다 더 많은 물건이 들어 있었거든요."

안젤로는 내년이면 반백 살이 되지만, 그가 좋아하는 시제는 여전히 미래형이다. 신이 나서 옛날이야기를 할 수도 있지만, 그건 달리는 자동차의 속도를 시속 90킬로미터로 줄이는 것처럼 그에게는 부자연스러운 일이다.

안젤로는 바르바레스코에 오래 머물지 않을 예정이다. 출장도 있지만 다른 일도 생긴다. 그는 곧 부르고뉴에서 열리는 샤르도네 심포지

엄에 프랑스와 캘리포니아의 일류 와인 생산자들과 더불어 참석할 예정이다. 지금 그는 9월 말 바이에른 주 호숫가 성에서 열리는 이색적인 행사에 대해 얘기하는 중이다.

독일의 부유한 와인 애호가가 그에게 초대장을 보냈다. 미식 역사에 기록된 유명한 사건인 '세 황제의 만찬'을 재현하는 행사다. 프로이센의 빌헬름 1세와 러시아의 알렉산드르 2세, 그의 아들 알렉산드르 3세가 1867년 6월 3일 파리의 유명한 식당 카페 앙글레Café Anglais에서 만찬을 함께했다. 122년 전 그날 서빙되었던 와인인 '그랑 샹베르탱Grand Chambertin' 도멘 드 그레지니Domaine de Grésigny(1846년산), 샤토 라피트(1848년산), 그리고 샤토 라투르와 샤토 마고, 샤토 뒤켐(이상 1847년산) 등이 준비된다.

"그 시대 스타일로 옷을 입어야 한다는데?" 안젤로가 루치아에게 말한다. 나폴레옹 3세 시대인 제2제국 말기의 최신 유행은 무엇이었을까?

지금은 옷을 갈아입는 데 익숙하지만 이런 순간에는 세계적 와인 무대의 유명인사가 되기 전 그의 모습이 보인다. 무대 뒤에는 바르바레스코 마을 청년의 모습이 여전히 희미하게 남아 있다.

"그때 안젤로는 그냥 평범한 젊은이였어요." 안젤로 렘보가 말한다. '평범한'이란 단어가 입에서 튀어나오자 흠칫하는 눈치다. "예사로 들러서 '저녁이나 먹으러 가자'고 했지요. 때로는 지노 카발로도 함께갔어요."

"아직도 광장에 앉아 잡담하던 그가 눈에 선합니다." 구이도가 말한다. "마치 어제 일 같아요. 친구들과 선술집에 모여 카드놀이를 하고 농담을 주고받던 시절이었지요."

피에트로 로카는 일요일 점심 식사 뒤 늘 커피를 마시러 그의 집으로 오던 안젤로를 기억한다. "우리는 둘러앉아 그가 피우는 시가를 같이 피웠어요. 안젤로 아버지가 집에서는 못 피우게 하셨거든요." 로카의 입가에 미소가 번진다. "안젤로는 이 마을의 활력소였지요. 그는 축제를 기획하고 세세한 것까지 챙겼습니다."

안젤로의 여행이 잦아지면서 그런 정겨운 장면은 점점 줄어들었다. 지금은 여행이 끝나면 곧 또 다른 여행이 시작되는 때가 많다. 하지만 그의 기억 속에 생생하게 남아 있는 여행은 1974년 처음으로 캘리포니아에 갔을 때다.

그때 그가 발견한 '신세계'는 그저 관용적인 지리적 표현이 아니었다. 정말로 '멋진 신세계'였다.

캘리포니아는 와인 붐이 한창이었다. 1976년 파리 테이스팅에서 1등을 차지한 두 와인(샤토 몬텔레나Château Montelena의 샤르도네와 스택스 립 와인 셀러Stag's Leap Wine Cellars의 카베르네 소비뇽)은 1973년에 만들어졌다. 1974년은 캘리포니아 카베르네가 대단한 해였지만, 보르도 와인은 3년째 평범한 와인을 내놓으며 침체되고 있었다. 미국에서는 매년 2만 헥타르가 넘는 밭에 포도나무를 심었다. 캘리포니아는 와인계의 정상을 향해 빠르게 치고 올라갔다. 안젤로 또한 캘리포니아에 매료되었다.

"그곳 사람들은 진짜 프로였어요." 안젤로가 말한다. "그들은 자본이 있었고 투자를 하고 실험을 했습니다. 포도밭을 물려받아서가 아니라 대부분이 와인에 빠져 포도 재배를 하게 된 것이지요."

안젤로의 눈과 귀는 모든 걸 다 받아들일 수 있을 만큼 충분히 열려 있었고, 더 자세히 보고 배우려 했다. 나파 밸리의 유명 와이너리인 로버트 몬다비의 와인 메이커는 젤마 롱Zelma Long이라는 여자였다.

"와인 메이커가 여자라는 사실뿐 아니라 그렇게 젊은 여자가 그런 중요한 직책을 맡고 있다는 게 놀라웠습니다."

물론 안젤로는 로버트 몬다비의 역동성과 추진력, 끝없는 실험 정신 등에 큰 감명을 받았다. 하지만 61세의 몬다비도 선조의 나라에서 온 이 34세의 젊은 방문객에게서 그에 못지않은 감명을 받았다.

"안젤로는 전혀 변하지 않았습니다." 몬다비가 웃으며 말한다. "그때나 지금이나 똑같아요. 정직하고, 열심히 일하고, 매우 단호하고, 순간적인 아이디어가 번뜩입니다." 한참 뒤 그는 마침내 달라진 점을 생각해냈다. "지금은 훨씬 더 유명해졌지요."

몬다비의 아버지는 1903년 이탈리아 중부의 마르케에서 미국으로 이민 왔다. 로버트 몬다비는 캘리포니아 와인계에서 가장 유명한 이탈리아계 인사임이 틀림없다. 그런데 피에몬테 출신 인사들의 공헌도 일반적으로 알려진 것보다 크다.

에르네스트 갈로Ernest Gallo와 줄리오 갈로Julio Gallo의 아버지는 알바에서 30킬로미터도 떨어지지 않은 포사노 출신으로 아르헨티나를 거쳐 1905년 캘리포니아로 왔다. 1933년에 그의 아들들이 설립한 와이너리는 현재 세계에서 가장 큰 와이너리로, 가야 와이너리보다 생산량이 8,000배나 많다. 또 다른 인물인 피에트로 카를로 로시Pietro Carlo Rossi는 1875년 랑게의 돌리아니에서 캘리포니아로 이주했다. 그는 영국 작가 로버트 오웬Robert Owen과 존 러스킨John Ruskin의 영향을 받아 이상적인 노동과 공동체에 대한 꿈으로 가득 차 있었다. 그는 1881년 소노마 카운티의 산악지대인 아스티에 '이탈리안 스위스 콜로니Italian Swiss Colony'를 설립했다. 실험은 실패했지만 이 와이너리는 캘리포니아에서 가장 중요한 와이너리 중 하나가 되었다.

그렇다고 안젤로가 캘리포니아에 대해 무비판적인 것은 아니었다. 포도 재배의 유토피아는 어디에도 없다는 것을 그는 잘 알고 있다. "와인 스타일의 변화가 심한 편이었습니다. 때로는 양조 기술을 남용하여 포도를 너무 심하게 다루는 폭력적인 실험을 하기도 하고요."

하지만 그런 실험은 성공의 결정적 요인이 되었다. 캘리포니아는 프랑스 품종과 프랑스식 양조 기술로 프랑스를 이길 수도 있다는 것을, 적어도 프랑스와 같은 리그에서 뛸 수 있다는 것을 보여주었다. 그들은 전통에 얽매이지 않았다.

안젤로에게는 전통이 많아도 너무 많아 문제였다. "캘리포니아는 내가 새로운 아이디어를 실현할 수 있도록 용기를 주었습니다."

카베르네 소비뇽

포도 꽃이 만개한 5월 말, 소리 산 로렌조를 거닐어본다. 주의 깊게 살펴보면 꽃이 전혀 피지 않은 작은 구획이 눈에 띈다. 가까이 가서 보면 포도나무들이 주변 나무들과 분명히 다르다. 잎은 검은 초록색을 띠고, 잎의 톱니 모양이 더 깊게 패여 서로 약간씩 겹치기도 한다. 새로 난 가지의 모양도 다른 나무와 다르다. 가지 마디 사이의 길이도 더 짧으며 잎이 덜 무성하고 만져보면 거친 감이 있다.

아마추어 포도학자라도 산 로렌조에 카베르네 소비뇽 구획이 있다는 사실을 금방 알아챌 것이다.

1973년 안젤로는 산 로렌조의 포도밭 몇 이랑에 네비올로의 상단을 자르고 카베르네를 접목했다. 수호성인만이 지켜보는 가운데 리허설이 시작되었다.

"첫해에 만든 와인은 특별할 게 없었습니다." 안젤로가 그때를 떠올린다. 몇 리터짜리 큰 병 하나를 채울 만큼만 만들었을 뿐이었다. 와이너리의 시설은 소량을 만들기에는 적합하지 않았다. "우리를 놀라게 한 건 포도나무들이 토양과 기후에 너무 잘 적응했다는 점이었습니다. 균형이 완벽히 맞았지요."

2년 뒤인 1975년에는 브리코 남향 언덕에서 2헥타르에 달하는 네비올로를 뽑아냈다. 1978년까지 휴경지로 그대로 두었다가 카베르네 소비뇽을 심었다. 카베르네 소비뇽 재배는 이제 공공연한 사실이 되었다.

브리코bricco는 일반적으로는 언덕 꼭대기를 뜻하는 말이다. 그러나 일 브리코il Bricco는 보스턴의 비컨 힐Beacon Hill처럼 고유 명사다. 마을로 들어가거나 마을에서 나가려면 우뚝 서 있는 일 브리코를 지나지 않을 수 없다.

"아버지는 카베르네를 2급 포도밭에 심자고 하셨어요." 안젤로가 말한다. "하지만 나는 뒷문으로 슬쩍 들어가기보다는 당당하게 좋은 자리에 심고 싶었습니다."

브리코에 카베르네를 심었다는 소문이 돌자 마을 주민들은 경악했다. "모두가 수군대기 시작했지요." 안젤로 렘보가 말한다. "어떤 재배자는 우리가 한 일이 수치스럽다고까지 했어요." 사람들은 마치 안젤로가 마리화나나 그보다 더 해로운 작물을 재배하는 것처럼 대했다. 그가 한 일은 '스캔들' '죄악' '미친 짓' 등으로 회자되었다.

안젤로의 아버지도 그 일을 받아들이기 어려워했다. 포도밭의 제일 위쪽 이랑은 집과 도로가 연결되는 흙길에서 얼마 떨어지지 않았다. "다르마지(정말 부끄러운 일이다)!" 그는 그곳을 지날 때마다 고개를 절레절레 흔들며 중얼거렸다.

1982년에 안젤로는 처음으로 카베르네 소비뇽을 병입했다. 그 와인을 '다르마지'라고 명명하며 안젤로는 반항적인 쾌감을 느꼈다. 유명한 베르무트 '푼트 에 메스Punt e mes'에 이어 그는 또 하나의 피에몬테 방언을 세계적인 어휘로 만들었다.

안젤로는 지금도 소동이 별일이 아니었다고 생각하지는 않는다.

"부르고뉴 지방의 본 로마네Vosne-Romanée나 제브리 샹베르탱Gevrey-Chambertin 같은 포도밭에서 피노 누아를 걷어내고 외래 품종을 심는 것과 같은 일이었으니까요."

전혀 전통적이지 않은 외래 품종이 토착 품종의 자리를 빼앗았으니 분명 전통의 배반이었다.

개혁이 성공하여 새로운 전통이 되는 경우를 종종 찾아볼 수 있다. 전통을 추적해보면 항상 전통에 앞선 전통이 있다. 오래는 아니었지만 기포가 없는 드라이 와인을 바르바레스코라고 부른 적도 있었다.

포도 품종의 흥망성쇠는 와인의 역사에서 흥미로운 부분이다. 카베르네 소비뇽은 보르도의 메독과 그라브 지역의 유명 포도밭 때문에 이름을 알리게 되었다. 그러나 원래는 고대 로마에서 건너온 비투리카Biturica라는 이름의 품종이었던 것으로 보인다. 널리 퍼지게 된 지도 그리 오래되지 않았으며, 19세기 초반 샤토 라투르와 같은 1등급 와이너리에서 재배하면서부터 명성을 떨치게 되었다. 지금으로서는 그런 전통이 있었다는 것이 믿기지 않겠지만, 당시에는 메독 최고의 포도밭도 화이트 품종을 같은 밭에서 섞어 재배했다. 카베르네 소비뇽이 논쟁의 여지가 없는 1등 품종으로 굳건히 자리 잡게 된 것도 19세기 중반부터였다.

이탈리아의 포도 재배자로서 안젤로는 프랑스나 신대륙 재배자들보다 전통과의 관계에서 더 많은 갈등의 소지를 안고 있었다. 이탈리아의 전통은 편협했으며, 미사여구는 긴 데 비해 보상에는 인색했다.

프랑스에는 전 세계를 대상으로 구축된 고급 와인의 전통이 이미 자리 잡고 있었다. 어느 누가 감히 이에 도전하려고 하겠는가? 신대륙은 지역이나 국가적인 자긍심과 연관되는 전통이 강하지 않아 생산자들이 자유롭게 실험을 할 수 있었다. 호주 펜폴즈 와이너리는 가야 와이너리보다 15년이나 앞선 1844년에 설립되었다. 그렇게 오래된 와이너리이지만 맥스 슈버트Max Schubert는 보르도에 가서 1949년 빈티지 양조를 직접 보고 배웠고, 고향에서 아무 소동 없이 실천에 옮길 수 있었다. 그가 자신의 와인 그레인지 에르미타주에 카베르네 소비뇽 대신 쉬라즈(프랑스 품종 시라를 호주에서 부르는 이름)를 사용하기로 결정한 이유는 단 한 가지, 당시 호주에 카베르네 품종이 매우 드물었기 때문이었다.

안젤로는 바르바레스코에 카베르네를 심은 최초의 인물이다. 하지만 피에몬테와 이탈리아를 통틀어 보면 '외래' 품종을 재배한 선구자가 있었다. 실제로 그에 앞선 전통은 매우 뛰어난 전통이었다.

사르데냐 왕국의 외무장관이었고 나폴레옹 치하에서 고위 공직을 지낸 산 마르자노Filippo Asinari San Marzano 후작은 1808년 바르바레스코에서 25킬로미터도 떨어지지 않은 코스틸리올레Costigliole에 외래 품종인 시라를 심었다. 1822년에는 보르도의 네 샤토(오 브리옹, 라피트, 라투르, 마고)에서 카베르네 소비뇽 묘목을 구입했다. 또 소테른의 유명 와이너리인 샤토 쉬뒤이로Château Suduiraut에서 소비뇽과 세미용도 갖고 왔다. 1825년 11월 18일 보르도 주재 사르데냐 영사와의 서신에는, 샤토 라피트의 포도 재배와 양조에 관한 상세한 문답이 등장한다. 그에게는 외래 품종에 대한 열정과, 토착 품종에 대한 애착이 전혀 갈등을 일으키지 않았던 것 같다.

산 마르자노 후작 외에도 외래 품종을 재배하는 이들이 더러 있었다. 1820년 삼부이Sambuy 지방의 만프레도 베르토네Manfredo Bertone 백작은 마렝고 전투가 있었던 지역 근처에 카베르네 소비뇽을 심었다. 그는 여행 중 우연히 그의 영지가 메독의 토양과 매우 유사하다는 점을 알게 되었다. 레오폴도 인치자 델라 로케타Leopoldo Incisa della Rocchetta 후작은 아스티 너머에 있는 로케타 타나로Rocchetta Tanaro에 포도 품종 전시장을 만들었는데, 그곳은 이탈리아에서 가장 인상적인 묘목장이었다. 1869년의 목록에는 당시 그가 재배하던 376종의 품종이 열거되어 있다. 그는 그 가운데 카베르네 소비뇽을 최고 중 하나로 높히 평가하며 재배자들에게 적극 추천했다.

또 다른 위대한 피에몬테 포도 분류학자는 주세페 디 로바센다 Giuseppe di Rovasenda 백작이다. 그는 과연 포도 재배에 전통이 존재하는지 의문을 표했다. "포도 품종마다 본고장이 있긴 하겠지만 대부분 확실하지 않다. 더구나 재배에 관한 자료는 아무것도 없다."

지위가 높은 사람들만 외래 품종을 재배한 것처럼 보이지만 예외도 있다. 당시에는 아직 사르데냐 왕국의 일부였던 사보이 지역 샹베리의 부르댕Burdin 형제는 1835년 토리노에 포도 묘목장을 만들었다. 이를 계기로 프랑스 품종들이 한층 더 큰 규모로 피에몬테에 들어오게 되었다.

흥미로운 실험도 진행되었다. 안젤로와 구이도가 다닌 알바의 포도 재배양조학교에서는 이미 19세기 말에 카베르네를 재배하고 돌체토를 4분의 1에서 4분의 3가량 섞는 실험을 했다. 그 결과는 '매우 고무적'이었다.

카베르네 소비뇽의 재배는 피에몬테 지역에 국한된 것은 아니었다. 1903년에 발간된 살바토레 몬디니Salvatore Mondini의 책에는 이탈리아 전역 69개 지방 중 45개 지방에서 이미 외래 품종을 재배하고 있었다고 지적했다. 로마 근처의 여러 포도밭에서도 카베르네 소비뇽을 재배하고 있었고, 좋은 와인을 생산하여 유명해진 곳도 있었다. 그중 한 곳은 1881년에 조성되었으며, 오늘날 로마의 가장 멋진 주택가인 파리올리Parioli에 자리 잡고 있었다.

몬디니는 토스카나에 카베르네를 재배하도록 권장했다. 그는 "고급 토스카나 와인도 카베르네가 약간 들어가면 훨씬 더 좋아지는 것을 알 수 있다. 특히 카베르네와 산조베제의 혼합은 주목할 만하다"라고 강조했다. 그 후 70여 년이 지나 이를 실현한 토스카나의 두 와인, 사시카이아Sassicaia와 티냐넬로Tignanello는 이탈리아의 와인 혁명을 이끌었다. 이들 와인의 탄생에는 카베르네뿐 아니라 피에몬테도 연관되어 있다.

사시카이아는 1978년 영국의 월간지 《디캔터*Decanter*》가 주관한 전 세계 카베르네 소비뇽 블라인드 테이스팅에서 압승함으로서 세계 무대에 등장했다. 사시카이아는 레오폴도 인치자의 종손인 피에몬테의 마리오 인치자 델라 로케타Mario Incisa della Rocchetta 후작이 만들었다. 그는 친척인 살비아티스Salviatis가 제2차 세계대전 이전에 사시카이아 위쪽 티레니아 해안에서 만든 와인을 맛본 후 고급 카베르네 소비뇽에 관심을 갖게 되었다. 1880년대에 살비아티스가 심은 카베르네는 이탈리아 최초의 카베르네 소비뇽 재배지로 기록된 마렝고 인근 삼부이 포도밭에서 온 묘목이었다. 결국 사시카이아도 피에몬테에 깊숙이 뿌리박고 있는 셈이다.

티냐넬로는 또 다른 피에몬테 사람인, 안티노리Antinori 와이너리의 와인 메이커 지아코모 타키스Giacomo Tachis가 만들었다. 그는 산조베제에 카베르네 소비뇽을 약간 섞는 19세기의 토스카나 블렌딩 방식을 재현했다.

"카베르네 소비뇽을 심는 이유는 다른 무엇보다도 가장 높은 국제적 기준과 스스로를 비교 평가하고 경쟁해보려는 욕망 때문이기도 했습니다. 양적인 면에서 카베르네는 이탈리아에서는 군소 품종의 한계를 벗어날 수 없어요." 안젤로가 말한다.

카베르네 소비뇽은 마케팅 전략의 일부이기도 했다. 바르바레스코에서는 군소 품종이지만 외국 시장에서는 주요 품종이기 때문이다. 카베르네는 외국어를 정확하게 구사하는 외교관처럼 세계 시장에서 인정받을 수 있다. 그렇지만 안젤로는 네비올로를 제쳐두고 카베르네를 가야 팀의 스타플레이어로 내세울 생각은 전혀 없다. 그보다는 외국에서 원정 경기를 할 때 네비올로를 지키는 역할을 하면 된다. 다르마지가 매우 비싸기는 하지만, 안젤로는 항상 그의 대표 스타인 단일 포도밭 바르바레스코보다는 가격을 싸게 책정한다.

안젤로가 카베르네에 정신이 팔렸다고 하는 건 그를 잘 몰라서 하는 말이다. 그는 외래 품종에 눈길을 주기는 하지만 결코 네비올로를 배신하지는 않을 것이다. 바르바레스코에서 가장 유망한 청년이었던 그는 세계를 누비고 다녔지만, 결국에는 마을 여자와 결혼하여 고향에 정착했다.

카베르네 소비뇽도 안젤로와 루치아처럼 브리코에서 영원히 행복하게 살 수 있을까? 카베르네 포도나무는 나이가 들면서 환경에도 훌륭하게 적응했다. 다르마지는 맛도 좋아지고 평판도 좋아지기 시작했다. 구이도는 와인에 결코 후한 점수를 주지 않지만, 다르마지 1988년산에는 우등상을 수여했다. "목표에 가까워지고 있어요." 구이도에게는 격찬이나 다름없는 말이다.

"그래도 두고 봐야지요." 안젤로가 조심스럽게 말한다. 얼굴은 정색을 하고 있지만 미소가 스며 있다. "이 와인이 기대에 못 미치면 내가 은퇴할 때쯤 딸들이 포도나무를 모두 뽑아버릴지도 모릅니다. 그때는 내가 '다르마지!'라고 중얼거리겠지요."

1989. 7. 14

병충해 방제/캐노피 관리

나가자, 조국의 아들딸들이여,

영광의 날이 왔도다!

Allons, enfants de la patrie,

Le jour de gloire est arrivé!

프랑스 혁명 200주년 기념일이다. 페데리코가 프랑스 국가인 〈라 마르세예즈La Marseillaise〉를 흥얼거린다. "그날이 어땠는지는 나는 모릅니다." 그는 맑고 푸른 하늘을 바라보며 장난스럽게 말한다. "하지만 오늘은 확실히 영광의 날입니다."

페데리코는 산 로렌조의 포도나무 사이를 어슬렁거린다. 때로는 멈추어 허리를 굽히고 포도송이를 오랫동안 바라본다. 아무 생각 없이 발길이 닿는 대로 포도밭을 배회하고 있는 것만 같다. 무슨 목적이 있는 걸까? 아니면 그냥 정신이 나간 걸까?

"적군의 정보를 수집하는 중입니다." 그가 말한다.

페데리코가 응시하고 있는 곳을 눈을 씻고 보아도 아무것도 보이지 않는다. 적군은 완벽하게 위장하고 숨어 있는 듯하다. 방어 부대가 공격을 개시한다. 보이지 않는 적을 퇴치하러 두려움 없이 나아간다.

〈라 마르세예즈〉는 프랑스 국민들에게 묻는다. "저 골짜기 사나운 적군의 고함 소리가 들리느냐?" 그러나 이곳에는 적막 속에 미동하는 소리도 들리지 않는다. 눈도 귀도 아무런 도움이 되지 못한다. 페데리코가 흥얼거리던 〈라 마르세예즈〉의 2절 가사대로다. "오만한 적군의 무리는 깊은 침묵 속에 숨어 있네."

페데리코가 주머니에서 돋보기를 꺼내 들자 마침내 무언가가 시야에 들어온다. 이 작은 점이 적이라니, 믿기지 않는다.

"이건 그냥 점이 아닙니다." 그가 씩씩거리며 말한다. "이게 바로 적군이지요!"

"동지여, 시민들이여, 무기를 잡으라, 전열을 정비하라Aux ames, citoyens, formez vos bataillons!" 포도에 묻어 있는 미세하고 투명한 알이 보인다. 약을 뿌려야 한다.

모르는 사람 눈에는 마치 페데리코가 죄 없는 이들을 학살하려는 것처럼 보인다. 첩보가 잘못되었을지도 모른다. 아니면 방어라는 명목으로 영아 살해를 정당화하려는 걸까?

페데리코는 평화주의자가 아니지만 그렇다고 호전적 기질의 소유자도 아니다. 그의 브리핑이 모든 걸 설명해준다.

"지금 약을 뿌리지 않으면 한 달쯤 뒤에 곰팡이 방지제랑 같이 뿌려야 합니다. 그러면 약이 고스란히 셀러로 들어가게 됩니다. 이건 티뇰라tignola 나방의 알인데, 알에서 애벌레가 태어나면 포도 껍질을 뚫고 들어갑니다."

페데리코가 "껍질을 뚫고"라고 말하는 어조에서 조종弔鐘 소리가 들리는 것만 같다. 누구를 위하여 종이 울리는지 알 만하다. 카베르네 소비뇽은 껍질이 두꺼워 잘 침투하지 못하지만 네비올로는 껍질이 얇다. 카바차가 80여 년 전에 지적했듯이 네비올로는 티놀라가 가장 좋아하는 먹이다. "이 해충은 진정한 미식가이다."

페데리코는 몇 이랑 위로 올라가 작고 하얀 플라스틱 상자 앞으로 다가간다. "이게 덫입니다. 한 달 전에 포도밭 가운데다 갖다 놓았어요. 상자 안쪽에 끈끈한 물질을 발라놓고, 페로몬을 분출하는 캡슐을 넣어놓았습니다."

향을 내는 분비물인 페로몬은 같은 종끼리는 상대방의 행동 반응을 자극한다. 페로몬은 호르몬과 같은 분자 매체이지만 혈류가 아닌 공기를 통해 전달되며, 곤충들 사이에서는 주로 먹이를 찾거나 적에 대한 정보를 전하는 데 사용된다. 그러나 대개는 짝짓기에 기여한다. 페로몬은 강력한 힘을 발휘한다. 이미 지난 세기에 프랑스의 곤충학자 앙리 파브르는 수나방이 암컷의 페르몬에 반응하여 바람을 타고 10킬로미터가 넘는 거리를 날아간다고 보고했다. 찰스 다윈은 파브르를 "누구와도 비교할 수 없는 예민한 관찰자"라고 칭송했다.

수나방은 암나방보다 먼저 번데기에서 나와 날아오른다. 페로몬에 끌려 덫으로 들어가면 끈끈이에 들러붙게 된다. 페데리코는 그 수를 매일 측정한다. 숫자가 최고치에 달하면 그는 작전을 준비한다. 숫자가 갑자기 줄면 암나방이 번데기에서 나와 페르몬을 내놓기 시작했다는 뜻이다. 그렇게 되면 포도나무에서 짝짓기가 일어나고 암컷은 알을 낳는다. 덫 속의 수컷의 숫자가 최고치에 달한 뒤 8일이 지나면 애벌레가 부화하는 시점이 된다.

"어떤 사람들은 8일이 지나면 무조건 살충제를 분무합니다. 하지만 5~6일이 지난 뒤에 꼭 알의 수를 지켜보는 게 중요해요. 환경적인 요인이 상황을 변화시킬 수 있기 때문입니다. 예를 들어 바람이 짝짓기를 방해할 수도 있어요."

그는 무작위로 포도 100송이가량을 조사한다. 그중 10~15퍼센트 이상에서 알이 발견되면 살충제를 분무한다.

"포도밭마다 다릅니다. 곰팡이에 더 약한 밭이 있어요."

어느 정도 손실은 감수해야 한다. "생식용 포도 재배자들은 100퍼센트 보호를 목표로 합니다. 겉모양이 좋아야 상품 가치가 높아지니까요. 한 계절에 8~9회 분무하기도 합니다." 무조건 항복을 받아내려는 전술은 구식이다. 살충제를 여러 번 뿌리면 그 대가를 치르게 된다. 해충도 면역성이 높아지기 때문에 살충제 사용을 점점 더 늘려야 한다.

페데리코는 알에서 애벌레가 나온 직후를 공격 시점으로 삼는다. 이때는 해충이 포도를 습격하기 직전으로, 그가 선택한 무기에 가장 취약할 때이다. 화학전쟁이라기보다는 생물전쟁이다.

"안전한 전쟁입니다." 페데리코가 웃는다.

페데리코의 무기인 바실루스 투린지엔시스*Bacillus thuringiensis*는 애벌레의 소화 기관을 마비시키는 박테리아이다. 그러나 이 균은 인간이나 동물, 또는 대부분의 유익한 곤충에게는 해를 끼치지 않는다. 낮에는 약효가 덜하기 때문에 이른 저녁에 살포하며, 설탕을 약간 섞어 용액을 더 맛있게 만든다.

안젤로는 1960년대 초에 몽펠리에에서 처음으로 미끼 덫을 보았다. "생각해보세요." 그가 정색하며 말한다. "당시 이탈리아에서는 달력을 보고 정해진 날짜에 농약을 살포했습니다. 게다가 비산납을 사용했거든요."

페데리코가 부르르 떤다.

"비산납은 1급 살충제입니다!" 그가 목소리를 높인다. "그 약은 DDT처럼 분해가 되지 않아, 사실상 사라지지 않기 때문에 적을 퇴치하더라도 상처가 남습니다. 로마와 싸워 이기긴 했지만 막대한 희생을 치른 피로스의 승리가 될 뿐이지요."

병충해 방제에 사용하는 화학 약품은 독성에 따라 분류한다. 1급이 독성이 가장 높고 4급이 가장 낮다. 페데리코는 목적에 따라 약품을 선별하고 독성이 빨리 사라지는 4급만 사용한다. 그의 목표는 포도밭의 생물학적 균형을 유지하는 것이다. 가능한 한 최소한만 뿌리고 약품도 바꿔가며 쓴다. '무차별 융단폭격'을 하면 자연의 균형이 깨지고, 해충의 자연 천적도 함께 박멸된다.

"20년 전쯤 일어난 붉은 거미와 매미 사태는 정말 놀라웠어요. 구이도도 가끔 그 얘기를 합니다. 다시는 훌륭한 와인을 만들 수 없을 거라고 생각했을 정도였지요."

페데리코는 이마의 땀을 닦는다.

"1970년대 초 정말 더웠던 7월 말에 붉은 거미와 작은 매미가 대거 침입했어요. 포도밭을 급습했는데 모두가 그런 광경은 난생처음 보았습니다."

페로노스포라를 퇴치하기 위해 봄에 사용한 새 분무액이 문제를 일으켰다. 그 약은 해충의 천적을 죽이는 동시에 포도나무의 수세도 강화시켜 가지가 웃자라고 잎이 더 부드러워졌다. 붉은 거미는 주로 관목을 습격하지만 더 좋은 먹거리가 생기니 갑자기 포도나무로 방향을 돌린 것이다. 새 분무액 사용을 그만두자 문제는 해결되었다.

"포도밭을 잘못 가꾸면 곧바로 붉은 거미의 습격을 받습니다."

티놀라 나방은 환경 공해 때문에 생긴 것 같지는 않다. 나방은 현대의 농약이 나오기 전부터 이미 낯익은 적군이었다. 판티니의 글에도 나온다. "농부들이 밤중에 등을 들고 애벌레를 찾아다니며 바늘과 족집게로 잡았다."

"그놈들은 언제나 적응이 빠릅니다." 페데리코가 적의에 찬 찬탄을 보내며 말한다. 티놀라는 전투에서 수없이 물리쳐도 늘 살아남아 또다시 공격을 개시하는 적군이다.

하지만 티놀라는 7월 들어 시작된 걱정거리일 뿐이다. 페데리코의 작업반이 지난 몇 달간 손을 놓고 있었던 것은 아니다. 6월 12일부터 벌써 여섯 번째 소리 산 로렌조에 올라왔다. 방어를 위해 약을 뿌리는 일 외에도 자잘한 일들이 늘 산적해 있다.

페데리코는 항상 잎을 만지작거린다. 이쪽저쪽에서 몇 장씩 떼어내기도 하고 다시 배열하기도 한다. "잎을 너무 못살게 구는 거 아냐?"모르는 사람들은 무심하게 말한다. 하지만 아는 사람들은 포도 재배 용어인 '캐노피 관리'라고 설명한다.

캐노피 관리는 생산성과 관계가 있다. "그늘에 가린 잎은 기생충처럼 포도나무의 양분을 빼앗기만 합니다." 페데리코가 투덜거린다. "소비만 하고 생산은 못 하지요." 그는 광합성을 하지 못하는 게으른 잎들에 분노한다. 하지만 두둔하는 면도 있다.

"꼭 잎이 많아서 문제가 되는 건 아닙니다. 철사에 어떻게 배열했는가도 문제가 되지요." 만약 가지가 수직으로 고르게 자리 잡지 못하면 잎이 엉켜버린다. 공기가 순환하지 못하면 습기가 차게 되고 병이 발생한다. 분무액도 안쪽으로 깊이 들어가지 못하고, 와인에서 덜 익은 채소류 냄새도 나게 된다.

페데리코는 엉킨 잎을 풀고 가지를 위로 향하게 한다.

"지금 저 잎들을 보세요. 잎들 하나하나 모두 햇빛을 받고 있습니다."

그는 마치 까다로운 미용사처럼 가지를 제자리에 배열한다. 포도밭에서는 겉모양이 좋으면 속도 좋다고 믿어도 된다.

"사람들은 계곡이나 언덕의 미기후微氣候에 대해서만 얘기합니다. 하지만 포도송이나 잎 하나하나도 궁극적으로는 미기후의 영향을 받습니다." 페데리코가 기후 전문가처럼 설명한다. "가까이 있는 두 개의 포도나무라도 손질을 다르게 하면, 마치 서로 수 킬로미터나 떨어져 있는 나무처럼 미기후가 달라집니다. 한 나무는 포도가 잘 익고 다른 나무는 그렇지 못하고, 곰팡이가 생기기도 하고 전혀 안 생길 수도 있어요."

페데리코는 숨을 돌린 다음 잎 두어 장을 떼어낸다.

"캘리포니아에 있을 때 보니 그곳 재배자들은 대부분 우리처럼 잎을 철사에 수직으로 배열하지 않았습니다. 철사에 그냥 걸쳐놓았어요. 포도나무 수형에 별다른 신경을 쓰지 않았습니다. 그런 노력을 하지 않아도 잘 익은 포도를 얻을 수 있으니까요. 건조한 기후에서는 습기 걱정을 할 필요가 없습니다."

이달 초에 작업반은 두 번째로 포도나무의 웃자란 윗가지를 쳤다. 식물의 성장을 잠시 늦추고, 자라고 있는 포도송이에 양분을 바로 보내기 위해서다.

"바르바레스코에서는 윗가지를 치는 재배자가 서너 명에 불과합니다." 페데리코가 말한다. "세라룽가에서는 윗가지를 쳤다가 난리가 났어요. 모두가 포도가 익지 않을 거라고 했습니다. 그들은 과거에 너무 심하게 윗가지를 치고 잎들을 떼어내는 바람에 손해를 보았던 때를 기억하고 있지요." 다시 한번, 균형이 전부다.

"작년에는 며칠 일찍 윗가지를 쳤고 내년에는 며칠 늦어질 것 같아요. 포도밭을 잘 알기 위해서는 5년 정도 걸립니다."

나흘 전에 15밀리미터쯤 비가 왔다. "하느님, 감사합니다!" 페데리코가 외친다. "충분하지는 않았지만 한시름 놓았어요. 포도나무가 가뭄 때문에 괴로워하기 시작했으니까요." 10주 전 4월 행운의 비가 온 뒤로는 비가 겨우 40밀리미터밖에 안 왔다. 페데리코는 가뭄 비상 사태에 대비하고 있다. 내일 땅을 "매우 얕게" 갈아엎으려고 한다. "비가 올 때 땅이 수분을 좀 더 잘 흡수하게 하고, 또 잡초도 없애려는 겁니다. 지금은 포도나무가 어떤 경쟁자도 견딜 수 없을 만큼 허약한 상태거든요."

페데리코가 팔을 내저으며 외친다.

"고보네Govone에 무슨 일이 일어났는지 아세요?"

고보네는 바르바레스코에서 8킬로미터쯤 떨어져 있는 곳이다. 이번 달 초부터 벌써 세 차례나 우박이 쏟아졌다. 또 2주도 안 되는 사이에 산 로렌조에 두 달 반 동안 내린 비의 세 배가 쏟아졌다.

페데리코는 잎을 어루만지며 말한다.

"색깔이 완벽합니다. 너무 밝지도 않은 멋진 녹색이군요."

페데리코는 잎을 계속 응시한다. 티놀라 알을 찾고 있는 것 같지는 않다. 그는 깊은 생각에 잠겨 있다.

"이 잎들 속에서 지금 무슨 일이 벌어지고 있는지 아세요? 놀랄 만한 일들이 일어나고 있답니다."

광합성은 세상에서 가장 중요한 화학 작용이다. 광합성 없이는 양식도 없고 연료도 없다. 페트뤼스Pétrus(보르도 최고가 와인)도 없고 페트롤룸Petroleum(석유)도 없다. 석유는 석탄과 천연가스처럼 초기 지질 시대 식물의 광합성이 만들어낸 잔해이다.

페데리코의 잎들은 태양 에너지를 이용하여 무기물질(공기 중 0.03퍼센트를 차지하는 이산화탄소와 물)을 유기 화합물, 주로 당으로 변화시킨다. 포도로 와인을 만들기 좋은 이유 중 하나는 포도나무가 당을 녹말 형태가 아닌 포도당과 과당의 형태로 생성하기 때문이다. 이렇게 만들어진 당은 이스트에 의해 곧바로 발효될 수 있지만, 식탁 위의 설탕인 자당은 바로 발효되지 않는다.

잎 세포의 엽록체 안에 들어 있는 엽록소는 태양 에너지를 이용하여 광합성 작용을 한다. 대기 중 이산화탄소는 기공을 통해 잎 속으로 확산된다. 기공은 잎 1제곱센티미터당 1만여 개가 있다. 광합성 작용으로 식물은 매년 대기 중에 있는 4,000억 톤의 이산화탄소를 처리한다.

기공은 아침에 햇빛이 나면 열리고 저녁에 빛이 사라지고 어두워지면 닫힌다. 또 햇빛이 너무 강하거나 수분이 부족하면 일을 쉰다. 너무 덥고 건조한 해에 포도가 온전히 익지 못하는 것도 이 때문이다.

최면에서 깨어난 듯 페데리코는 〈라 마르세예즈〉를 휘파람으로 낮게 분다.

"프랑스 전역에 불꽃놀이가 휘황찬란하겠죠?"

그러나 지금 포도나무 잎에서 벌어지는 장관을 볼 수만 있다면, 오늘 밤 파리의 불꽃놀이보다는 훨씬 더 화려할 것이다.

1989. 7. 23

랑게의 농부들

한여름 오후의 정적이 감도는 일요일이다. 이렇게 나른해지는 오후에는 시간을 초월한 공상에 빠지기 쉽다. 기억은 멀리서 다가오고 장면은 시공을 넘나든다. 달력을 반쯤 앞으로 넘기면 1월 어느 날, 안개의 바다 위에 떠 있는 섬 같은 브리코가 나타난다.

안젤로는 길을 따라 걸어 내려간다. 왼쪽에는 다르마지 포도밭이 있고 오른쪽에는 몇 년 늦게 심은 샤르도네 밭이 있다.

"원래 이곳에서 재배하던 네비올로는 늘 제대로 익지 못했어요."안젤로가 샤르도네 쪽으로 고개를 돌리며 말한다. "방향이 안 맞는 것 같아서 망설이지 않고 뽑아버렸습니다."

안젤로는 모두들 '제페'라는 애칭으로 부르는 주세페 보토Giuseppe Botto를 만나러 간다. 그의 집은 브리코 바로 아래 길에서 오른쪽으로 꺾이는 곳에 있다.

"제페는 내가 중요한 결정을 하며 1960년대를 보낼 때 늘 곁에서 도와주던 원군이었습니다. 당시에는 일꾼이 대여섯 명쯤이었는데, 그중

한 명만 전임이었고 다른 일꾼들은 매주 이틀 정도 일하러 왔습니다. 모두 바르바레스코에 살고 있었지만 그들 밭도 돌봐야 했지요. 물론 수확기에는 더 일이 많아졌고요."

일꾼들은 모두 포도밭 관리인인 루이지 카발로의 친구들이었다. 그는 같은 마을에 사는 일꾼을 더 채용하여 그의 방식대로 일을 계속하기를 원했다. 하지만 안젤로는 장기적인 계획을 세웠다. 브리코와 마주에에 새로 산 포도밭이 있었고, 곧 사들일 포도밭도 있었다. 그는 외부인이라도 전임으로 일할 수 있는 일꾼을 찾기 시작했다.

"어려운 상황이었습니다."

제페를 언급할 때 안젤로의 표정에는 애정이 깃든다. 제페는 외부인으로서는 첫 번째 고용인이었다. 그는 1965년 돌리아니에서 바르바레스코로 왔다.

돌리아니에서 바르바레스코까지는 직선거리가 25킬로미터밖에 되지 않는다. 지도상으로는 가까운 거리지만 길이 구불구불하게 이어져 있어 랑게에서는 훨씬 더 멀게 느껴진다. 바르바레스코에서 보면 돌리아니는 알바의 반대편일 뿐 아니라 바롤로에서도 훨씬 더 먼 곳에 있다. 방언도 다르고 발음도 다르다. 돌리아니에서는 소규모의 포도밭을 아우틴autín이라고 부르는 반면 바르바레스코에서는 비뇨vignót라고 한다. '가야'도 돌리아니에서는 이탈리아 발음과 비슷하지만, 바르바레스코에서는 스페인 화가 '고야'처럼 들린다. 돌리아니는 먼 곳이다. 제페는 25킬로미터 떨어진 곳에서 온 '이민자'였다.

"이곳에 와서 적응하는 데 어려움이 많았습니다." 안젤로가 회상한다. "모두들 심하게 대했지요." 돌리아니에서는 주로 돌체토를 재배했기에 제페는 네비올로에 대한 경험이 전혀 없었다. 포도밭 관리인 루이지 카발로는 조금도 봐주지 않고 호통을 쳤다. "아주 작은 부분까지도 지노의 방식을 그대로 따라해야 했어요. 그런대로 익숙해질 때쯤 되니 지노는 더 빨리 하지 못한다고 화를 냈습니다."

이제 일흔 살이 된, 얼굴에 세월의 풍파가 새겨져 있는 제페는 다른 세상으로 향하는 문을 열고 있다. 거실의 침잠한 고요 속에서 텔레비전만이 지금이 현재라는 것을 말해준다. 여기저기에 현재와는 동떨어진 과거의 유물들이 흩어져 있다. 성모의 초상, 한 장의 빛바랜 가족사진.

안젤로는 앉아서 안부를 묻는다. 그리고 찾아온 용건을 꺼낸다. 제페가 입을 연다. 무슨 말을 할는지 기다려진다.

"제페는 일할 때 말고는 집 밖으로 나가지 않아요." 구이도가 말한다. "채소밭을 가꿀 때와 일요일 미사는 예외지요."

"포도밭에서도 말 많은 젊은이와 짝이 되면 힘들어합니다. 제페는 하루 종일 두세 마디만 중얼거릴 뿐 다른 사람 얘기를 듣는 것도 고통스러워하지요." 페데리코의 말이다.

제페는 제2차 세계대전 중 소련에 파병되었다. 발에 심한 동상을 입었고, 나머지는 상상에 맡긴다.

제페의 고향 돌리아니 출신의 가장 빛나는 동시대 인물로는 루이지 에이나우디Luigi Einaudi가 있다. 1948년 그는 새 공화국 헌법에 따라 이탈리아가 선출한 첫 번째 대통령이 되었다. 에이나우디는 1893년 랑게를 대표하는 사례로, 돌리아니 지역의 토지 소유권 배분에 관한 연구서를 출간했다. 프랑스 혁명의 영향으로 그곳에 일어난 변화는 훨씬 더 큰 토지가 남아 있던 프랑스만큼 효과적이지는 못했다. 이미 작게 배분된 토지가 판매 과정에서 대부분 더 작은 조각으로 나누어지게 되었으며, 많은 농부들이 아주 작은 땅을 가진 지주가 될 수 있었다. 에이나우디는 "돌리아니의 거의 모든 농가가 땅을 소유하게 되었고, 땅과는 뗄 수 없는 관계가 되었다"라고 썼다. 꿈만 같은 현실이었다.

제페는 느리게 산다. 쉼표가 공간을 채운다. 안젤로는 침묵을 존중하며 듣고, 단순한 말들의 의미를 소중하게 받아들인다.

1880년 이탈리아 농업에 대한 의정 보고서에 따르면 알바의 땅 중 97퍼센트가 소규모 자작농의 땅이었다. 그러나 역설적이게도 이런 상황이 시민사회의 발전에는 오히려 걸림돌이 되었다. 그들은 자급자족을 위해 견딜 수 없는 손실과 희생을 치러야 했다. 위생 상태는 엉망이었고 화장실이나 욕실이 따로 있는 집이 거의 없었다. 유리창은 깨진 채로 지냈다. 더울 때는 환기가 되어 다행이었으나 겨울에는 짚으로 창을 막고 지내야 했다.

당시 랑게의 농부들은 아이들을 학교에 보낼 생각이 없었다. 알바 시민 미켈레 코피노Michele Coppino는 초등학교 출석을 의무화하는 법안을 상정했고 의회에서도 통과되었다. 하지만 농부들은 아이들이 교육을 받는 것보다는 밭일을 돕는 것이 더 중요하다고 생각했다.

통계 수치는 딱딱하지만 설득력이 있다. 19세기 말 알바에서 태어난 아이들 중 4분의 1이 한 살 이전에 죽었고 3분의 1 이상이 열 살 전에 죽었다. 이 지역의 징병 거부율도 높아졌는데, 탈장(소년들이 무거운 짐을 지고 다녀 장이 당기는 병)이 많았기 때문이었다고 한다.

그 시대 농경학자들은 농부들을 '화난 벌목꾼'에 비유했다. 그들은 수확을 늘리기 위해 해마다 나무를 마구 베어내고 땅을 경작지로 만들었다. 포도 재배는 몇 배가 늘어났지만 판로를 찾기가 어려웠다. 농부는 포도를 말이나 소가 끄는 수레에 싣고 알바로 갔다. 시장에서 몇 시간 흥정을 하고 때로는 하루 종일 걸리기도 했지만, 결국은 중간상에게

본전도 건지지 못하고 넘길 때가 많았다.

제페의 말이 한마디씩 들린다. 아마도 그가 계속해서 전임으로 일하면 세금과 연금에 문제가 생긴다는 얘기인 것 같다.

많은 농부들이 소작농 신분에서는 벗어났지만 땅을 지키기가 어려워졌다. 빈티지가 좋지 않았던 해가 수년간 계속되었기 때문에 소농들의 저축은 메말라갔다. 에이나우디는 "농부들은 엄청난 이자를 지불하고 돈을 빌릴 수밖에 없었다"고 썼다. 1888년에는 돌리아니에서만 서른 명이 해외로 이민을 떠났다.

땅도 없고 이민도 못 간 농부들의 미래는 흐릴 수밖에 없었다. 다시 소작농이 될 수 있는 가능성조차 적었다. 세르비투servitù란 방이나 숙식을 제공받고 푼돈을 버는 중세식 농노를 뜻한다. 1954년에 발간된 베페 페놀리오Beppe Fenoglio의 단편 〈라 말로라La Malora〉는 소작농가에서 일하는 어린 농노의 삶을 그렸다. 소년은 자신의 땅 한 뙈기를 갖기 위해 열심히 저축했다. 소년은 늘 배가 고팠다. "점심과 저녁은 항상 말린 옥수수 죽이었다. 맛을 내기 위해 천장에 앤초비를 끈으로 달아놓고 비벼 가루를 넣었다. 앤초비 모양이 다 닳아 없어져도 며칠을 더 계속했다."

제페는 이제 역사 속으로 사라진 세월의 황혼녘에 앉아 있다. 안젤로는 고개를 끄떡인다. 심각한 표정이다.

"그냥 지내시고 적든 많든 원하는 만큼만 일하세요." 안젤로가 제안한다. 그는 한참을 기다리다 방을 다시 둘러본다. "이 집은 여기에 머무는 동안 언제까지라도 당신 집입니다."

안젤로가 자리에서 일어나 문 쪽으로 향한다.

"천천히 생각해보세요." 그가 제페의 손을 잡으며 말한다.

집으로 돌아오는 길에 안젤로는 길이 꺾이는 곳에서 잠시 멈춰선다.

"이건 기적이야."

안젤로는 다르마지 포도밭 위쪽을 보고 있지만 그가 감탄하는 대상은 카베르네 포도나무와 도로 사이에 있는 한 조각 작은 땅이다. 제페의 채소밭이다.

"이런 험한 땅에서 채소가 어떻게 자라는지 모르겠네요."

안젤로는 거의 꿇어앉다시피 한다. 토마토부터 상추와 피망, 콩 등 모든 작물이 훌륭하다.

식품의 역사도 와인의 역사만큼 복잡하다. 토마토보다 더 이탈리아적인 식품이 있을까? 그러나 토마토는 16세기 중반에야 남아메리카에서 건너왔으며, 그 후 200년 동안은 이탈리아에서 그리 많이 심지도 않았다. 폴렌타polenta라는 옥수수 죽은 랑게에서 거의 의례적으로 먹는 음식이지만, 옥수수도 강낭콩이나 피망처럼 이탈리아가 콜럼버스에게 빚진 작물이다.

"이 텃밭을 가꾸기 위해 얼마나 참고 기다렸겠어요!" 안젤로의 목소리가 높아진다. "제페는 늘 밭일을 하고 있어요. 토끼 배설물도 모아 유기물 비료로 씁니다. 그보다 훨씬 더한 일도 있어요." 그가 미소 짓는다. "제페는 식물들과 대화를 한답니다. 그가 원하는 열매를 맺도록 주문을 걸지요."

안젤로는 골똘히 생각에 잠겨 있다. 경외심을 느끼는 것일까? 이 장면은 굉장히 상징적이다. 브리코는 예사로운 곳이 아니다. 모두들 형제애로 묶여 있다. 카베르네와 피망, 서로 다른 작물이지만 같은 땅에서 자라는 형제들이다. 제페는 채소에게 거는 주문을 당연히 포도나무에게도 걸 것이다.

안젤로가 언덕 위의 집을 향해 성큼성큼 걸어 오른다. 그 모습을 보니 브리코의 주인인 안젤로도 이민자의 자손이라는 사실이 믿기지 않는다.

안젤로가 웃는다. 그는 증조부 선대의 족보를 추적하려고 했으나 성공하지 못했다. 1859년에 와이너리를 설립한 선조는 바르바레스코 출신이 아니었다.

"어딘지 모르는 곳에서 홀연히 나타난 것 같아요. 아마 로에로Roero에서 왔는지도 모르죠."

로에로 지역은 여기서 얼마 떨어지지 않은 타나로 강 건너편에 있다. 그러나 당시 농부들에게 강은 국경선과 같았다. 강 건너편의 로에로는 돌리아니보다 더 먼 곳이었다.

안젤로는 벌써 집에 돌아와 있다. 언덕 오른편 남향받이에는 카베르네와 함께 1헥타르쯤 되는 네비올로 밭이 있다. 브리코 언덕은 생각보다 넓은 곳 같다. 이곳에는 원주민도 충분히 살 수 있는 공간과 시간이 존재한다. 보스턴의 비콘 힐에는 과연 원주민이 얼마나 살까?

1989. 8. 10

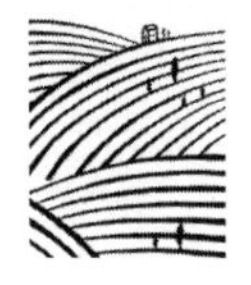

포도송이 솎기

"올해도 어김없이 그날이 찾아왔네요." 페데리코가 말한다.

성 로렌조는 항상 그의 축일에 선물을 보낸다. 포도 색깔이 변하여 성숙한 홍조를 띠는 날이다. 프랑스에서는 인바이아투라invaiatura, 베레종véraison이라고 한다. 예부터 '성 로렌조의 눈물'이 오늘 밤 별이 되어 떨어진다고 전해온다. 이날 밤에는 하늘에서 내려오는 투명한 별빛과 땅 위의 홍조 띤 포도송이들이 어우러지는 황홀경이 연출된다.

마을의 남서부 전선은 조용하지만, 페데리코는 오늘도 특별한 날에 찾아오는 성인에게 경의를 표하며 여전히 이곳을 지키고 있다.

"작년 이맘때는 여기저기서 포도가 약간씩만 변색하기 시작했는데 올해는 베레종이 거의 끝났어요. 산 로렌조에서는 포도 색깔이 전부 변하는 데 한 열흘쯤 걸립니다. 그러니 작년보다 한 주쯤 빠른 셈이죠."

페데리코의 비행기 비유에 따르면 지금은 비행기가 하강을 시작하는 시점이다. 포도나무는 신진대사의 기어를 '성장'에서 '성숙'으로 전환한다. 다른 과일과 채소도 마찬가지지만, 완숙의 가장 뚜렷한 표시는 색깔 변화다. (고추도 전부 색깔이 변한다. 초록색 고추는 수송과 저장이 쉽도록 일부러 색깔이 변하기 전에 땄을 뿐이다.)

색깔의 변화는 엽록체를 둘러싼 막이 약해지는 현상으로, 다른 색소를 가리고 있던 강한 초록색 색소가 효소의 작용으로 파괴되기 때문에 일어난다. 산은 줄어들고 당분은 늘어나며 아로마도 향상된다.

포도나무가 성장을 멈춤에 따라 부드러운 새 가지는 단단해지고 목질화된다.

1978년 바르바레스코가 뛰어난 빈티지가 된 데에는 숨은 요인이 하나 있었다. 이전 해의 날씨가 좋지 않아 많은 어린 가지들이 성숙하지 못했고 따라서 그해의 수확량이 자연히 줄어든 것이다. 가지의 성숙을 아고스타멘토agostamento라고 한다. '8월에 일어난다'라는 뜻의 이름이다. 페데리코는 9월 중순인데도 새 가지들이 그대로 초록색으로 남아 있던 1984년의 어느 포도밭을 기억한다. "사람들은 줄기가 충분히 성숙해야 다음 해에 수확이 가능하다는 사실을 잘 모릅니다."

지난달 페데리코는 산 로렌조에서 할 일이 그리 많지 않았다. 포도밭에는 벌써 황산구리를 뿌렸고, 얕게 갈아엎은 땅은 성 로렌조가 지켜주고 있었다. 바로 다음 날 6밀리미터가량의 약한 비가 조금 왔고 그 이후로는 비가 오지 않았다.

페데리코와 작업반은 메를로 송이 솎기를 위해 7월 말 이곳 마주에에 왔다. 1985년에 메를로를 심기 전에는 이 밭에서 네비올로를 재배했지만 흙이 산 로렌조보다 훨씬 깊어 포도나무만 자라고 열매가 완전히 익는 때가 없었다.

포도송이 솎기를 '그린 하비스트'라고 하는데, 재배자가 수확량을 줄여 품질이 우수한 포도를 얻는 방법 중 하나다. 산 로렌조에서는 포도나무가 아직 어렸던 1960년대 후반에 두어 번 송이 솎기를 했다. 그때는 지금처럼 가지치기를 짧게 하지 않아 포도송이가 너무 많이 열렸다.

"당시에는 수년간 날씨가 안 좋았기 때문에 와인이 썩 좋지 않았어요." 안젤로가 말한다. "하지만 송이 솎기를 하지 않은 밭보다는 더 빨리 익었습니다."

송이 솎기도 짧은 가지치기와 마찬가지로 일꾼들의 저항을 불러일으켰다. 안젤로는 아직도 루이지 라마의 불평 소리가 귀에서 웽웽거린다고 한다.

페데리코는 보다 최근의 경험을 얘기한다.

"작년에 일꾼 두어 명을 다른 포도밭에 송이 솎기 하러 보냈어요. 일꾼들은 가지를 묶고, 포도나무 아래를 깨끗이 치운 후 포도는 한 송이도 솎지 않고 그냥 왔답니다." 그는 잎을 몇 장 떼어낸다. "그들의 기분은 이해합니다. 정말 배고픔이 무엇인지 아는 가정에서 자랐거든요. 송이 솎기는 죄악에 가까운 낭비입니다."

페데리코는 필요할 때 송이 솎기를 한다. 그러나 보르도의 최상급 포도밭에서 일상적으로 행하는 송이 솎기에 대해서는 회의적이다.

"마치 신문에 가장 크게 보도되기를 바라며 서로 경쟁하는 것처럼 보인다니까요."

실제로 포도밭에는 믿을 수 없을 정도의 폭력이 난무한다. 생산량 감소를 위해 수없이 잘려나간 포도송이들이 전쟁터의 시신같이 땅에 널려 있다. 메독과 그라브 포도밭의 대학살이다!

"포도송이가 반 이상 제거되었다는 기사도 납니다. 정말 엄청난 양이죠!" 페데리코는 소리 산 로렌조의 포도나무 이랑을 가리키며 흥분한다. "우리가 송이를 반 이상 제거한다면 포도밭이 어떻게 될지 상상해보세요. 그건 뭔가 잘못된 겁니다. 송이 솎기는 특별한 경우에만 해야 하며, 일상적인 일이 아니라야 합니다. 포도나무의 수세를 줄이고 가지치기를 정상적으로 했다면 할 필요가 없는 거지요."

페데리코는 파셋 언덕 쪽을 응시하며 눈부신 해를 가린다.

"보르도의 포도밭은 틀림없이 건강 상태에 문제가 있을 겁니다."

포도나무의 건강에 문제가 있다? 나무 스스로를 위해서나 포도를 위해서나 너무 건강하면 안 된다? 그의 선언이 불길하지만 그는 더 이상 말을 잇지 않는다.

수확량 문제는 와인 왕국에서 가장 민감한 논쟁거리다. 하지만 두 가지 사실은 분명하다. 하나는 수확량이 많아지면 고급 와인에서 기대하는 농축된 포도를 얻지 못하게 된다는 점이고, 또 하나는 세계 어느 곳에서나 수확량이 늘어나고 있다는 점이다. 1986년 보르도의 수확량은, 기록적으로 높았던 1982년의 수확량보다 3분의 1이 더 늘었다. 수확량이 점점 줄어들었던 1950년대나 당시 표준 수확량보다 더 적었던 1961년과는 정반대의 추세이다.

전문가들도 수확량의 상한선에 대해서는 의견이 일치하지 않는다. 빈티지와 포도밭, 품종에 따라 다르다. 화이트 와인이 레드 와인보다는 수확량에 따른 품질 변화가 덜한 듯 보이며, 피노 누아보다 카베르네가 영향을 덜 받는다. 생산자나 평론가에게는 수확량이 흥미로운 논쟁거리가 될 수 있지만, 그 문제를 머리로 이해해야 할 필요는 없다. 결과는 와인잔에서 바로 느낄 수 있기 때문이다.

바르바레스코와 바롤로는 헥타르당 8톤의 포도(최대 5600리터 정도의 와인)로 수확량을 관리한다. 대부분 고급 생산자는 헥타르당 4000리터가 고급 와인에 적당하다고 생각한다.

"산 로렌조에서는 확실히 그만큼 수확하지는 않습니다." 페데리코가 포도나무에서 잎을 몇 장 떼어내며 말한다.

"하지만 수확량을 과도하게 줄이면 부정적인 결과를 낳기도 합니다. 포도나무는 몇 개 달려 있는 송이에다 온갖 양분을 다 쏟아 넣지요. 가뭄이 심할 때 어떤 일이 일어나는지가 좋은 예가 됩니다."

날씨가 너무 덥고 건조하면 포도나무는 스트레스를 받는다. 스스로를 보호하기 위해 칼륨을 과잉 섭취하게 된다. 그러면 주석 침전물이 증가하고 주석 덩어리가 결정을 형성해 문제가 된다.

어떤 경우든 가뭄과 더위는 피할 수 없는 난관이다. "겨울에 눈이 거의 오지 않거나 여름 내내 오늘처럼 덥고 비가 오지 않으면 곤란해집니다."페데리코가 걱정스레 말한다. "지구 온난화 현상이 영구적이 아니기를 기원해봅시다."

페데리코의 걱정은 이 지역 재배자들이 늘 하는 걱정이다. 하지만 과거에도 늘 날씨 타령을 해왔으니 크게 상심할 일은 아니다.

판티니는 1890년대에 정반대의 경고를 했다. "1883년 이래로 포도가 완전히 익은 해는 1887, 1892, 1894년 3년뿐이었다. 계절에 변화가 온 것 같다. 포도에는 별로 바람직하지 못한 현상이다. 이렇게 수년 동안 날씨가 계속 좋지 않으면 네비올로처럼 매우 까다로운 품종은 잘 익지 못하게 되고, 결국 이 품종이 사라지게 될지도 모른다."

계절이 뒤죽박죽이었던 듯하다.

"수년 동안 알 수 없는 심각한 환경적 요인으로 계절이 변한 것 같다. 3, 4월에 때 이른 더위가 계속되어 포도나무의 성장을 촉진하기도 하고, 5, 6월 기온이 눈에 띄게 내려가기도 한다. 지난 수년간은 강우량도 들쑥날쑥했다. 예전에는 좁은 지역에 드물게 쏟아지던 우박이나 돌풍도 지금은 더 잦아지고 강해졌다."

반세기 뒤 아스티 연구소의 위대한 와인 연구자 가리노카니나Garino-Canina는 1947년 수확 후 "지난 몇 년간 강수량이 점점 줄어들었고 여름과 가을의 기온이 높아졌다"고 기록했다. 보르도에서는 훌륭한 빈티지였던 1945, 1947, 1949년이 매우 건조하고 무더운 해였다.

페데리코는 손수건을 꺼내 얼굴을 닦는다. 7월 중순부터 무더위가 계속되었다. 평균 온도가 27도에 가까웠고 높은 날은 32도가 넘었다. 7월 22일에는 최고 기온이 38도로 올라갔고 지금은 32도이다.

성 로렌조는 이 정도 더위로 괴로워하지는 않을 것이다. 요리사와 소방사의 수호성인인 그는 박해자의 불길 속에서 순교했다고 전해진다. 4세기의 기독교 작가 프루덴티우스Prudentius와 동료 성인들은 그의 불굴의 정신과 함께 유머 감각을 강조했다. 그의 상징물은 불판이다. 화형을 당하는 와중에도 그는 사형 집행인에게 "이제 한쪽은 구워졌으니 뒤집어서 굽지요"라고 말했다고 한다. 분명히 이 성인은 포도밭에서도 가끔씩 익살스럽게 대처할 것이다. 유머가 나쁠 이유도 없고, 신성모독도 아니라는 것을 성인은 알고 있다. 진정한 예배는 겉치레가 중요하지 않은 법이다.

"7월 후반에는 날씨가 이상했어요." 페데리코가 말한다. "덥고 후덥지근했지요. 이런 기후에는 회색 곰팡이가 혀를 날름거립니다."

페데리코는 포도를 살핀다. 껍질만 온전하다면 포도알은 안전하다. 페데리코는 티놀라의 침입은 막았지만, 방어 태세를 조금도 느슨하게 풀지 않는다.

"이제 포도가 익기 시작했으니까 더 말랑해지고 상처도 입기 쉬워요. 말벌이 단맛에 끌려 포도 껍질을 뚫고 들어가기도 합니다."

그는 잎을 쓰다듬는다. “포도나무가 괴로워하기 시작하네요.” 가뭄이 심각하다. 바르바레스코 시장은 주민들에게 잔디에 물 주는 것 등을 금하고 꼭 필요한 곳 외에는 물을 아끼라고 공지했다.

“지금은 가벼운 소나기가 내려야 해요. 그보다 많이 오면 오히려 포도에 손상이 갑니다.” 비가 많이 오면 포도나무의 신진대사가 다시 활성화되고, 포도알이 팽창하여 상처가 더 쉽게 난다.

“모래땅에서도 잘 자라고 수세가 덜한 바르베라보다 네비올로는 가뭄을 더 탑니다. 이 포도들은 지금 위대한 와인을 만들기 위해 기아와 생존 사이에서 줄타기를 하고 있어요. 만약 수확 때까지 균형을 잘 잡아 줄타기에 성공한다면 잊지 못할 위대한 와인이 될 겁니다.”

포도밭 시인의 시상은 끝이 없다. 고귀한 네비올로는 이제 곡예사로 변했다. 더구나 안전망도 없이 공중에서 줄타기를 한다. ‘관개’라는 안전망은 법적으로 금지되어 있다.

“아슬아슬한 줄타기를 상상만 하지 않아도 됩니다. 바로 볼 수 있는 곳이 있거든요.” 다시 언덕으로 올라가며 그가 말한다. 페데리코는 차에 올라 잠깐 운전하더니 다른 언덕 쪽으로 내려가는 흙길에 차를 멈추고 포도밭으로 들어간다.

“이 포도나무들을 보세요.”

나무에 포도송이는 많지만 포도알이 몇 개씩만 색깔이 변했다. 그 외에는 그의 밭과 별로 다를 바가 없다. 티놀라 알 같으면 확대경으로 보이겠지만, 줄타기는 티놀라와는 다른가 보다.

페데리코는 언덕을 몇 걸음 더 내려가 다른 이랑으로 간다.

“어때요?” 그가 묻는다.

포도나무가 균형을 잃고 시들었다. 창백한 초록색 잎은 빈약하고 쭈

글쭈글하다. 가지도 포도처럼 성장을 멈추었다. 포도나무는 굶주림으로 괴로워하고 있다.

"물 부족으로 심각한 스트레스를 받았어요."

이 포도나무들은 모두 언덕을 따라 내려오는 약간 볼록한 등뼈 같은 능선에 자리 잡고 있다. 주인이 다르다. "산등성이의 흙은 침식 작용 때문에 매우 얕아요." 페데리코가 설명한다. "여기는 흙을 덮고 있는 풀들을 그대로 두었는데 처음 본 포도밭은 땅을 갈아엎었어요. 그 점이 다릅니다."

1988년 봄, 포도밭 이랑을 덮은 풀들은 빛나는 갑옷을 입은 기사와도 같았다. 토양을 보호하고 흙의 구조를 지켜냈다. 하지만 1989년의 초원에는 빛도 영광도 없다. 풀들은 포도나무에서 귀한 수분을 훔쳐가는 목마른 도둑일 뿐이다.

"풀 속의 뱀을 조심하세요!"

이번에는 언덕을 건너갔다. 여기에도 풀이 자라고 있지만 포도나무는 균형을 잃지 않고 있다.

"저 시든 밭과 주인이 같지만 땅이 다릅니다. 이곳은 지형이 오목하기 때문에 흙이 더 깊어 풀이 자라도 되지요. 두 밭을 각기 다른 방법으로 관리했어야 합니다."

풀은 포도나무로 가는 수분을 빼앗기도 하지만 토양이 수분을 흡수하도록 돕기도 한다.

"1년 내내 피복 식물이 있는 경우 포도밭 토양의 구조가 향상된다는 연구 결과가 최근 랑게에서 나왔습니다. 특히 건조한 계절에 잘 견디고요. 하지만 그때그때 달라요. 수분이 충분했던 1980년에서 1985년까지는 성장 기간에도 계속해서 풀을 키울 수 있었습니다. 그러나 작년과 올해처럼 여름에 비가 아주 적은 해에는 더워지기 시작하면 바로 풀을 뽑아야 합니다."

피복 식물을 키우는 또 다른 중요한 이유가 있다. 해충의 천적이 풀 속에 서식하며 해충을 잡아먹는다. 또 피복 식물이 없으면 경쟁 상대가 없는 유해한 잡초들이 마구 퍼지기도 한다. 전체적으로 보면 풀은 효용 가치가 있는 셈이다. 하지만 그때그때 다르기 때문에 균형을 잃게 하지 않는 것만이 최선의 방법이다.

페데리코는 풀에 너무나 민감해서 풀이 자라는 소리마저 듣는 것 같다. 풀은 영웅의 역할도, 악당의 역할도 동시에 할 수 있다. 포도밭 감독만이 포도밭 드라마의 해피엔딩을 연출할 수 있다.

돌아오는 길에 페데리코가 현재 상황을 정리해준다.

"만약 산 로렌조에서 풀을 갈아엎지 않았다면 지금쯤 저쪽 시든 나무들처럼 포도나무들이 바싹 말랐을 겁니다. 균형도 잃었을 거고요."

물론 끝까지 잘 갈 수 있을지는 대부분 날씨에 좌우된다. 날씨는 변덕스러워서 고보네에서는 홍수가 나고 바르바레스코에서는 가뭄이 드는 등 전혀 예측할 수가 없다. 특히 무서운 건 페데리코가 언급조차 하기 싫어하는 우박이다. 지난 7월 22일 아스티 지역을 강타한 우박은 그의 부모님 농장 작물을 몽땅 망쳤다.

산 로렌조에는 가뭄에도 포도나무가 잘 견딜 수 있는 땅이 있다. 미사와 특히 점토는 수분을 보존해줘 좋은 빈티지를 기대하게 해준다. 메독 지역에서도 건조한 해에는 마고Margaux의 가벼운 토양보다 생테스테프Saint-Estèphe와 같은 무거운 토양에서 더 좋은 와인이 생산된다.

다음은 포도나무의 수령이다. 나이 든 나무는 어린 나무보다 뿌리가 하층토까지 깊이 내려가 석회석이나 깊은 땅에 스며든 수분을 잘 섭취할 수 있다.

"뿌리를 봐야 합니다!" 페데리코가 차에서 내리며 소리친다. "미세하게 갈라진 석회석 틈새로 얇은 종이를 조심스럽게 끼워 넣은 것처럼 뿌리가 비집고 들어갑니다. 죽은 포도나무를 뽑아보면 뿌리 길이가 4미터도 넘어요."

페데리코는 작은 새집처럼 보이는 것이 있는 곳으로 걸어간다. 그의 '기상대'이다. 그 속에는 온도와 강우량을 기록하는 기계와 그래프가 있다. 그는 기다란 종이를 꺼내어 자세히 살펴본다.

"일교차가 14도에서 16도로 고르네요." 그가 환히 웃는다.

밤이 서늘하면 식물의 호흡 작용이 줄어든다. 광합성으로 생성된 당분이 포도나무의 호흡에 적게 쓰이는 만큼 포도알에 더 많이 축적된다. 더우면 아로마와 사과산도 급격히 소진되지만, 서늘하면 포도알에 저장된다. 포도 껍질도 강해지고 색깔도 짙어진다.

마지막으로, 무엇보다 중요한 것은 페데리코의 손길이다. 끊임없이 잎을 돌보며 부지런히 움직이는 그의 손이다.

산 로렌조의 포도나무는 성 로렌조 축일인 오늘 더욱 성스럽게 보인다. 줄타기하듯 가고 있는 이 길보다 더 쉬운 길도 더 좁은 길도 없다. 고난의 길을 갈 수밖에 없지만 성 로렌조처럼 굽히지 않고 나아갈 것이다. 이 포도나무들은 흔들리지 않는다.

1989. 9. 22 오전

수확 시기

"21.5."

포도나무 속에서 목소리가 들려온다. 한줄기 빛이 굴절계의 렌즈에 묻은 포도즙을 비춘다. 과즙은 물보다 밀도가 높아 빛이 통과하면 광선의 방향이 바뀌고 그림자가 생긴다. 구이도는 기구를 들여다보며 그림자 줄에 표시된 숫자를 읽는다.

"19 조금 위."

구이도는 포도밭을 이리저리 다니며 포도를 따서 굴절계에 짜 넣고 빛을 비춘다.

"23."

그가 계속 소리치는 숫자는 굴절계의 눈금 수치다. 19세기 오스트리아의 바보Babo가 발명한 기계다. 미국에서는 브릭스Brix, 프랑스에서는 보메Baumé, 독일에서는 왹슬레Öchsle라고 부른다. 뭐라고 부르든 간에 포도알에 함유된 당분의 양을 측정하는 것이다. 당분의 차이에 따라 그림자의 수치가 달라진다. 당분이 많을수록 과즙의 밀도가 높아지고 빛의 굴절이 커진다.

구이도는 포도나무 고랑을 이리저리 다니며 무작위로 포도를 딴다. "22.5." "21." "한 송이의 포도에도 똑같은 포도알은 없다." 프랑스의 철학자이자 수학자인 파스칼이 17세기에 쓴 글이다. 그렇게 서로 다른 포도에서 대표적인 샘플을 찾아야 한다니! 구이도는 이달 초부터 수시로 당도를 조사해왔다.

포도밭에서는 포도나무의 위치와 송이 위치, 또 같은 송이에서도 포도알의 위치에 따라 서열이 정해진다. 송이의 위쪽에 가까울수록, 그리고 송이가 포도나무 밑동에 가까울수록 당분이 많다. 오전에 햇빛을 받아 수분이 증발한 후 오후에 당도를 재면, 오전보다 당도가 좀 더 높아진다.

구이도는 포도알이 몇 개 없어진 송이를 자세히 살핀다. "새가 먹었나 봅니다. 진흙에 새 발자국이 남아 있네요."

8월 10일부터 8월 말까지는 7월 하순처럼 더웠다. 그리고 8월 27일에는 폭풍이 덮쳤다. 바르바레스코 이곳저곳을 강타한 우박은 성 로렌조가 막아 다행히 그의 포도밭은 큰 피해를 입지 않았다.

"하지만 곳곳에 포도나무가 쓰러졌어요." 구이도가 말한다. "모두 원상태로 복구하는 데 이틀이나 걸렸습니다. 파요레 같은 포도밭은 더 높이 있고 더 드러나 있어 산 로렌조보다 훨씬 피해가 컸어요."

9월 첫째 주에는 아주 약한 비가 계속되었다.

"약간 뿌리는 정도였지만 포도나무의 갈증 해소에는 큰 도움이 되었습니다." 구이도가 미소를 지으며 말한다.

비바람과 함께 열기도 차츰 식기 시작했다.

"9월의 시작은 오히려 10월 같았습니다. 안개가 낮게 끼고 공기는 차

가운 가을 날씨였지요. 이른 아침에는 모두들 스웨터를 입었어요."

포도는 조금 더디게 익었지만, 지금은 2주일 넘게 날씨가 따뜻하고 해가 난다.

"아직까지는 예상보다 앞서가고 있고 조숙한 해라 할 수 있어요."

구이도는 포도송이를 응시하며 엄밀하게 조사를 한다.

"10년 전인 1979년이 생각납니다. 우리는 훌륭한 와인을 만들었지요. 처음부터 균형이 잡혀 있었어요. 포도는 건강했지만 그해에는 비가 조금 많이 왔기 때문에 포도송이가 이보다는 큰 편이었습니다. 하지만 그게 정상이고 이 포도송이가 작은 편입니다."

가뭄 때문에도 차이가 나타난다. 가지치기를 할 때 같은 수의 눈을 남겨도, 포도나무가 수분을 흡수하는 정도에 따라 수확량은 3분의 1 혹은 그 이상으로도 달라진다. 8월 중순 이래 소리 산 로렌조에는 비가 25밀리미터밖에 오지 않았다.

구이도는 손으로 포도송이를 감싸 쥐며 마치 귀한 보석을 전시하듯 보여준다.

"정말 부드러워 쓰다듬고 싶어져요. 표면에 은색으로 보이는 것은 과분입니다."

그가 포도알을 딴다. "손으로 으깨보세요."

껍질은 두껍고 즙은 소량이지만 진하고 끈적거린다.

"색깔이 벌써 나오지 않나요? 포도가 좋은 편입니다."

구이도는 일에도 신중을 기하지만 말도 가볍게 하지 않는다. 그에게 '좋다'는 말은 '아주 좋다'는 의미로, 그의 어휘 중에서는 강하고 고귀한 말이다. 결코 과장된 말이 아니다. 진실되고 관대한 칭찬이다.

줄타기 광대는 마침내 해냈다.

구이도는 해마다 연이어 빈티지가 좋아 감탄한다. "그렇지만 조심스레 행운을 빌어야지요. 1970년대와 같은 실수를 되풀이해선 안됩니다." 그는 잠시 쉬며 포도 맛을 본다. "그때 많은 재배자들이 지역도 품종도 잘못 선택했다는 것을 깨달았지요. 전혀 맞지 않는 곳에 네비올로를 심은 사람들이 있었어요. 지역의 한계는 빈티지가 좋지 않을 때 나타납니다." 그는 언덕 아래쪽에 있는 계곡을 향해 손짓한다. "이렇게 좋은 해에는 저 아래쪽에서도 네비올로를 재배할 수 있습니다."

그의 눈빛이 갑자기 꿈꾸는 듯 변한다.

"1970년대의 몇 해는 수확이 참으로 비참했습니다. 덜 익은 포도를 따든지, 포도가 익을 때까지 기다려 상한 포도를 따든지, 둘 가운데 하나였지요."

수확 때문에 비탄에 젖은 때도 있었다. 100여 년 전인 1884년 9월 21일, 알바 포도재배양조학교 원장이었던 도미지오 카바차는 "올해는 정말 재난의 연속이었고, 포도나무의 병충해가 마치 대서사시 〈일리아드〉를 보는 것만 같았다"라고 위로하며 강연을 시작했다.

페로노스포라 위기는 극에 달했고 전염성도 강했다. 지난 성장 기간 동안 가지가 충분히 성숙하지 못해 많은 눈이 움트지도 못했다. 카바차는 "심한 추위와 폭우 뒤에 극심한 가뭄이 이어졌다. 개화기의 수정은 빈약했고 우박과 오이듐, 티놀라 유충 탓에 손상도 심각했다"고 했다.

만약 구이도가 지금 그 학교로 돌아가 같은 주제로 강의를 한다면 사뭇 다른 목소리로 시작할 듯하다. 올해 날씨는 좋았고 페데리코의 방어부대 역시 임무를 완수했다. 구이도는 자유롭게 수확일을 선택할 수 있을 것이다.

놀랍게도 수확일은 아무런 근거 없이 임의로 결정되기도 한다.

독일 라인가우 지역의 1775년산 쉴로스 요하니스베르크Schloss Johannisberg는 역사적인 와인으로 기록되었다. 훌륭한 와인이기도 했지만, 그 배후의 일화가 계속 회자되기 때문이다. 그해 가을 포도는 이미 익었으나 포도밭 관리인은 언제 수확할지 지시를 기다리고 있었다. 포도밭 주인인 수도원장은 말을 타고 일주일이나 가야 하는 곳에 살고 있었다. 시종이 허락을 받아왔을 때는 너무 늦어서 포도가 전부 부패한 것처럼 보였다. 하지만 이 포도가 감미로운 전설의 스위트 와인을 탄생시켰다. 이 곰팡이를 독일어로는 에델포일레Edelfäule, 영어로는 노블 롯이라고 부르게 되었다.

근 2세기 후에 또 다른 레이트 하비스트late harvest 와인이 대서양을 건너 태평양 연안에 출현했다. 1968년에 미국에 있는 마야커머스Mayacamas 와이너리의 와인 메이커는 잘 익은 포도를 수확해야 했는데 발효 탱크가 전부 꽉 찬 상황이었다. 셀러에 더 이상 공간이 없어 계속 오르는 당도를 지켜보며 기다릴 수밖에 없었다. 결국 포도는 과숙했고 알코올 도수 17.5도의 드라이 진판델이 되었다. 수확일은 이렇게 사소한 문제 때문에 지연되기도 한다.

구이도가 웃는다. "어디에서나 있는 일입니다. 나 자신도 어떻게 해야 할지 이리저리 재거든요."

선택의 폭은 그리 넓지 않다.

"이렇게 껍질 상태가 좋을 때는 비가 며칠 오더라도 상할 염려는 없습니다."

가을 날씨는 워낙 예측하기 어렵다. 전통적인 관행은 포도가 완전히 익지 않아도 안전할 때 수확하는 것이다. '조기 수확 예찬론'은 에밀 페이노의 흥미로운 논문 제목이다. 재배자는 이런저런 이유를 댄다. "일기예보가 좋지 않아. 너무 늦기 전에 빨리 수확해야 해." 다음 해에는 "예보가 좋아. 날씨가 좋을 때 수확해야 해." 하지만 날씨만이 유일한 핑계는 아니다. "외지에서 오는 일꾼들이 내일 도착하기로 되어 있어." "샤토 ○○는 내일 시작한대. 우리도 항상 같은 날에 수확했거든." 이유는 끝이 없다.

그러나 날씨가 아주 좋은 때도 비에 대한 공포심은 배제할 수 없다. 프랑스의 1964년 빈티지는 와인 왕국의 명예의 전당을 향하고 있었다. 8월에 프랑스 농무장관은 놀랄 만한 와인이 만들어질 것이라고 발표했다. 포므롤과 생테밀리옹은 실제로 그랬다. 그 지역의 중요한 포도인 메를로가 조생종이었기 때문이다. 카베르네 소비뇽 지역인 메독에서는 무슨 일이 일어났을까? 와인을 시음해보면 알 수 있다. 포이약 지역의 두 귀족, 라투르와 무통 로칠드를 하나씩 맛보자.

그해 메독의 날씨는 10월 8일까지 좋았으나 다음 날부터 하늘이 열리고 2주일간 비가 쏟아졌다. 라투르는 그때 이미 수확을 끝내 황홀한 와인을 만들었다. 하지만 무통 로칠드는 좀 더 익을 때까지 기다리다 바로 비를 맞아 와인을 망치게 되었다.

구이도의 선택 기준은 무엇일까?

"아! 조금만 더 알 수 있다면! 정말 생각해야 할 문제가 많아요."

그러나 결국에는 몇 가지 결정적 요인이 최적의 균형을 이루는 순간을 선택해야 한다.

"옛날에는 단지 포도의 모양과 맛만 보고 결정했습니다. 그러다 당도를 측정하기 시작했는데, 오랫동안 당도가 수확 시기를 결정짓는 유일한 기준이었지요." 구이도가 애매하게 웃는다. "하지만 만약 당분만 필요하다면 사탕무로도 와인을 만들 수 있지 않겠어요? 그건 또 재배하기도 쉽습니다!"

옛날에는 당분 함량에 따라서 포도 가격이 결정되었다. 그래서 거칠고 알코올 도수가 높은 와인이 많았다. 이탈리아에서는 병입하지 않은 와인을 손님이 가져온 용기에 담아 팔았는데, 알코올 도수에 따라 값을 매기곤 했다. 포도 품종이나 포도밭, 생산자 등은 따지지도 않았다. 알코올이 전부였다.

구이도가 언덕을 어슬렁거리며 내려간다. 포도를 따서 자세히 보고 으깨어본다. 밑동에 가까운 송이의 제일 위쪽 포도 한 알과, 가지 끝에 달린 송이의 아래쪽 포도를 딴다.

"1960년대부터 와인 메이커들이 산도에 관심을 가졌어요. 최근에는 껍질의 성숙도와 페놀 함량에도 주의를 기울입니다." 그는 하던 일을 멈추고 손을 닦는다. "하지만 당도가 오르면 결국에는 다른 지수도 따라 오르게 되어 있습니다."

네비올로라는 이름은 수확기에 늘 자욱하게 끼는 안개nebbia에서 유래한 듯하다. "네비올로는 10월 말, 때로는 11월에 수확한다. 그때 랑게 언덕은 두텁고 신비한 안개로 둘러싸인다." 최근 발간된 이탈리아 와인에 관한 책에 나오는 글이다. 하지만 구이도가 일한 이래로 소리 산 로렌조에서 가장 늦었던 수확일은 1978년의 10월 17일이었다. (가야 와이너리의 네비올로 중에서는 소리 산 로렌조를 항상 제일 먼저 수확한다.)

"일반화하기 어려워요." 구이도가 덧붙인다. "1949년에는 9월 28일에 폰타나프레다 와이너리에 가서 포도를 판매한 대금을 받았다고 아버지가 말씀하셨던 기억이 납니다. 수확은 적어도 열흘 전인 9월 중순에 했다는 말이지요. 아주 늦은 수확은 옛날식 포도 재배 관행 때문이라고 볼 수 있습니다. 황산구리를 많이 뿌리면 포도나무의 성장이 늦어집니다."

잘 익은 포도를 수확하는 것만이 능사가 아니다. 때로는 덜 익어야 좋을 때도 있다. 1978년에는 포도가 성장하는 시기에 비가 잦고 추웠다. 하지만 가을에는 화창한 날이 끝나지 않을 것처럼 계속되었다. 안젤로와 구이도는 소리 틸딘의 수확을 연기하여 11월 20일까지 기다리기로 했다.

"다른 이유보다 그저 보여주고 싶었던 이유가 제일 컸지요." 구이도가 고백한다. "포도가 예전 같지 않다고 늘 얘기하는 노인들에 대한 도전이었습니다. 그분들은 항상 만성절인 11월 20일이 지나서야 수확을 했다는 둥 불평이 많았지요. 우리는 '와서 직접 보세요'라고 당당하게 말하고 싶었습니다. 물론 포도에서 최대한 많은 것을 얻어보고 싶기도 했고요."

그것은 큰 사건이었다.

"우리는 '아직 수확하지 않았음'이라는 팻말을 세워야 했어요. 사람들이 수확하고 남은 포도인 줄 알고 따가는 것을 막기 위해서였지요."

젊은 날의 치기 어린 실수였지만 구이도는 참회한다.

"포도는 물론 과숙했어요. 대단한 와인이 될 거라고 기대했지만 10년이 지나도 아직 거칠고 단단합니다. 열 명이 시음하면 여덟은 얼굴을 찡그려요."

소리 산 로렌조의 경우에는, 빨리 수확한 포도로 만든 와인이 늦게 수확한 와인보다 더 유연하며 색깔도 짙고 부케가 섬세했다. 포도 껍질도 더 단단했다. 사과산의 함량이 많아 말로락트 발효가 끝난 후 젖산으로 변하면 더 부드러워졌다. 구이도가 직접 체험한 사실이다.

"과거에는 지식도 부족하고 일찍 수확할 용기도 없었습니다. 날씨가 좋으면 조금이라도 더 기다렸다 수확하는 것이 당연하다고 생각했지요."

구이도는 돌아서서 언덕 위로 올라간다. "포도를 실은 트럭과 와이너리에서 만나기로 약속했어요." 그가 미소 짓는다.

바르베라 한 트럭이 방금 와이너리에 도착했다. 구이도는 셀러 계단으로 달려가기 전에 페데리코와 상의한다.

다른 포도들은 이미 활주로에 내려앉았는데, 산 로렌조의 포도는 아직 하강을 시작하지 않았다. 구이도는 8월 중순에 조생종 품종부터 견본 추출을 했다. 베르니노 지역의 소비뇽이 9월 5일에 먼저 착륙했다. 구이도는 관제탑에서 모든 착륙 요청을 관리해왔다.

와이너리에는 경보기가 없지만 수확이 시작되면 비상경보가 계속해서 울리는 것만 같다. 대기는 흥분에 휩싸이고 긴장감이 돈다. 마당은 오가는 차들로 분주하다. 새로운 얼굴이 등장하고 새로운 목소리가 들린다. 수확을 하려면 임시 고용인이 필요하다. 마당에서는 작전 회의가 끊이지 않는다. 하늘은 비가 올까 걱정하며 응시하는 눈동자들을 자석처럼 끌어당긴다. 때로는 안개가 낀 것처럼 마당이 뿌옇지만, 그건 스팀으로 수확 도구들을 구석구석 청소하느라 그런 것이다.

무작정 결정을 내릴 수는 없다. 구이도는 여러 포도밭의 사정을 고려하고 일꾼 상황도 참작한다. 하지만 아무리 활주로 위의 교통 상황이 혼잡할 때라도 소리 산 로렌조의 포도는 결코 배회하며 기다리지 않는다. 우선 착륙권이 있기 때문이다. 유일한 경쟁자는 소리 틸딘과 코스타 루시이지만 항상 더 늦게 수확하기 때문에 문제가 없다.

페데리코는 구이도와 밀담을 나눈 뒤 차에 뛰어오르며 새 소식을 전한다. 내일은 소리 산 로렌조의 날이다!

"물론 저분의 허락이 떨어져야 합니다." 페데리코는 안젤로의 사무실 쪽으로 고개를 돌리며 말한다. "만약 그 편이 낫겠다고 생각하면 안젤로는 크리스마스 때까지라도 포도를 그냥 달아두라고 할지 몰라요."

페데리코의 차가 마당을 빠져나간다.

"내일 아침 일곱 시 반에 시작합니다." 그가 소리친다. "이슬이 내리지 않으면요."

1989. 9. 22 오후

와인 양조의 과학

"아브라카다브라!" 모두들 한마음으로 수확일의 행운을 빈다. 그들은 "내일 만나요!"라고 외치며 하나둘 마당을 빠져나간다.

구이도는 바르바레스코에서 3킬로미터쯤 떨어진 남쪽의 언덕 막바지에 차를 세운다. 집이 보이는 도로 끝 타오르는 모닥불 근처에 세 사람의 모습이 보인다. 김이 나는 두 개의 큰 솥을 저으며 서 있다.

"이건 바르베라예요." 구이도의 부인 마리아 그라지아Maria Grazia가 솥을 가리키며 말한다. "저건 돌체토고요."

아직 어린 두 아이가 마리아를 돕고 있다. 실비아Silvia는 유치원에 다니고 엔리코Enrico는 초등학생이다. 마리아는 알바에 있는 병원에서 간호사로 일하고 있다. 음식과 청소 등 집안일을 다하며 언제 쿤야를 만들 시간이 있을까? 랑게의 여자들은 여가가 무언지 모르고 사는 것만 같다.

집은 과일 나무와 꽃과 잔디로 둘러싸여 있다. 텃밭도 있다. "텃밭은 보지 마세요. 올해는 아예 가꾸기를 포기했습니다." 구이도가 웃으며 말한다. "제페가 와서 좀 봐주면 좋을 텐데요!"

구이도는 스웨터를 가지러 집 안으로 간다. 낮 동안은 제법 더웠지만 지금은 벌써 서늘하다.

"포도 수확에는 좋은 날씨입니다. 생생한 포도를 딸 수 있어요."

마을 위로 가야 와이너리의 크레인들이 오래된 탑과 함께 우뚝 솟아 있다. 바르바레스코 마을의 하늘은 낮과 밤을 가르는 황혼녘의 빛으로 충만하다. 여름의 마지막 빛일까? 가을의 시작을 알리는 빛일까?

구이도가 와인 두 병을 들고 나온다. 샤르도네는 지금 마시고 돌체토는 나중에 마시자고 한다. "나무 향이 아직 나지만 곧 균형이 잡힐 겁니다." 그가 정원 의자에 앉아 한 모금 들이키며 말한다.

안젤로처럼 구이도도 와인에는 이중 잣대를 갖고 있다. 바깥에서는 와인에 엄격하지만 집에서는 무심하고 관대하다. 집에서 마시는 와인은 가족이라는 직물 속에 씨줄과 날줄로 짜인 한 가닥 실처럼 얽혀 있다.

해마다 수확기가 다가오면 구이도는 다이빙 장비를 갖추고 깊은 스트레스의 바다에 빠진다. 하지만 지금은 수면 위로 잠깐 떠오르는 순간이다.

그가 웃는다.

"물론 포도밭이 하나뿐이고, 포도 품종도 두어 종뿐이라면 일이 훨씬 수월하겠지요. 그래도 수확이 올해같이 순조롭게만 진행된다면 힘들지는 않습니다. 하루 일이 끝나면 이렇게 긴장을 풀고 쉴 수도 있으니까요."

그는 하늘을 올려다본다.

"그러나 비가 오면 일이 복잡해집니다. 수확 날짜를 미루고 다시 조정하기는 어렵거든요."

지금은 그런 걱정들이 저 멀리 밀려간 듯하다. 지는 해가 은은한 불꽃놀이로 황혼의 감미로운 순간을 장식한다. 황금색으로 물든 언덕 가운데 바르바레스코가 빛나는 구릿빛 자태를 자랑한다.

"이런 날씨에는 영혼이 다시 살아나는 것만 같아요." 그가 생기를 되찾으며 말한다. "이제 곧 한 해 동안 했던 일의 결과가 드러납니다. 산 로렌조의 탐스런 포도를 보면 그 모든 고생도 보람으로 느껴지지요."

구이도의 미소에 장난기가 서려 있다.

"포도가 좋으면 와인 만드는 일이 훨씬 재미있답니다. 와인은 두 종류밖에 못 만들거든요. 좋은 와인이거나 나쁜 와인이거나 둘 중 하나지요. 포도가 안 좋으면 기대도 하지 않습니다."

구이도가 늘 말하듯 와인 양조의 바이블은 아직 완성되지 않았다. 세월이 지나도 이는 변치 않는 진리일 것이다. 샤토 라투르의 포도밭 관리인이었던 라모스Lamothe는 1816년에 "자연이 좋은 포도를 주지 않으면 인간은 그 부족함을 채울 수 없다. 결코 평범한 와인 이상을 만들 수 없다"고 썼다.

구이도는 과연 1989년산 소리 산 로렌조의 포도로 어떤 와인을 만들까? 포도가 와인이 되는 과정은 여전히 온갖 신비로 가득 차 있는 변신이며 커다란 불가사의다.

"보는 관점에 따라 다르지요." 구이도가 말한다. "와인 양조가 결코 신비로운 일은 아닙니다." 그는 부엌에서 바쁘게 일하는 마리아 그라지아를 향해 고개를 돌리며 말을 잇는다. "와인 메이커는 요리사와 비슷합니다. 그런데 요리사는 매일 시험해볼 수 있지만, 우리는 1년에 한 번밖에 기회가 없습니다. 요리사는 결과를 알기 위해 수년을 기다릴 필요도 없지요. 하지만 부엌에서도 음식을 만들려면 와인을 만들 때처럼 화학적 성질을 어느 정도 알고 있어야 합니다. 재료의 화학적 성질은 요리의 맛과 색깔, 질감 등에 영향을 줍니다. 열은 화학 반응을 촉진시키고, 차게 하면 반응이 느려집니다. 요리사가 가스레인지나 냉장고 같은 가전제품을 사용하듯이 와인 양조에도 기술과 기계가 필요합니다."

구이도는 잠깐 쉰다. 꿈속에 잠긴 듯한 표정이다. 자신이 전문 요리사가 된 환상이라도 보고 있는 걸까? 인근의 코스틸리올레에 구이도라는 유명한 레스토랑이 있긴 하다. 구이도 리벨라가 직접 운영한다면 미쉐린 별점이 따라붙을지도 모른다.

"고기 한 덩이를 가지고 할 수 있는 요리 종류를 생각해보세요! 굽기도 하고, 볶거나 삶기도 하고, 통째로 익히기도 하고, 잘게 썰 수도 있습니다. 몇 분 더 조리할 수도 있고 덜 할 수도 있어요. 소금을 넣을 수도 안 넣을 수도 있고. 하지만 그건 피상적인 일부에 불과합니다! 와인도 마찬가지입니다. 모든 것이 디테일에 달려 있어요."

구이도는 포도를 어떻게 으깰 것인가에서부터 언제 어떻게 병입할 것인가까지 디테일에 매달린다.

"디테일에 따라 와인의 향미가 달라집니다. 같은 와인을 각기 다른 통 두 개에 넣어보세요. 두 개의 다른 와인이 됩니다."

디테일은 사람을 현혹시키기도 하고 현기증을 일으키게도 한다. 구이도는 샤르도네 한 잔을 더 마시고 정신을 가다듬더니 다시 설명을 이어간다.

"물론 제아무리 훌륭한 요리사라도 결국 원재료의 품질을 뛰어넘을 수는 없습니다. 새 오크통을 사용하거나 약간의 당분을 첨가해서 와인의 결점을 가릴 수 있듯이, 요리사도 진한 소스로 결점을 가릴 수는 있지요. 하지만 결코 훌륭한 요리는 안 됩니다. 와인 메이커도 요리사처럼 그해에 그 땅에서 수확한 재료를 가장 우선시합니다. 제 일도 주어진 포도에서 최선을 이끌어내는 것이고요."

구이도는 테이블 위의 포도 그릇으로 손을 뻗어 포도알 하나를 뗀다. 그리고 손가락으로 즙을 짜낸다.

"이 껍질을 씹어보세요. 껍질 부분에 와인의 향미와 구조를 만드는 모든 요소가 있지만, 씁쓸하고 떫은맛이 많습니다. 와인에 좋은 물질만 추출하고 나머지는 버리는 것이 어려운 과제지요."

마리아가 부엌문에서 머리를 내민다. 저녁 식사가 준비되었나 보다.

음식이나 음료 중에도 와인과 유사한 과정을 거치는 것이 많다. 빵이나 맥주, 치즈, 요구르트 등이다. 이들은 모두 발효의 산물이다. 어떤 의미에서는 식재료의 부패를 잘 이용하여 만든 음식물이라 할 수 있다.

"와인 메이커가 해야 할 일은 필요한 과정은 북돋고 불필요한 과정은 줄이는 겁니다. 하지만 포도에서 최선의 것을 얻어내려면 종종 위험도 감수해야 합니다."

그는 시름에 잠긴 듯이 샤르도네를 마신다.

"와인 양조가 우리가 어렸을 때와 비교하면 얼마나 많이 달라졌는지, 젊은이들은 믿기 어려울 겁니다. 단지 새로운 품종을 재배하기 때문만이 아닙니다. 물론 옛날에도 훌륭한 와인이 생산되었지만 우연히 자연 조건이 맞아떨어졌을 때뿐이었지요. 그러나 지금은 그 과정을 더 잘 이해하게 되고 어느 정도 통제할 수 있는 기술이 있습니다. 옛날에는 모든 일이 운에 달렸다고 생각했어요. 옛날에는 운명이라 생각했던 질병을 지금은 예방하거나 치료할 수 있는 것과 마찬가지입니다."

과거의 와인 양조에 대한 구이도의 이야기는 2000년도 더 전에 소크라테스가 요리에 대해 한 말과 비슷하다. 플라톤의 《고르기아스》를 보면, 소크라테스는 "요리법이란 일상적으로 일어나는 일을 기록한 것이다. 그런 결과를 일으키게 되는 이유를 모르기 때문에, 반복을 통해 기교를 획득할 뿐이다"라고 했다. 와인 양조에 대한 구이도의 생각 역시 대화를 바탕으로 한 소크라테스의 철학적 사고법과 유사하다. 철학자-선생은 산파와 같다. 철학자는 대화자의 마음속에 이미 태아처럼 자리잡고 있는 생각을 끄집어내도록 돕는 역할을 한다. 와인 메이커는 와인의 탄생을 돕는 산파이다.

구이도의 말에는 오랜 경험(벌써 스무 번째 수확이다)에서 나오는 조용한 확신과 겸손이 배어 있다. 또한 열정도 있다.

그는 자연과 과학이라는 두 개의 우상 중 어느 하나만 숭배하지는 않는다. 완벽한 통제가 가능하리라는 환상에도 빠지지 않는다. "그건 와인의 종말을 의미합니다." 파리 한 마리 해치지 못하는 구이도가 와인을 대량 학살할 리가 없다. 그러나 그는 자연 상태로만 쉽게 만든, 결점 많은 와인을 수없이 맛보았다. 포도밭에서만 아니라 셀러에서도 자연 상태로 두어서는 안 되며, 항상 과학적 지식이 필요하다는 것을 잘 알고 있다.

바깥 공기는 서늘하지만 구이도의 열정적인 강의가 몸을 데운다. 하지만 와인 초심자라면 여전히 의문이 들 수 있다. 와인이란 대체 무엇인가? 그리고 실제로 어떻게 만들어지는 것인가?

한 사전에 따르면 와인은 "발효된 포도 주스"이다. 그리고 발효는 "당분이 이스트에 의해서 알코올과 이산화탄소로 변환되는 것"이다. 와인을 만드는 방법은 단순하기 짝이 없다. 실제로 너무 쉬워서 미국의 금주법 시절에는 많은 미국인이 와인을 직접 만들게 되었다.

1920년에 금주법이 시행되기 이전에는 화물차 1만 3,500대분의 와인용 포도가 캘리포니아에서 동부로 수송되었다고 한다. 그러나 금주법이 시행 중이던 1926년에는 그 양이 다섯 배로 늘어났다. 기차 화물칸에는 붉은 스티커가 붙어 있는 수많은 통들이 쌓여 있었는데, 스티커의 내용은 다음과 같았다.

"경고! 이 통에는 발효되지 않은 포도 주스가 들어 있습니다. 이스트를 넣지 마십시오. 통을 따뜻한 곳에 두지 마십시오. 그러면 포도 주스가 발효되어 와인이 됩니다."

스티커는 와인 만드는 법에 대한 간략한 안내였다. 포도 주스와 이스트, 따뜻한 장소만 있으면 된다. 정말 쉽다.

구이도가 웃는다. "그건 1학년 과정입니다."

2학년 과정에서는 2차적으로 중요한 몇 가지를 더 가르친다. 이산화탄소가 공기 중으로 날아가면 스틸 와인이 되고, 와인에 남아 있으면 스파클링 와인이 된다. 적포도 껍질을 주스와 함께 발효시키면 레드 와인이 되고, 껍질을 제거한 적포도나 청포도로 발효시키면 화이트 와인이 된다.

"그건 아직도 기초 과정입니다." 하지만 구이도가 소리 산 로렌조의 포도가 어떻게 와인으로 변하는지를 세세히 설명하기 시작하자 따라잡기가 어려워진다. 그는 집으로 들어가 1,000쪽이 넘는 책을 가지고 나왔다.

와인 만들기가 간단하다고? 정말? 생물학! 화학! 방정식! 그 외 특수 용어들은 또 어떻고? 해당반응이나 탈탄산반응이 발효된 포도 주스와 무슨 연관이 있단 말인가? 구이도는 초심자가 들어본 적은 있지만 이해하지는 못하는 난해한 용어들을 사용한다. 산화와 환원, SO_2와 CO_2

그리고 pH까지. pH는 '리터당 수소 이온 농도를 역수의 상용로그 값으로 표시한 것'이다. pH를 이해하려면 Ph.D가 있어야 하는 걸까?

한 가지는 분명하다. 바로 와인 생성 과정의 열쇠는 발효에 있다는 점이다. 1989년산 소리 산 로렌조는 두 종류의 발효를 거친다. 각기 너무 작은 생물체가 발효를 유도하기 때문에 확대경으로 봐도 보이지 않는다.

"양조학은 미생물의 과학입니다." 구이도가 말한다. 그는 이스트와 박테리아에 대해서 설명하며 종과 속을 이야기한다. 쉬조사카로미세스 폼베*Schizosaccharomyces pombe*라고 들어본 적이 있는가? 류코노스톡 메젠테로이데스*Leuconostoc mesenteroides*는? MIT를 다닌 게 아니라면 양조학은 포기하는 편이 좋을 것이다!

구이도는 윙크를 하며 안심시킨다.

"그런 단어들은 일을 실제보다 더 복잡해 보이게 만듭니다. 사실 내가 하는 일은 그렇게 어렵지 않아요. 살펴보기만 하면 됩니다. 이스트가 잘 활동하고 있는지 박테리아가 제 구실을 하는지 등등을요."

구이도는 보이지 않는 도우미들을 거느린 감독관 같다. 산타클로스와 도우미들이 하는 일과 비슷하다. 그림자가 길어지고 어둠이 내리자 구이도는 변신한다. 현미경 세계의 도우미들을 불러내는 전설 속 감독관의 눈이 빛나고 생기가 돈다. 그들은 지금 거의 20년간 이 일을 함께 해왔다. 안젤로 렘보가 포도나무와 얘기하고 제페가 채소와 얘기하는 것처럼 그 역시 보이지 않는 작은 생물체들과 대화를 나눌까?

"이런 일을 하는 '좋은' 이스트가 있고 저런 일을 하는 '나쁜' 이스트가 있어요." 그는 또 선과 악에 대해 가르친다. "그들은 주어진 환경에서 최선을 다해 일합니다." 구이도는 그들과 공감한다. 하지만 그의 고백 속에는 알 수 없는 두려움이 서려 있다. 도우미들이 통제를 벗어날 때, 즉 이스트가 파업을 한다든지 박테리아가 난동을 부릴 때 어떤 일이 일어나는지 잘 알기 때문이다.

구이도의 설명을 듣다 보니, 아득한 옛날부터 와인을 만들어온 나라에 그의 직업을 일컫는 적합한 단어가 없다는 것이 믿기지 않는다. 전통적으로 와인 양조는 다른 농사와 같은 농업 활동으로 여겨졌고, 특별한 기술이 필요하지 않다고 생각되어 왔다. 농부가 감자를 심고 건초를 걷는 것처럼 와인도 농부가 만든다. 그도 그런 일을 하는 '농부'였다.

호칭이 모든 걸 나타내지는 않지만 또 의미가 없는 것도 아니다. 지금 구이도의 공식 호칭은 에노테크니코enotecnico, 에노테크니션enotechnician, 즉 와인 기술자이다! 입에서 결코 쉽게 나오는 단어가 아니다. 입 안에서 맴도는 단어다. 이 직업을 발음하기 좋도록 '에놀로지스트enologist'(양조학자)로 바꾸자는 움직임도 있다. 하지만 이 역시 그리스어인 데다 영어권은 물론 이탈리아인에게도 외국어라 더 나은 것 같지도 않다. 언어와 와인에 관심 있는 어느 누구의 눈과 귀에도 거슬리는 단어이다. 그러면 작가는 로고테크니션logotechnician(언어 기술자)이나 로골로지스트logologist(언어학자)라고 불러야 하나?

구어인 데다 포괄적이고 이 일에도 맞는 것 같은 영어 단어가 있다. 구이도는 '와인 메이커', 와인을 만드는 사람이다.

그러나 쿤야 솥 아래 석탄이 타고 하루의 마지막 햇살이 바르바레스코를 황홀하게 연출하는 이런 마술적인 순간에는 그보다 좀 더 나은 이름이 있었으면 하는 생각에 잠기게 된다. 와인의 경이로움과도 잘 어울리고, 구이도의 마법에 걸린 요정 같은 모습에도 걸맞은 그런 이름 말이다. 신비로운 와인 나라에서라면 구이도는 마법사로 통할 것이다.

《이상한 나라의 앨리스》를 쓴 도지슨Charles Lutwidge Dodgson이 루이스 캐럴이란 필명으로 영원히 기억되듯이, 프랜시스 에설 검Frances Ethel Gumm이 언제나 〈오즈의 마법사〉의 주디 갈런드Judy Garland이듯이, 무지개 너머 어딘가에서는 구이도도 와인 나라의 마법사로 기억될 것 같다.

1989. 9. 23.

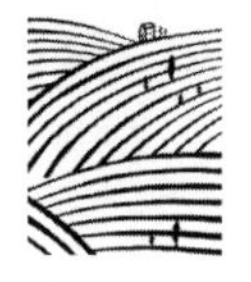

포도 수확/클론 선택

페데리코가 고개를 끄떡인다. 공식 발표다.

"이슬이 내리지 않았군요." 그는 와이너리 마당에 서 있는 사람들에게 알린다. "곧 출발합니다."

이슬이 내렸다면 두어 시간 더 기다려야 했을 것이다.

"사실 심리적인 걸림돌입니다. 이슬 몇 방울이 실제로 와인을 바꾸지는 않아요. 하지만 어느 누구라도 이슬 맺힌 포도를 따려고 하면 망설일 겁니다."

대부분 친근한 얼굴들이다. 이곳에서 1년 내내 일하는 포도밭 일꾼들의 얼굴이 보인다. 피에로는 벌써 스물여섯 번째 수확이다.

마을 사람들의 얼굴도 보인다. 누구의 부인, 누구의 남편, 아랫동네에 사는 소녀 등. 그러나 전혀 못 보던 사람들도 있다.

페데리코의 부모도 있다. 그들은 곧 가야 포도밭이 내려다보이는 세라룽가의 집으로 이사할 것이다.

어머니는 베레모를 쓰고 있지만 구멍이 숭숭한 밀짚모자도 갖고 왔다. "만반의 준비를 하는 게 좋아요." 이른 아침의 공기는 가을날의 서늘함이 느껴지지만, 여름날이 떠나는 발걸음을 조금 늦추고 있는 듯하기도 하다.

"힘내세요!" 일꾼들이 포도밭으로 출발하자 페데리코가 옷을 가볍게 입은 초보자들에게 말한다. "이 정도 서늘한 날씨는 길조입니다."

소리 산 로렌조의 정상은 와이너리에서 걸어서 몇 분 걸리지 않는다. 토리노 길 초입까지 걸어 내려가 1번지에서 우측으로 꺾어 세콘디네 Secondine라는 표지판 방향으로 100미터쯤 가면 왼편 입구에 도착한다. 포도밭을 지나지 않고 언덕 아래로 바로 가려면 루이지 카발로의 집에서 아래쪽으로 계속 내려가면 된다. 마주에 언덕과 파셋 사이의 계곡으로 향하여 타나로 강으로 내려가는 길이다.

몇몇 포도나무의 잎은 색깔이 약간씩 변하기 시작했다. 아직도 초록색 잎들이 생생한 곳은 땅이 조금 더 깊어 양분이 많은 곳이다. 하지만 어쨌든 포도는 이제 생의 막바지에 도달했다.

"오케이." 페데리코가 웃으며 말한다. "아, 오해는 마세요. 이건 불시착이 아니라 기름이 떨어져가는 겁니다." 시인의 비행기 비유는 여전하다.

간혹 특수한 상황이 생기면 페데리코는 일꾼들에게 수확에 관하여 세세한 지침을 내린다. 포도가 고루 익지 않았을 때(개화기가 길어진 경우)에는 포도밭을 한 번 이상 오가야 한다. 이달 초에는 브리코의 샤르도네 포도밭 이곳저곳에서 상한 포도송이를 골라냈다.

"그때 포도밭 전체를 수확해버려도 괜찮았지만 구이도는 며칠 더 두면 좋을 거라 판단했지요. 하지만 곰팡이가 핀 포도는 더 번지기 전에 따야 합니다."

오늘 일꾼들에게 내린 특별 지시는 언덕 아래쪽에서는 포도를 골라 따라는 것이다. 그쪽은 땅이 조금 더 깊고 습하며 포도나무도 햇볕을 약간 덜 받는다.

"미묘한 차이가 납니다. 위와 중간 구획은 눈을 감고 따도 됩니다."

최초의 송이가 잘리며 수확이 착착 진행된다. 그러나 겨울 가지치기와는 가위 소리가 다르다. 앙상한 겨울의 금속성 가위 소리가 아니다. 무성한 잎들이 부드럽게 감싸는 감미로운 가을의 소리다.

수확은 모두 손으로 한다. 눈에 보이는 기계라고는 포도를 실어 나르는 트랙터뿐이다.

"말조심해야 합니다." 페데리코가 경고한다. "안젤로에게 기계 수확을 건의하려면 목숨을 걸어야 할걸요."

기계 수확에는 장점이 있다. 특히 평지에서는 일을 수월하게 할 수 있고, 더운 곳에서는 시원한 밤에 수확을 할 수 있어 좋다. 일을 빨리 끝낼 수 있고, 경제적으로도 부담이 적다.

그러나 기계로 수확을 하려면 포도를 기계에 맞추어 심고 관리해야 한다. 그리고 기계는 손이 거칠기로 악명이 높다. 네비올로 포도송이는 가지에 단단하게 붙어 있어 기계로 따려면 나무를 죽도록 뒤흔들어야만 한다.

"기계 수확은 크게 퇴보하는 겁니다." 안젤로가 화난 목소리로 말한다. 이는 황소자리 남자를 격노하게 만드는 주제다. "포도를 조심히 다뤄야 한다고 일꾼들에게 얼마나 오래 가르쳐왔는데요!"

안젤로는 수확 기계가 감히 넘어설 수 없는 품질 한계선을 그어놓았다.

"기계는 생각을 못 합니다. 어떻게 기계가 포도를 선별할 수 있겠어요?" 그가 흥분한다.

손 수확은 포도를 선별하여 딴다는 의미이기도 하다.

페데리코는 약간 시든 송이 하나를 떼어낸다. "시든 송이도 두 종류를 구별해야 합니다. 하나는 햇볕을 잘 받아 시든 송이로, 이처럼 포도가 달아요." 그는 송이에서 포도알을 하나 떼어 맛본다. "또 하나는 가지가 손상되어 시든 송이로, 포도가 익지 못하고 신맛이 남아 있어요. 그런 송이는 수확하면 안 됩니다."

안젤로 렘보는 송이에 약간 곰팡이가 핀 포도를 가리킨다. "이곳에서 처음 수확한 날 안젤로는 계속 잘 익고 건강한 포도만 따라고 지시했습니다. '상한 포도로는 상한 와인밖에 만들 수 없다'고 되풀이해서 말하던 때가 기억나요." 그는 상한 포도알을 떼어내고 나머지 송이를 상자 속에 넣는다. "그런데 이곳 재배자들은 대부분 그러지 않습니다." 그가 한마디 덧붙인다. "어떤 이는 곰팡이가 와인 맛을 더 좋게 한다고도 한답니다!"

옆 고랑의 일꾼이 포도나무 사이로 소리 지른다. "상한 포도를 상자에 넣다니요! 그건 성스러운 것과 세속적인 것을 함께 섞는 것과 같아요!"

상자는 플라스틱으로 만든 것이다.

"물론 옛날 광주리보다 예쁘지는 않지만 훨씬 위생적입니다. 광주리는 소독하기가 정말 어려워요." 페데리코가 말한다.

청포도를 수확하는 데 사용하는 상자는 이곳 소리 산 로렌조 상자보다 깊이가 더 얕다.

"청포도는 껍질이 약해 상처가 쉽게 나거든요."

포도가 너무 많이 쌓이면 아래쪽 포도가 으깨지면서 모두가 두려워하는 파경이 시작된다. 구이도가 말하는 포도에 붙어 있는 '나쁜' 이스트는 껍질이 파열되면 재빨리 과즙에 침투할 기회를 노린다. 그러면 포도송이는 와인의 탄생을 도와줄 산파도 없는 위험한 상황에 직면하게 된다. 포도가 와이너리라는 안전한 병원에 도착하기도 전에 발효의 산고가 시작되기를 그 누구도 바라지 않을 것이다.

"그뿐만이 아닙니다." 페데리코가 덧붙인다. "포도가 산화될 위험도 도사리고 있어요."

와인과 산소의 관계는 복합적이다. 와인은 산소를 필요로 하지만 산소 때문에 심각한 손상을 입을 수도 있다. 부드럽게 만지는 손이 일격을 가할 수도 있고 비수를 꽂을 수도 있다. 특히 시작과 끝, 즉 수확할 때와 마지막 병입할 때가 가장 위험하다.

날씨가 더우면 출산의 위험이 가중된다. 따라서 수확일에 날씨가 쌀쌀하면 걱정을 덜게 된다.

페데리코의 부모는 사탕 가게에 풀어놓은 아이들처럼 들떠 있다. "전에 여기 포도 이야기를 들었어요. 하지만 눈으로 직접 봐야 믿을 수 있지요!" 아버지가 흥분한 목소리로 이야기한다. 어머니는 웃으며 고개를 끄떡인다.

일꾼들은 라 푼타la punta라 부르는 언덕진 구획을 수확하며 서서히 아래로 이동한다. 항상 이 구획의 포도를 제일 먼저 수확하여 발효시키고 숙성도 따로 시킨다. 인접한 구획인 소토 일 코르틸레sotto il cortile도 마찬가지다. 이 두 밭의 와인을 블렌딩할지 말지는 구이도와 안젤로가 나중에 결정할 것이다.

같은 포도밭에서 구획마다 수확을 따로 하면 와인이 달라질까? 이 질문은 와인에 대해 더 많은 생각을 하게 한다.

프랑스 소설가 스탕달이 1837년 부르고뉴에서 있었던 저녁 식사에 대해 쓴 글이 있다. 그날 저녁 대화의 유일한 주제는 부르고뉴의 유명 포도밭 클로 드 부조Clos de Vougeot의 포도 수확에 관한 이야기였다. 포도밭을 가로지르며 수확을 하느냐, 아니면 언덕 위에서 아래로 내려오며 하느냐 하는 문제였다. 그리고 그날 저녁에 나온 와인도 두 가지 예를 보여주는 1832년산과 1834년산 와인이었다. (스탕달은 항상 저녁 식사의 주 메뉴로 올랐던 지루한 정치 이야기보다는 훨씬 밝고 즐거운 대화였다고 회고했다.)

'꼭대기'라는 뜻의 라 푼타는 삼각형 모양의 구획이다. 한쪽 변은 타나로 강의 옛 나루터에서 마을로 올라가는 길인 스트라다 몬타에 면해 있다. '마당 아래'라는 뜻의 소토 일 코르틸레보다 침식이 더 쉽게 된다. 토양이 약간 더 얕고 점토가 더 적다. 그래서 물이 잘 빠지는 반면 흡수력은 약간 덜하다. 1987년에 비가 엄청나게 왔을 때에도 라 푼타에는 잘 농축된 포도가 열렸다. 소리 산 로렌조 1987년산은 온전히 이 밭의 포도로만 만들었다.

"올해는 소토 일 코르틸레 포도도 아주 좋은 와인이 될 수 있을 겁니다." 페데리코가 말한다.

이탈리아에는 번역의 어려움을 나타내는 말이 있다. "번역자는 반역자다Traduttore, traditore." 번역자는 원문을 배신하기 일쑤다. 하지만 프랑스 작가 콜레트Collette가 말했듯이, 포도나무는 토양의 미묘한 뉘앙스를 포착해 포도로 옮기는 가장 성실한 번역자다. 같은 포도밭에서도 포도나무마다 송이와 포도알의 크기가 약간씩 다르다.

올해 가야 와이너리에서 처음 수확한 베르니노 지역의 소비뇽 포도밭에는 토양이 훨씬 더 깊은 곳이 있다. 포도나무를 심기 위해 땅을 고르면서 흙이 많이 쌓인 곳이다. 그곳 포도나무는 주변 나무들보다 수세가 강하며 열매가 천천히 익는다. 9월 5일 수확을 시작했을 때 그 밭의 포도는 아직도 초록색이었고 소비뇽 블랑의 특징인 풀 향이 강했다. 그곳 외에는 포도가 익어 노랗게 변했고 더 복합적인 향미가 있었다. 클로 드 부조 같은 유명한 포도밭도 재배 환경이 다양하여 전체 밭 중에서 일부 작은 구획에서만 최상급 포도가 열린다. 하지만 클로 드 부조보다 훨씬 작은 포도밭이라도 포도가 모두 같지는 않다.

"아!" 페데리코가 감탄과 탄식이 뒤섞인 목소리로 외친다. "정말 안젤로는 할 수만 있다면 포도를 이랑마다 따로 따서 와인을 만들려고 할 겁니다!"

그는 잠시 멈추고 포도와 함께 상자에 들어간 잎 몇 장을 추려낸다.

"포도의 차이는 토양 때문이기도 하지만 포도나무에 따라서도 달라집니다."

그는 몇 발자국 더 아래로 내려간다.

"이 두 포도나무를 비교해보세요. 이 나무의 송이에는 곰팡이가 살짝 핀 부분이 있어요." 그는 상한 포도를 떼어낸다. "토양도 같고 손질도 같이 했지만 바로 옆 나무보다 포도송이가 더 촘촘합니다. 공기가 잘 통하지 않아 말벌이 껍질에 구멍을 내기라도 하면 습기가 약간만 있어도 곰팡이가 생길 수 있어요. 이 두 나무는 클론clone이 다릅니다."

클론? 대체 클론이 무엇이길래 다들 야단인 걸까?

'클론'은 왠지 불길하게 들리지만 클론은 '잔가지', 즉 식재나 접붙이기를 할 때 쓰는 가지를 뜻하는 그리스어에서 파생된 말이다. 그 의미는 명확하고 순수하기 그지없다. '동일한 조상에서 무성 생식으로 이어지는 유전적으로 동일한 생명체'이다.

포도나무 재배자도 정원사처럼 어떤 나무가 활력이 좋은지, 병충해에 면역력이 강한지 오랫동안 관찰한다. 옛날에는 포도밭에 식재를 할 때 가장 좋은 나무를 골라 꺾꽂이를 했다. 이 방식을 집단 선택massal selection이라고 한다.

클론 선택clonal selection은 이런 전통적 방식과 여러모로 다르다. 바롤로 지역 라 모라La Morra에 있는 토리노 대학의 실험용 포도밭에는 40여 종이 넘는 네비올로 클론이 있다. 이들은 여러 지역에서 온 표본이다. 멀리는 스위스 국경 근처인 롬바르디아 지역 발텔리나에서 온 클론도 있다.

초심자가 보기에도 차이가 한눈에 드러난다. 포도송이의 크기가 다르고 밀도도 다르다. 잎의 무성함에도 차이가 나며, 마디 길이도 다양하다. (식재 밀도를 높이려면 공간을 덜 차지하는 짧은 가지가 적합하다.)

각 클론을 두 개의 다른 대목에 접붙인다. 해마다 발아와 개화, 변색 날짜를 기록하고, 개화 시기의 수정 확률, 밑동의 직경, 수세, 병해에 대한 저항력 등 데이터를 만든다. 그리고 각기 다른 클론으로 와인을 만들어 결과를 비교한다. 실험이 끝나면 재배자들이 와인 만들기에 적합한 클론을 선택한다.

같은 품종에서도 클론의 차이는 매우 크다. 생산량이 세 배나 많을 수도 있다. 바로 옆에서 자라는 두 개의 포도송이도 당분 함량에 따라 알코올 도수가 2도까지 차이가 난다. 타닌과 색깔을 만드는 물질도 클론의 성질에 따라 달라진다. 한 가지 특성만 고려해 클론을 선택하면 문제가 생길 수 있다. 보르도에서는 1968년 빈티지가 곰팡이로 큰 피해를 입었다. 따라서 관계 기관에서는 1970년에서 1975년까지 곰팡이에 저항력이 강한 단 하나의 클론을 선택하여 재배하게 했다. 그 결과 포도가 거의 익지 않는 불행한 사태가 일어났다.

클론 선택은 독일에서는 19세기 후반, 프랑스에서는 1920년대, 이탈리아에서는 1960년대에 시작되었다. 본래 목적은 재배자들에게 건강한 포도나무를 공급하는 것이었다. 제2차 세계대전 이전 프랑스의 포도나무는 대부분 바이러스성 질병 때문에 생산량이 현저하게 줄었다. 유일한 치료법은 선택 과정에서 질병의 기미가 있는 클론을 엄격하게 가려내고, 온열 요법으로 바이러스를 죽이는 것이었다. 결국 활력이 강하고 생산성이 높은 포도나무가 전 세계 포도밭을 지배하게 되었다.

"목표에 부합하는 포도나무를 선택해야 합니다." 페데리코가 말한다. "하지만 위대한 와인이 목표라면 그런 클론으로는 만들 수 없습니다. 마치 최신형 페라리를 사서 도로가 형편없는 중세 마을의 좁은 골목길을 운전하려는 것과 같지요."

이제야 햇볕의 따스함이 느껴지기 시작하고 부드러운 바람이 분다. 한 일꾼이 뭔가 잃어버린 물건을 찾으러 다시 언덕 위로 올라간다.

"가야는 언제 여기에 리프트를 설치하려나?" 그가 숨이 넘어갈 듯 헉헉거리며 소리친다.

분위기가 흥겹다. 웃음이 이랑 사이로 파도친다.

포도를 실은 첫 트랙터가 떠날 채비를 한다. 좁은 길을 따라 천천히 움직이기 시작한다.

"이제 출발합니다!" 한 일꾼이 소리친다. 1989년산 소리 산 로렌조의 포도가 와이너리로 향한다.

페데리코는 웃으며 트럭을 향해 브이 사인을 한다. 수제자를 졸업시키는 헌신적인 교사의 기분과 같을 것이다. 그들은 언젠가 다시 만나겠지만 그 관계는 결코 예전과 같지 않을 것이다.

트랙터가 도로로 들어서기 전 언덕 기슭에서 잠시 멈춘다. "10분 내에 와이너리 도착이요." 젊은 운전기사가 소리친다.

오후의 뜨거운 햇살 아래 소 한 마리가 포도를 가득 실은 수레를 끌고 느릿느릿 지나간다. 이런 풍경은 지금은 상상조차 할 수 없다. 하지만 그렇게 먼 옛날 일도 아니다. 포도밭에서 와이너리로 가는 길에는 '황야의 무법자'들이 무방비의 역마차를 덮치려 호시탐탐 기회를 노린다. '나쁜' 이스트와 산소, 박테리아 등 온갖 불한당이 황금 같은 포도를 먹어치우기 위해 도사리고 있다.

길이 꺾이고 언덕 위로 오르기 시작한다. 포도는 어젯밤의 찬 기운 탓에 아직도 서늘하다.

트랙터는 브리코와 다르마지 포도밭 아래쪽을 지난다. 토리노 길 방향으로 들어서 '광장'을 질러 타운홀을 지난다. 36번지에서 비켜서며 큰 초록 대문 앞에서 경적을 울린다.

문이 천천히 뒤로 구르고 덜컹거리며 열린다. 트랙터가 들어선다.

소리 산 로렌조의 포도가 소리 산 로렌조 1989년산 와인으로 변하기 직전의 마지막 순간, 그 신비로운 변신을 상상해본다. 그러나 적어도 3년이 지나고 와인은 많은 변화 과정을 거친 후에야 세계 곳곳의 매장에 그 모습을 드러내게 될 것이다.

바르바레스코에서 생산되는 것 중에서 가격이나 인지도 면에서 와인에 버금가는 산물은 송로버섯뿐이다. 하지만 송로버섯은 자연에서 거저 얻는 선물이며, 파내고 씻어서 먹기만 하면 된다.

1989. 9. 23~10. 4

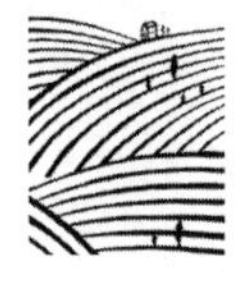

포도 파쇄/머스트

일꾼들에게서 포도를 건네받자마자 구이도는 페데리코가 넉 달 가까이 필사적으로 막아온 일을 시작한다. 바로 포도 껍질을 으깨는 일이다! 셀러 1층의 기계가 이 일을 한다.

왜 포도를 으깨야 하는 걸까?

구이도의 설명은 무미건조하다. 그는 일꾼들이 포도를 들여올 수 있도록 이제 막 입구를 여는 중이다. 물론 이 질문에 더 로맨틱하게 답할 수도 있다. 발효의 연인인 이스트와 당분을, 자연이 맺어주는 날짜보다 하루라도 더 빨리 만날 수 있도록 해주려는 것이다. 하지만 언제 만나든 간에 포도는 으깨져야 한다.

구이도는 주춤한다. 그는 와인에 대해서도 그렇지만 와인 양조 용어의 뉘앙스에도 민감하다. 으깬다는 말은 폭력적이다. 비폭력은 와인 메이커의 절대적 신조다. 그의 첫 번째 계명이다.

"오렌지를 짜듯 해야 합니다. 너무 세게 으깨면 껍질의 쓴맛이 과즙에 섞이게 되지요." 셀러에서 윙윙거리며 작동하는 기계를 제경 파쇄기라고 부른다. 와인 메이커처럼 적당한 이름이 없으니 하는 일 그대로 가지를 제거하고 파쇄한다는 이름을 붙였다. 수평으로 누워 있는 드럼통은 구멍이 나 있고 중심에는 여러 개의 주걱이 붙어 있는 샤프트가 있다. 샤프트와 드럼통은 서로 반대 방향으로 돌며, 속도를 조절할 수 있다. 주걱이 포도를 으깨고, 가지는 드럼 밖으로 배출된다. 아래쪽의 파쇄기에서 으깨진 포도는 튜브를 통해 아래층의 발효 탱크로 운반된다.

옛날에는 사람의 맨발이 파쇄기였다. 큰 통(당시는 그렇게 크지 않았지만)에 들어가 발로 밟기만 하면 되었다. 효율적이지는 않았지만, 그때는 기계가 발명되어 손쉽게 사용되기 훨씬 전이었다.

현대적 와인 양조법의 아버지라 불리는 캘리포니아 부에나 비스타 Buena Vista 와이너리의 창립자 해러스티Agoston Haraszthy는 1861년 유럽 여행 중에 훌륭한 와인을 만드는 독일 재배자를 만났다. 그는 온갖 최신 설비를 다 갖췄지만 비싸게 산 최신 파쇄기는 더 이상 사용하지 않는다고 했다. 롤러가 포도뿐만 아니라 가지까지 으깨어 쓴맛 때문에 다시 옛날 방식으로 돌아갔다는 것이다. 20년 뒤 이탈리아의 오타비도 이에 동의했다. "그동안 많은 발전이 있었지만 아직 인간의 발보다 더 나은 파쇄기를 만들지는 못했다."

구이도가 고개를 끄떡인다. "맞아요. 발전의 진정한 의미가 단순히 효율성만 높이는 게 아니잖아요? 기계 제작자들은 그 차이를 심각하게 생각하지 않는 것 같습니다."

그는 1930년대에 와이너리에서 샀던 기계를 아직도 기억한다. 먼저 포도를 으깬 다음 가지를 제거하는 기계였는데, 안젤로의 아버지 지오반니 가야가 바르바레스코에 처음 들여온 기계였다.

"롤러로 으깨는데 정말 맷돌 같았어요." 구이도가 몸서리치며 말한다. 잔학상을 상세히 표현하면서 마치 연쇄살인범 잭 더 리퍼Jack the Ripper 같은 몸짓을 한다. "가지는 롤러 사이에 끼었고 모두 으깨졌습니다. 때로는 씨도 박살이 났지요."

여섯 종류의 기계를 사용해본 후에야 그는 제작자들이 목적지에 가까이 왔다는 것을 느끼게 되었다. "파쇄 작업이 와인의 품질에 큰 영향을 주는 매우 섬세한 일이라는 것을 드디어 알게 된 것 같았습니다." 테프론처럼 덜 거친 재료를 사용하는 등 기계가 개선되었다.

구이도는 가능한 한 드럼통이 천천히 돌아가도록 조절한다. "그렇게 하면 손으로 줄기를 제거하고 철망에 으깨는 것 같은 효과를 낼 수 있습니다."

양조 과정에서 네비올로보다 더 다루기 힘든 포도는 없다. 네비올로는 특별대우를 해야 한다. 구이도는 셀러에서 정중하게 그들을 맞는다.

"작년에 프랑스 와인 양조자가 몇 명 방문했습니다. 그들은 네비올로가 시작부터 이렇게 어려운지 몰랐다고 했어요." 의미심장한 표정이 그의 얼굴을 스친다. "그들은 주로 카베르네 소비뇽을 재배하니까요."

해마다 포도밭에서 학업을 마치고 사회에 진출하는 졸업생 중에 '가장 성공이 보장된' 포도는 누가 봐도 카베르네 소비뇽이다. 그는 친구를 잘 사귀는 방법도 알고, 와인의 전 생애를 통해 사람들을 어떻게 감동시킬 것인가도 잘 안다. 카베르네가 화제에 오르면 언제나 '쉽다'는 형용사가 붙는다. 셀러에서는 구이도가, 포도밭에서는 페데리코가 늘 그렇게 말한다.

네비올로는 카베르네보다 포도 껍질이 얇지만 송이 자루가 가지에 매우 단단하게 붙어 있어 떼어내기가 어렵다. 껍질은 얇은데 포도알을 가지에서 떼어내기가 어렵다 보니 기계 사용에 애로가 많다. 네비올로는 껍질이 두꺼운 카베르네보다 오히려 드럼을 더 빨리 돌려야 가지가 제거되는데, 이때 껍질이 얇은 탓에 네비올로는 과도하게 파쇄되기 십상이다.

"실제로 아래 파쇄기 롤러는 작동을 시키지도 않습니다. 이미 대부분 포도가 가지 제거 과정에서 찢어지는 데다, 성한 포도가 남아 있더라도 그대로 통과시키는 편이 나아요. 그러면 더 유연한 와인이 됩니다."

파쇄와 달리 가지 제거는 옛 와인 양조 교과서에 언급도 되어 있지 않다. 파쇄는 필수적이지만 가지 제거는 누구도 강요하지 않는 사항이었다.

가지는 포도 한 송이의 전체 타닌 중 4분의 1을 함유하며 당분은 없다. 와인을 만들 때 가지가 들어가면 타닌은 증가하지만 산도는 낮아진다. 가지는 풀 냄새와 '가지' 냄새를 더하고, 또 포도의 색소가 가지에 들러붙기 때문에 와인의 색깔도 연해지는 좋지 않은 영향을 끼친다.

옛날에는 아주 실용적인 이유로 가지를 제거했다. 맨발로 포도를 으깰 때 가지를 밟으면 매우 아프기 때문이다. 또 가지의 무게는 포도 한 송이의 5퍼센트밖에 안 되지만 부피는 전체의 3분의 1을 차지한다. 가지를 제거하면 포도가 차지하는 공간이 줄어들기 때문에 소규모로 재배하는 농부들에게는 중요한 문제다. 가지를 제거하지 않으면 좋은 점도 있다. 발효 중 으깨진 포도가 너무 빽빽하지 않아 다루기 쉽고 공기 순환이 잘된다.

바르바레스코에서 가지 제거가 일상화된 것은 아주 최근의 일이다. 오타비는 "랑게에서는 가지를 제거하지 않는다"라고 썼고, 제1차 세계대전 뒤 출판된 가리노카니나의 연구서도 "바르바레스코 생산자들은 가지의 2분의 1이나 3분의 2 정도를 함께 넣어 발효시켰다"라고 썼다.

요즈음 생산자들은 무엇보다 맛을 중요하게 생각한다. 에밀 페이노의 좌우명은 '먹기 좋아야 마시기도 좋다'이다. 누구라도 가지를 씹어보면 왜 가지를 제거해야 하는지 알 수 있다. 그러나 품종에 따라 다르다. 네비올로는 물론이고 카베르네 소비뇽도 가지가 어떻게 맛을 향상시키는지는 아직 밝혀지지 않았다. 영국의 뉴캐슬 하면 석탄이 떠오르듯 바르바레스코 하면 타닌이다. 타닌이 약한 피노 누아나 진판델, 메를로 생산자들 중에는 가지 옹호자가 있다. 로버트 파커는 보르도에 대한 글에서 메를로 100퍼센트로 만드는 샤토 페트뤼스에서는 가지를 30퍼센트까지도 넣는다고 했다. 구이도는 타닌이 덜한 돌체토에 가지를 넣는 실험을 해보았다. 하지만 네비올로의 경우에는 '가지를 넣느냐 마느냐'라는 햄릿의 고민을 하지 않아도 된다. 결국 가지에서 얻는 것은 타닌뿐이기 때문이다!

당도/pH/아황산

구이도는 파쇄기에서 나오는 과즙을 실험용 비커에 가득 채우고 실험실로 올라간다.

"머스트must가 조금 필요합니다." 와인으로 변신하기 전의 액체를 전문 용어로 머스트라고 한다.

그는 연한 분홍색 액체를 두 개의 큰 잔에 부어 내용물을 좀 더 자세히 살펴본다. 일을 시작하자마자 잽싸게 변신해가는 구이도의 모습은 놀라움의 연속이다. 민첩한 변장술에 누구인지 알아채지 못할 정도다.

그는 먼저 믿음직한 의사의 모습으로 변한다. 태아 검진 시간이다. 그러다 잠깐 돌아서면 꼼꼼한 회계사가 되어 머스트의 자산을 확인한다. "당분이 얼마나 있나 봅시다." 다음에는 갑자기 무서운 형사가 되어 연분홍빛 로제를 심문하기 시작한다. 머스트가 수상쩍었던 1970년대의 나쁜 빈티지와 비슷한 것은 아닐까?

구이도가 한쪽이 동그란 기다란 온도계처럼 보이는 기구를 가져와 머스트에 집어넣으니 수직으로 뜬다. 기구의 눈금을 읽는 그의 얼굴이 밝아진다. '유레카!'라고 외칠 것만 같다. 아르키메데스가 시라쿠사의 한 공중 목욕탕에서 벌거벗은 채 집으로 달려가며 외친 유명한 말이다.

시라쿠사의 왕 히에론Hieron 2세는 황금 왕관을 주문했다. 하지만 금속공이 순금에 다른 금속을 섞어 속일지도 모른다는 의심이 나서, 아르키메데스를 불러 진위 여부를 판단하게 했다. 그는 욕조에서 자신의 몸과 같은 질량의 물이 넘쳐흐른다는 사실을 깨달았다. 다른 금속을 섞은 왕관을 물에 넣어 넘친 물의 양과 같은 양의 순금을 물에 넣어 넘친 양을 비교하면 진위를 구별할 수 있다는 것을 알게 되었다. 넘친 물의 양이 다르면 왕관은 순금이 아니며, 실제로 그렇게 판명이 났다.

이 기구는 액체 비중계로, 구이도는 머스트의 밀도를 측정하고 있다. 표면에 떠오른 유리관과 액체의 교차점에 눈금이 표시된다. 머스트의 밀도가 높을수록 액체 비중계가 높이 뜬다.

"1.104네요." 물의 밀도는 1.000이다. 두 숫자의 차이는 대부분 당분 때문이다. 이제 그는 머스트의 당분 함량을 알 수 있다.

와인 메이커는 당뇨병 환자만큼 당도에 신경을 곤두세운다. 머스트의 당분은 와인의 알코올 도수를 결정한다. 또 이스트가 얼마나 열심히 일해야 발효를 끝낼 수 있는지도 알 수 있으며 발효가 정상적으로 진행되는지 확인할 수도 있다. 당분이 물보다 밀도가 낮은 알코올로 변하므로 머스트의 밀도 역시 서서히 낮아지게 된다.

포도의 당도는 굴절 당도계보다 액체 비중계로 측정하는 편이 더 정확하다. 포도를 모두 으깬 후 탱크에서 꺼낸 머스트의 당도가 포도밭에서 딴 샘플의 당도보다 더 신빙성이 있다. 가장 정확한 수치는 리터당 당분이 몇 그램인가를 화학적으로 분석해보면 알 수 있다.

와인을 만들 때 액체 비중계를 구할 수 없다면 디드로Diderot가 편집한 유명한 18세기 프랑스 백과사전에 나오는 방법을 시도해봐도 된다. "신선한 달걀이 머스트 표면에 뜨면 당분이 충분하고, 진하며 매우 강한 와인을 만들 수 있다." (만약 달걀이 아주 오래된 것이라면 물에도 뜰 것이다.)

구이도는 액체 비중계를 내려놓고 작은 상자 같은 기계에 달린 전극을 다른 비커에 집어넣는다. 기계를 켜고 눈금의 숫자를 읽는다.

"2.99네요."

머스트의 pH이다. pH는 덴마크의 화학자 쇠렌센S.P.L. Sørensen이 고안한 수치로 '수소 이온 농도'를 뜻한다. 0부터 14까지의 pH 수치는 산과 알칼리의 강도를 표시한다. 순수한 물은 중성이며 pH 7이다. 수치가 그보다 낮으면 산성이며, pH가 낮아질수록 산성이 더 강하다. 반대로 수치가 7 이상으로 올라갈수록 알칼리성이 강해진다. 대부분의 음식은 약산성이지만, 드물게 달걀흰자와 베이킹소다는 알칼리성이다. 비누와 세제는 알칼리성이며 집에서 사용하는 암모니아는 pH 12에 가깝다. 와인은 거의 항상 3에서 4 사이이다. 머스트나 와인의 pH는 총 산의 양과는 다르다. 총산은 산의 전체 양을 말하지만, 산은 종류에 따라 강도가 다르다. 주석산은 사과산보다 강하고 사과산은 젖산보다 강하다.

다이어트 마니아들이 매일 조심스레 체중을 재듯이 와인 메이커는 머스트와 와인의 pH를 엄격하게 체크한다. pH는 와인 양조의 단계마다 영향을 끼치며, 와인을 직간접적으로 변화시킨다. 초심자에게는 pH의 작은 차이가 별로 중요하지 않아 보이겠지만 와인에서는 큰 차이를 만든다.

머스트는 포도당과 과당, 질소 화합물, 비타민 B 복합체 등 미생물의 대사에 필요한 거의 모든 물질을 함유하고 있다. 따라서 머스트는 이스트는 물론 온갖 종류의 박테리아들이 게걸스럽게 달려드는 아주 맛 좋은 잔칫상이라고 할 수 있다.

“pH는 VIP를 모실 때 보안 검색과도 같은 역할을 합니다. 경호가 느슨해서는 안 됩니다. 위험인물의 입장을 막아야 하니까요. 하지만 검색이 너무 심하여 손님들을 불안하게 해서도 안 됩니다. 머스트의 pH가 2.90에서 3.30 사이면 안심할 수 있어요.”

머스트는 pH가 낮아 박테리아보다 이스트가 살기에 적합하다. 인간에게 병을 일으키는 어떤 박테리아도 머스트만큼 pH가 낮은 산성에서는 견디지 못한다. 박테리아는 중성이나 약알칼리성 환경을 더 선호한다. 훨씬 더 낮은 pH에서도 번식할 수 있는 균류가 몇 종류 있긴 하지만 와인을 만드는 데는 도움이 안 된다.

pH는 색깔에도 결정적인 영향을 준다. 레드 와인의 색소는 pH에 극히 민감하다. 포도와 같은 색소를 지닌 붉은 과일이나 채소에 알칼리성인 베이킹파우더를 약간 첨가해보면 알 수 있다. 적양배추나 사과 껍질은 하룻밤이 지나면 회색으로 변한다.

“pH는 언제나 다루기가 어렵습니다.”

이유는 포도 자체의 이질적 요소 때문이다. 포도알에서 씨를 감싸고 있는 속 부분은 바깥 부분(포도 껍질 바로 아래)보다 산과 당분 함량이 더 높다. 포도를 가볍게 으깨는 경우(발로 밟는 것처럼 적당히 비폭력적으로)에는, 포도 속 부분까지 으깨지지 않아 속에서 나오는 과즙이 많지 않다.

"머스트의 pH는 곧바로 잴 때와 한 시간 뒤에 잴 때의 수치가 완전히 다릅니다."

와인의 주석산이 결정체를 이루어 침전하는 염화 반응도 부분적으로는 문제가 된다.

"여기 보세요. pH 측정기와 액체 비중계에 붙어 있는 결정체가 보이죠? 이 현상은 예측 불가지만 최근에 결정체가 더 늘어나고 있다는 건 확실합니다."

구이도는 얼마 전 전문가들이 추천한 칼륨 비료를 다량 사용한 것이 주석 수치가 높아진 원인이 아닐까 염려한다.

"비가 적당하게 오면 괜찮아요. 하지만 건조할 때 그런 화학 비료를 주면 진짜 시한폭탄이 될 수 있습니다."

지금 구이도가 분석하고 있는 머스트는 당도가 높고 pH는 낮은 전형적인 바르바레스코이다. 소리 산 로렌조 1989년산은 자연 상태에서 탄생할 것이다. 다른 곳에서는 와인 메이커가 머스트를 조절하기도 한다. 부르고뉴와 보르도에서는 완성된 와인의 알코올 도수를 높이기 위해 설탕을 첨가하는 보당補糖이 일반화되어 있다. 이를 처음 제안한 나폴레옹 시대의 화학자 장 앙트안 샤프탈Jean Antoine Chaptal의 이름을 따서 보당을 샤프탈리자시옹chaptalisation이라고 한다. 더운 기후에서는 머스트에 산을 첨가하고, 추운 기후에서는 화학적으로 산을 제거하기도 한다.

"수치는 작년과 거의 비슷하네요. 당분이 약간 적고 총 산도가 약간 높습니다." 그가 원하는 수치다. 그러나 구이도는 아직도 무언가를 찾고 있다.

"가뭄이 있었고, 무더위도 있었고, 월초에는 폭풍우도 있었어요. 알 수 없는 일입니다."

그러나 이내 그의 미소가 실험실 가득 번진다. 이 머스트는 최고 수준에 가깝다.

"내가 꼭 무슨 범죄를 저지르고 있는 것만 같아요." 구이도는 주위를 흘끔 살피며 일을 시작한다.

구이도는 파쇄기에서 나오는 포도에 무수아황산 SO_2(이하 '아황산'으로 표기)을 첨가하는 기계를 조정하고 있다. '아황산 첨가'는 미국에서 팔리는 모든 와인병에 표기된다. 특별히 알레르기가 있는 사람이 아니라면, 자격을 갖춘 와인 메이커가 적정량 사용하는 아황산은 인체에 전혀 해를 끼치지 않는다.

"하지만 이 범죄를 나 혼자 저지르는 건 아닙니다." 그가 눈을 찡긋하며 속삭인다. "이스트도 공범이지요."

정상적인 발효 과정에서는 이스트도 아황산을 생성한다. 이는 1894년부터 알려진 사실이었지만, 실제로 1960년 초까지는 아무도 주의를 기울이지 않았다. 당시 한 독일 생산자가 그가 만든 와인에는 아황산을 전혀 사용하지 않았다고 선언한 적이 있었다. 그러나 정부 실험실에서 와인에 상당량의 아황산이 있음을 확인했다. 법정에 가서도 생산자는 결백을 주장했다. 마침내 권위 있는 양조학자가 개입하여 이스트가 아황산을 만든 범인임을 증명해 무죄로 끝났다. 완벽하게 '자연' 그대로인 와인이라도 아황산을 함유하게 된다는 사실이 밝혀졌다. 아황산이 없는 와인은 도깨비 방망이를 두드리기 전에는 불가능하다.

pH와 더불어 아황산은 구이도의 와인 경호팀 핵심 멤버이다. 아황산은 15세기 후반부터 박테리아에 의한 손상과 산화로부터 와인을 보호하기 위해 사용되어왔다. 보르도 와인의 위대한 역사가인 르네 피야수René Pijassou는 18세기 한 샤토에 보관된 회계장부에서, 매년 많은 양의 '성냥'을 구입한 사실을 발견하고 이상하게 생각했다. 마침내 그것이 이른바 '네덜란드 성냥'(황에 심지를 꽂아 만든다)이었으며, 와인을 보관하기 전 통을 소독하는 데 쓰였다는 사실을 알게 되었다.

발효가 시작되기 전 파쇄한 포도에 아황산을 첨가하는 방법은 19세기 말에서 20세기 초에 도입되었다. 스위스 과학자 헤르만 뮐러가 일으킨 와인 역사에서 가장 중요한 사건이었다. 그는 리슬링과 질바너의 교잡종 뮐러 투르가우라는 포도를 만들어낸 장본인이기도 하다. 이 포도는 품질은 떨어지지만 재배가 쉬워 한때는 리슬링보다 재배 면적이 넓었으나, 독일 와인의 격을 떨어뜨린 품종으로 비난을 받기도 했다. 하지만 항상 잘한 일이 더 부각되듯 사람들은 그를 개성 없는 포도를 만든 인물로보다는 양조학에 지대한 공헌을 한 과학자로 기억한다.

1919년 아스티 연구소의 가리노카니나는 "와인 양조에서 아황산의 역할은 포도 재배에서 황산구리의 역할과 같다"라고 썼다.

아황산은 와인을 산소와 박테리아로부터 보호하는 역할 외에도, 포도 껍질에 함유된 색소를 용해하는 작용도 한다. 네비올로로 와인을 만들 때는 특히 색깔을 추출하기가 어렵다. 그럼 카베르네 소비뇽은? 물론 쉽다.

"쉬워요!" 구이도가 소리친다. "실제로 나는 아황산을 사용하지 않고 카베르네를 만들었습니다. 색깔을 걱정하지 않았기 때문이지요. 아황산이 절대적으로 필요할 때는 병입 때입니다. 물론 건강한 아기를 아황산에 목욕시키지는 않겠죠! 나도 최소한의 양만 사용하려고 합니다. 그러면 더 깨끗하고, 나쁜 냄새가 나지 않아요. 내가 어릴 적 몬테스테파노의 우리 집 셀러에서는 아황산을 전혀 사용하지 않았습니다. 어떤 때는 와인이 괜찮았고 또 가끔은 실패했지요. 우연에 맡길 수밖에 없었습니다."

발효 감독으로서 구이도의 임무는 '좋은' 이스트가 일을 수행하도록 돕는 것이다. '나쁜' 이스트는 파쇄의 순간에 크게 늘어난다. 대부분은 단지 귀찮은 존재일 뿐이지만 몇몇은 심각한 문제를 일으키기도 한다.

"발효 중 오염을 일으킵니다. 와인이 원하지 않는 물질을 대량 생성하는 거지요. 특히 휘발산을 생성합니다."

휘발산은 평균 온도에서 쉽게 증발한다. 와인의 휘발산은 초산, 즉 식초의 산이다. 주석산과 사과산 등 고정산은 냄새가 없는 반면, 휘발산은 냄새가 독특하다. 이는 매니큐어 제거제나 프라모델 접착제 냄새가 나며 에틸아세테이트와 함께 생성된다.

"아황산은 나쁜 이스트를 억제하고, 좋은 이스트가 충분히 숫자를 늘려 발효를 수행할 수 있도록 해줍니다. 발효가 바로 시작되지 않는 이유도 이스트가 번식하는 데 시간이 조금 걸리기 때문이지요. 좋은 이스트가 아황산과 늘 좋은 관계를 유지하지는 않지만, 적당량의 아황산은 이스트의 활동을 방해하지는 않습니다."

구이도는 포도가 파쇄기에서 나오자마자 100킬로그램의 포도에 아황산 3그램을 첨가한다. "탱크에 들어간 후에 첨가하면 나쁜 이스트가 이미 많이 생겨서 통제가 어려워집니다."

구이도는 아황산의 철저한 옹호자이지만 남용에 대해서는 엄격하게 비판한다.

"상인들은 될 수 있으면 많은 양을 팔려고 합니다. 그 말만 듣고 항상 너무 많은 양을 넣는 사람들이 있어요. 음식 맛을 보기도 전에 소금을 치는 사람들처럼 습관성이지요. 지금은 아황산이 어떤 역할을 하는지 알지만, 아직도 허용량이 많은 편입니다. 아황산 냄새가 과하면 코를 찔러요."

구이도는 여러 요인을 고려해 아황산 양을 정한다. pH가 가장 중요하며, pH가 낮을수록 아황산의 양이 줄어든다.

"안전 보장, 예스!" 그가 강조한다. "과잉 살상, 노!" 같은 양의 아황산을 pH 3.5일 때 넣으면 발효가 약간 늦어지는 정도이지만 2.8일 때는 발효가 전혀 일어나지 않는다.

아황산의 방어 기능은 아황산이 와인 자체의 성분과 결합하지 않을 때만 작동한다. 결합 아황산은 손발이 묶인 경호원처럼 제 구실을 못한다. 유리 아황산은 산소를 차단하여 와인의 산화를 방지한다. 소량의 유리 아황산은 방부제 역할도 하는데, 와인의 pH가 낮을수록 유리 아황산의 비율이 커진다.

아황산의 비밀은 끝이 없는 것 같다.

"포도가 이렇게 좋을 때는 아황산 첨가는 사실 선택 사항입니다." 구이도가 말한다. "하지만 1972, 1973년처럼 곰팡이가 만연할 때에는 아황산 없이 와인을 만드는 것은 불가능합니다. 질병을 치료하기 위해 페니실린을 사용하는 것처럼 산화 효소를 억제하기 위해 아황산은 꼭 사용해야 합니다."

산화 효소?

구이도의 미소는 걱정 말라는 신호이다. 양조학 전문 용어의 세계에 빠지려는 것은 아니지만 와인 애호가라면 효소에 대해서 조금은 알아야 한다!

효소는 동식물에 여러 종류의 생화학 반응을 일으키는 촉매 작용을 한다. 효소가 없으면 반응이 수십억 배로 느리게 일어나기 때문에 대상 물질이 거의 변하지 않는다. 효소는 반응을 촉진시키는 단백질이다. 하나의 물질에서 단 한 종류의 반응만 유발시키는 전문가라고 할 수 있다. 따라서 모든 살아 있는 세포는 수도 없이 많은 각기 다른 종류의 효소를 갖고 있다.

효소의 분해 작용이 없으면 음식을 소화시킬 수 없다. 젖당 과민 반응을 예로 들어보자. 젖당은 몸에 흡수되기 전에 젖당 분해 효소에 의해서 단당류인 글루코오스와 갈락토오스로 분해된다. 분해되지 못하면 소장을 지나 대장에서 박테리아가 발효를 일으키며 가스를 생성할 수 있다. 젖당 분해 효소는 장에서 생성된 직후 활발히 활동하고 그 후에는 빠르게 소멸한다. 대부분의 서양인들은 예외지만, 실제로 세계 대다수의 성인들은 이 효소가 없다.

포도에 곰팡이가 피면 구이도는 산화 효소의 생성을 막기 위해 SO_2에 긴급히 SOS를 보낸다. 과일을 깎으면 산화 효소가 작용하여 갈색으로 변한다. 방금 자른 사과와 한두 시간 동안 산소에 노출된 사과를 비교해보면 색깔도 냄새도 다르다. 산화 효소가 상한 포도에 끼치는 영향도 이와 비슷하다.

아황산의 역할에 대한 설명을 마친 구이도는 경고 라벨에 대한 언급을 잊지 않는다.

"슈퍼마켓의 샐러드와 패스트푸드점 음식에 아황산이 더 많이 들어 있답니다." 그가 강조한다. "사실 옛날에는 와인 양조에 사용하는 아황산의 양이 오늘날보다 더 많았습니다. 내가 일을 시작했을 때는 지금보다 세 배나 더 많이 사용했어요."

이스트의 역할

구이도가 다시 포도로 다가간다. 하지만 지금 그가 무엇을 하는지 상상도 못 할 것이다. 그는 이스트에 먹이를 주고 있다!

"영양 보충제입니다. 잘 먹이지 않으면 일을 제대로 못 하고 심하면 아예 일을 접을 수도 있어요."

이스트의 생육에 필요한 양분은 주로 머스트에 함유된 물질로 충당된다. 그러나 발효가 진행되면서 양분이 모자랄 수 있으므로, 영양사는 자신의 임무를 수행해야 할 때를 놓쳐서는 안 된다. 이스트 세포가 재생산을 하기 위해서는 소화가 쉬운 질소질 성분이 필요하다. 오늘의 메뉴는 인산암모늄이다. 지금 주는 양은 너무 적어 거의 눈에 띄지도 않는다. 포도 100킬로그램당 8그램이다.

"배양 이스트를 넣어 일을 빨리 수행하게 할 수도 있지만 될 수 있으면 천연 이스트가 활동할 기회를 줍니다."

이스트는 '좋은' 이스트와 '나쁜' 이스트, 두 종류뿐인 것이 아니었나? 구이도는 새로운 용어를 설명할 여유가 없다.

"물론 안전한 방법을 택할 수 있습니다. 발효는 망치게 되면 회복이 어렵거든요."

구이도가 말하는 동안 포도는 파쇄기에서 계속 흘러나와 아래층의 26번 스테인리스 탱크로 들어간다. 초심자는 갑자기 시야에서 포도가 사라졌음을 깨닫는다.

머스트에서 와인이 되는 신비는 이렇게 시작된다. 그런데 왜 갑자기 이 포도들이 초심자들에게 금단의 열매가 되어야 하는 걸까? 발효는 비밀리에 행하는 마술인 걸까? 어쩌면 와인의 길로 접어드는 포도의 통과의례일지도 모른다. 봄의 제전이 있으니 가을의 제전도 있을 것이다.

구이도는 비밀은 하나도 없다고 주장한다. "탱크 위로 올라가면 볼 수 있습니다."

하지만 위에 올라가서 봐도 아래쪽 어두운 곳에서 무슨 일이 일어나는지 알 수가 없다. 물론 포도는 거기에 그대로 있지만 와인으로 변할 기미는 보이지 않는다.

"걱정 말아요." 구이도는 이미 발효가 되고 있는 탱크에서 머스트를 한 들통 꺼내 실험실로 가져와 큰 유리 실린더에 껍질과 씨를 모두 붓는다.

"26번 탱크에서 곧 일어날 일들을 전부 여기에서 한눈에 볼 수 있습니다."

구이도는 '지상 최대의 쇼'를 연출하며 앞줄에 자리를 마련한다.

관객에게 보이는 것은 콜라나 샴페인에 기포를 만드는 이산화탄소 또는 탄산가스가 대부분이다. 작은 기포들이 바닥에서부터 솟아오르면서 속력을 더한다. 탄산가스는 고형 물질의 입자에 붙어 표면을 향해 돌진한다.

"발효에는 열세 가지의 각기 다른 화학 반응이 개입합니다." 구이도가 설명한다. "알코올은 맨 나중에 나옵니다. 탄산가스는 마지막 직전(카르복실라아제 효소가 피루브산을 탄산가스와 아세트알데히드로 분리시키는)의 반응에서 생성됩니다."

곧 두터운 찌꺼기층(포도의 고체 부분)이 형성되어 머스트 위에 뜨게 된다.

"바로 이 부분을 캡cap이라고 부릅니다."

가스의 압력으로 찌꺼기가 압착되어 그중 3분의 1 정도가 머스트 위로 밀려 올라간다. 씨나 다른 딱딱한 물질은 유리 실린더의 바닥으로 떨어진다. 이 두 층 사이에 탁한 머스트가 있다. 발효통에서 일어나는 대부분의 와류는 캡 바로 아래에서 일어난다.

발효 중에 생기는 탄산가스의 양은 상당하다. 샴페인의 기포는 2차 발효에서 만들어진다. 1차 발효 후 병입한 일반 와인에 설탕과 이스트를 첨가하여 병 속에서 2차 발효를 유도한다. 이때 생성된 탄산가스를 그대로 병 속에 가두어두면 샴페인의 기포가 된다. 병 속 탄산가스의 압력은 코르크를 튀어나오게 내버려두면 시속 100킬로미터에 달할 만큼 세다. 샴페인은 2차 발효를 통해 알코올을 1도 정도만 추가로 생성하며, 샴페인 병은 750밀리리터밖에 되지 않는다. 그러니 알코올 도수가 14도에 가까운 소리 산 로렌조 같은 와인이 큰 탱크에서 발효될 때 생성되는 탄산가스의 양은 대단할 것이다.

발효가 진행됨에 따라 머스트는 부글부글 끓기 시작한다. 옛날 이탈리아의 와인 양조 보고서에 '끓는다bollire'라는 표현이 왜 그렇게 자주 나왔는지 알 수 있는 대목이다. 사실 발효fermentation란 말도 '끓다fervere'라는 라틴어에서 나왔다.

모두 이스트 때문이다. 이스트는 발효 쇼의 주인공이다. 하지만 우리는 그들이 기획한 쇼만 볼 뿐 정작 주인공들은 바닥에 드러누워 있다.

알도 바카는 토리노 대학의 식품미생물학과 건물 앞에 차를 세운다. 수많은 토리노 번호판들 속에서 그의 쿠네오 번호판이 눈에 띈다.

"여기 토리노에서는 CN으로 시작하는 쿠네오 번호판을 '카피스코노니엔테capiscono niente'라고 해요." 알도가 빈정거린다. "아무것도 이해하지 못하는 바보들이라는 뜻이죠. 쿠네오 지역에서 온 사람들을 정말 시골뜨기 취급한다니까요."

알도는 토리노를 잘 안다. 그는 토리노 대학 농학과를 졸업하고 캘리포니아 대학 데이비스 캠퍼스에서 한 학기를 공부했다. 오늘 알도는 구이도의 피에이치미터pHmeter를 조정하기 위해 친구인 미생물학자 빈첸초 제르비Vincenzo Gerbi를 찾아왔다.

제르비의 실험실은 음침한 지하실에 있다. 알도가 장난스럽게 한마디한다.

"데이비스 캠퍼스의 수위실도 이보다는 나을걸요." 그가 귓속말을 한다.

실험실은 책과 잡지, 시험관, 크로마토그래피 용지 등으로 정신이 없다. 와인의 아로마와 향미 요소를 분리하고 그래프에 표시하는 기구들이 널려 있다. 작은 실험용 와인 압착기와 큰 유리병도 있다.

제르비는 30대 후반이다. 흰 가운과 잘 다듬은 수염, 자로 잰 듯 움직이는 정확한 몸짓이 영락없는 과학자의 모습이다. 파스퇴르부터 현재까지 와인의 발전에 공헌한 위대한 발견은 모두 과학자들의 업적이다. 그러나 과학은 아직도 와인에 대한 우리의 총체적 이미지 속에서 적합한 자리를 찾지 못하고 있다.

"정말 이상해요." 제르비가 말한다. "많은 사람들이 여전히 과학 기술 하면 인공 첨가물이나 온갖 자연스럽지 않은 행위들을 떠올립니다. 하지만 과학 기술 덕분에 그 어느 때보다 더 순수한 와인을 만들 수 있게 된 사실을 모르고 있어요."

그가 발효로 화제를 전환한다. 제르비는 파스퇴르 시대 이후의 주요 발견을 설명한다. 그의 말에는 열성과 이성이 뒤섞여 있다. 그가 이스트에 대해 설명을 시작하자, 옆 테이블의 전자 현미경으로 이목이 쏠린다.

"잠깐만 기다리세요." 그는 조교를 불러 유리병의 머스트 한 방울을 슬라이드에 준비하게 한다. 그리고 슬라이드를 현미경 아래에 집어넣는다.

"이걸 조정하면 됩니다." 그가 현미경 사용법을 설명한다.

740배로 확대하니 옛날에는 유령으로만 여겨졌던 이스트 세포 하나가 나타난다.

이스트를 최초로 발견한 사람은 300년도 더 전 네덜란드의 델프트에 살았던 아마추어 렌즈 기사 안톤 반 레벤후크Anton van Leeuwenhoek였다. 그는 1680년 집에서 만든 간단한 렌즈로 맥아의 발효를 조사하던 중, 모양은 흐릿했지만 "아주 작은 벌레" 같은 것을 보았다고 기록했다. 진드기와 비교해도 '말에 붙은 꿀벌'만큼 작아 보였고 실제로 '진드기의 털보다도 작았다'.

스콧 피츠제럴드는 《위대한 개츠비》의 마지막 장에서 롱아일랜드의 옛 모습을 "한때 네덜란드 선원에게는 꽃처럼 피어났던 곳"이며 "숨을 멈추게 한 덧없는 황홀한 순간에 … 마지막으로 경이에 벅찬 감정으로 바라보았던 곳"이라고 묘사했다. 같은 세기에 그 선원들의 고향에서 발견된 경이롭고 황홀한 미생물의 세계도 그에 못지않게 놀랍고 멋진 세계이다. 와인 왕국의 신도들에게는 머스트에서 분열하는 이스트 세포의 모습은 신의 계시처럼 보인다. 일단 한번 목격하면 와인 탄생의 기적을 전하는 신실한 증인이 된다.

이스트의 역할은 2세기쯤 뒤 미생물학이 태동하기 전까지는 결정적으로 증명되지 않았다. 19세기 말에야 독일의 화학자 에두아르트 부흐너Eduard Buchner가 이스트가 분비하는 효소가 발효를 유발한다는 사실을 밝힘으로써 이스트에 대한 이해에 한 발짝 더 다가서게 되었다.

이스트의 미세한 세계는 고성능 현미경을 통해서만 진입할 수 있다. 일단 그 세계에 들어가면 평소에 쓰던 자는 아무 쓸모가 없다. 1센티미터는 1만 개의 눈금으로 나뉘고 각 눈금은 1미터의 100만 분의 1을 측정한다. 마이크로미터 또는 미크론은 한없이 미세한 세계의 측정 단위이다.

"이 세포는 약 5미크론입니다." 세포가 분열하는 모양을 발아라고 하는데 비누거품을 부는 것과 모양이 비슷하다. 세포의 가장자리부터 조금씩 부풀기 시작해 점차 커진다. 크기가 모세포와 비슷해지면 분리되어 자체 발아를 시작한다. 모세포는 수십 개를 생산하고 나면 노쇠하여 죽는다.

"새로 나온 세포의 한 세대는 최적의 상태에서는 두 시간입니다." 세포 하나에서 48시간 뒤 1,677만 7,216개의 세포가 생성된다. 발효가 정점에 도달하면 머스트 한 방울에 이스트 세포가 500만 개가 된다.

19세기에 미생물학이 발달하기 전까지는 모든 살아 있는 생물은 동물계와 식물계로만 구분되었으며, 여기에 이의를 제기하는 사람도 없었다. 그후 한동안 이스트를 두고 스무고개가 계속되었다. 확실히 무생물은 아닌데 동물에 속하는지 식물에 속하는지, 과학자들도 이스트를 어떻게 분류해야 할지 합의에 도달하지 못했다.

이스트는 현재 식물계의 일부로 간주된다. 그렇다면 식물계의 전혀 다른 두 거장, 즉 덩굴 식물인 포도나무와 단일 세포인 이스트가 결합하여 와인을 창조한다고 볼 수 있다.

현미경으로 이스트 세포를 관찰하면 전혀 새로운 세계가 보인다. 포도나무처럼 이스트도 와인을 만들기 위해 일하지는 않는다. 그들도 역시 번식에만 관심을 가질 뿐이다. 포도가 씨를 널리 퍼뜨리려는 것처럼 이스트도 종족 보존에만 열중한다.

이스트는 번식에 필요한 에너지를 얻기 위해 머스트의 당분을 발효시킨다. 알코올은 이 과정에서 생기는 부산물이다. 하지만 알코올은 이스트에 독성을 끼치기 때문에, 절대 금주를 해야 하는 작은 이스트에게는 치명적이다. 따라서 알코올 도수가 어느 정도 증가하면 이스트는 스스로 만든 알코올 때문에 번식을 그치고 죽게 된다. 원래 이스트는 와인을 만들려는 의지가 없다. 실제로 이들은 산소가 있는 한 알코올을 생산하지 않고 번식을 한다. 파스퇴르의 정의에 따르면 발효는 '산소가 없는 삶'이다. 적당히 산소가 있는 환경에서는 당분을 물과 이산화탄소로 분해하여 그 연료로 번식 에너지를 얻는다.

따라서 빵이나 맥주에 사용하는 판매용 이스트를 만들 때는 산소를 강제로 주입시켜 이스트 숫자를 늘린다. 알코올보다 이스트 세포 증식이 주목적이기 때문에 산소가 필요하다. 세포가 자라는 배지, 즉 물이나 여러 형태의 당분, 질소 등은 이스트 세포를 얻고 나면 버려진다. 하지만 와인 양조에서는 알코올이 최종 소비자가 원하는 물질이며, 오히려 이스트 세포 자체가 버려진다.

제르비가 웃는다. "모양은 단순해 보여도 사실 이스트는 매우 복잡합니다."

현미경에 보이는 세포는 타원형이다.

"분류학적으로 사카로미세스*Saccharomyces*속에 속합니다." 그리스어를 아는 와인 애호가라면 곧바로 '당 균류'라고 알아들을 수 있을 것이다. 설탕의 대용인 사카린과도 어원적으로 관계가 있다. "세레비시아*cerevisiae*종이지요." 이스트 사전에 기재된 500여 종의 이스트 중에서 100여 종이 포도와 머스트 또는 와인에서 발견되었다. 그중에서 유일하게 시간을 들여 연구할 가치가 있는, 와인에 중요한 이스트가 바로 이 사카로미세스 세레비시아*Saccharomyces cerevisiae*이다.

파쇄 후 인공 이스트를 사용하지 않고 머스트를 그대로 두면 항상 '나쁜' 이스트가 발효를 시작한다. 그중 가장 나쁜 이스트, 아피쿨라타라는 세포의 양쪽 끝이 뾰쪽한 레몬형 이스트이다. 특히 클로에케라 아피쿨라타*Kloeckera apiculata*라는 종이 주로 악당 역할을 한다. 아피쿨라타 갱과 다른 양조의 무법자들은 초산과 같이 바람직하지 않은 물질을 생성한다. 그러나 머스트의 알코올 도수가 4도 이상만 올라가도 견디지 못하기 때문에 발효를 끝내지 못하고 사멸한다.

발효 쇼가 각본에 따라 진행된다면 이 시점에서 주연을 맡은 이스트가 등장하여 쇼를 이어받는다. 당연히 알코올에 강한 이스트가 주인공으로 발탁되며, 그들은 살아남은 당분을 모조리 알코올로 변화시킨다. 물론 간혹 경쟁자가 나타나기도 하지만 사카로미세스 세레비시아는 거의 모든 발효 쇼의 주연을 맡는다. 단맛이 전혀 없는 '드라이 와인'이라는 마지막 커튼이 내려질 때까지 온 힘을 다해 연기한다.

"요즘은 자연 발효가 잘 일어나지 않습니다." 제르비가 말한다. "아주 원시적인 방법으로 와인을 만드는 경우를 제외하면요."

헤르만 뮐러는 발효 초기부터 아황산을 사용하면 나쁜 레몬형 이스트를 없앨 수 있다고 했다. 또 그래야 한다고 주창하며 와인 양조의 새로운 시대를 열었다. 옛날 와인의 초산 수치는 현대의 와인 애호가들이 견딜 수 있는 한계치보다 훨씬 높았다. 지금은 휘발산이 높으면 보통 박테리아를 범인으로 지목하지만, 과거에는 레몬형 이스트가 그 죄를 떠맡았다.

사카로미세스 세레비시아는 와인 애호가의 이스트일지 모른다. 그런데 고작 하나만 봤을 뿐이지 모든 이스트를 본 것은 아니다. 호모 사피엔스만 봐도 하나의 종에 무한한 다양성이 존재하고 있다!

"이스트는 아주 오랜 세월 진화해왔습니다." 제르비가 말한다. "다른 모든 식물과 마찬가지로 환경에 적응하기 위해 변화해왔고, 셀 수도 없는 변종이 나타났지요. 예를 들어 머스트의 평균 당 함량이 더 풍부한 남쪽의 이스트는 알코올을 더 많이 생성할 수 있도록 진화했습니다."

알코올에 대한 균주의 저항력을 발효력이라고 하는데, 같은 종의 균주들 사이에서도 그 차이가 심하다. 실제로 이스트의 분류 기준을 마지막으로 수정한 1984년까지만 해도, 높은 알코올 도수를 견딜 수 있는 균주는 세레비시아와는 다른 종인 사카로미세스 바야누스*Saccharomyces bayanus*로 알려져 있었다. 그러나 실제로는 와인의 발효 과정에서 사카로미세스 세레비시아 종에 속한 다른 균주들도 알코올 도수가 상승함에 따라 여러 지점에서 바통 터치를 할 수 있다.

"같은 머스트를 두 개의 비커에 넣고 사카로미세스 세레비시아종의 다른 균주로 발효시켜 보세요. 발효가 시작하고 끝나는 시간이 각기 다릅니다. 발효력의 문제지요. 얼마나 빨리 번식하느냐에 따라 달라집니다."

발효하는 세포의 장관을 보고 있노라면 이스트는 과연 어디에서 왔으며, 어떻게 머스트에 들어가 살게 되는가라는 의문이 생길 수밖에 없다.

기본적인 답은 다음과 같다. 이스트는 우리 주위 어디에나 존재하며 곤충이나 새 그리고 바람에 의해 완숙한 포도에 닿게 된다. 이는 대부분의 균주에게는 맞는 말이다, 하지만 이스트 생태학을 연구한 과학자들은 사카로미세스 세레비시아의 경우 이의를 제기한다.

"여러 가지 논쟁의 여지가 있습니다." 제르비가 말한다.

이탈리아의 미생물학자가 움브리아의 포도나무에 달린 잘 익은 포도를 조사했는데 2년 내내 사카로미세스 세레비시아를 하나도 발견하지 못했다. 2년 뒤 다시 2,160개의 포도를 무작위로 따서 조사해보니 그중 하나에서만 발견되었다. 그래서 이 균주는 셀러 안에서만 서식하는 종이라는 가설이 제기되었다. 사카로미세스 세레비시아는 알코올이 4도가 넘는 머스트에는 많지만, 나무에 달린 포도에서는 찾아보기 어렵기 때문이다.

포도의 양이 적으면 사카로미세스 세레비시아가 전혀 없을 수도 있다. 그러나 포도의 양이 많으면 항상 몇 개는 존재하기 마련인데, 그 정도만 있어도 충분하다. 옛날부터 와인 메이커는 작은 통보다는 큰 통에서 더 쉽게 발효가 된다는 사실을 알고 있었다. 또 해마다 첫 통에 수확한 포도가 가장 발효가 느리다는 사실도 알고 있기 때문에, 수확이 시작되기 3~4일 전에 가장 잘 익은 포도를 따서 소량의 머스트로 주모

starter를 만든다. 첫 통에 이미 발효가 왕성한 주모를 투입하면 발효가 원활하게 진행된다. 첫 발효 동안 생성된 이스트는 사람들의 손과 장비에 묻어 다음 통을 오염시키며 계속하여 이스트가 늘어나게 된다.

"옛날에는 빈티지가 좋지 않은 해에도 발효가 원활히 진행되었지요." 제르비가 웃으며 말한다. "하지만 최근에는 천연 이스트만으로는 당분을 모두 알코올로 변화시키는 데 어려움이 있습니다. 포도밭에서 사용하는 새로운 농약들이 곰팡이나 이스트의 활동을 방해하지요. 결국 이스트도 균류인데, 제초제나 살충제는 천연 이스트의 숫자를 줄이고, 강하고 나쁜 레몬형 이스트보다는 사카로미세스 세레비시아에게 더 악영향을 끼칩니다. 포도와 함께 셀러에 들어가는 미생물군은 불과 10여 년 전과 비교해봐도 확실히 줄어들었습니다. 또 셀러의 향상된 청결 상태도 이스트에게는 별로 달갑지 않은 환경이지요."

이 주제는 정말 복잡하다. 제르비가 마지막으로 덧붙인다.

"발효에서 생기는 문제를 피하기 위해, 유럽에서도 와인 메이커들이 점점 더 배양 이스트를 사용하고 있습니다. 신대륙에서는 이스트 종이 그렇게 오랜 세월 동안 진화하지 않았기 때문에, 배양 이스트 사용이 이미 관례로 자리 잡았습니다."

독일의 의사이자 위대한 미생물학자인 로베르트 코흐Robert Koch는 1876년에 탄저병의 원인이 되는 박테리아를 분리하여 순수 배양했다. 5년 뒤에는 에밀 한센Emil Hansen이 코펜하겐의 칼스버그 양조장에서 맥주 양조를 위한 이스트를 분리하여 순수 배양했다. 와인 메이커도 맥주 양조자의 선례를 따랐다.

배양 이스트 균주도 동일한 클론, 즉 모두 하나의 조상에서 유래한 동일 종이다. 이들 이스트 클론과 와인 양조는 포도나무 클론과 포도

재배처럼 뗄 수 없는 관계다.

"배양 이스트의 문제는 몇 개의 대기업이 시장을 독점하고 있다는 점입니다." 제르비가 말한다. "균주마다 와인에 각기 다른 영향을 줍니다. 그런데 대기업은 와인의 품질에 중요한 이스트의 특성을 고려하기보다는 소수의 활력이 강한 균주만 만들지요."

클론의 선택과 활력. 셀러나 포도밭에서나 동일한 고민거리다.

제르비는 손목시계를 보고 현미경을 보며 고개를 끄떡인다.

또 다른 세포가 지금 분열하고 있다. 병 속에 있는 수십억 개의 동료 세포들이 과연 와인에 어떤 개성을 남길는지는 알 도리가 없다.

"이스트가 평범한 포도를 위대한 와인으로 변신시키지는 못합니다. 하지만 복합성을 더할 수는 있어요. 여전히 모르는 게 많습니다."

방대한 미시 세계는 아직도 탐구의 영역으로 남아 있다. 아무리 고성능 현미경을 통해 본다 해도 이스트의 세계는 우리 눈에 보이는 것보다는 훨씬 더 광대하다.

알코올 발효

"이런, 러시아워군요." 속도를 늦추며 알도가 말한다. 앞쪽은 눈에 보이는 데까지 차가 늘어서 있고 운전자들은 아예 엔진을 끄고 얘기를 나누고 있다.

이 길은 토리노 길이다. 하지만 진짜 토리노에 있는 길은 아니다. 바르바레스코 주민들은 연례행사인 가을 저녁의 러시아워를 즐기고 있는 것만 같다. 와이너리 조합 회원들이 포도를 싣고 온 트랙터가 줄을 서서 기다리고 있다. 포도의 무게를 재고 당도를 측정하기 위해서다.

"마을 사람들은 이런 혼잡이 도시에 온 듯 느껴져 기분이 좋은가 봐요." 알도가 쓴웃음을 지으며 말한다.

가야 와이너리 셀러의 발효실은 아직도 불이 환하다. 구이도는 친구이자 연구원인 알비노 모란도Albino Morando와 이야기를 나누고 있다. 모란도는 과학자의 마음과 농부의 손을 갖고 있다. 그는 퇴비에 관해 박학하게 강의를 할 수도 있고, 퇴비를 밭에 뿌리기도 한다. 농부 과학자는 26번 탱크를 미심쩍게 바라보며 미소 짓는다.

구이도가 밸브를 열자 갑자기 톡 쏘는 탄산가스가 몰아닥친다. 이제는 초심자라도 무슨 의미인지 알아챌 수 있다. 산 로렌조의 포도는 와인으로 향하는 길을 순조롭게 가고 있다! 이건 놓쳐서는 안 되는 장면이다.

탱크 위에서 내려다보아도 머스트의 모양이 달라졌다. 탄산가스의 힘으로 떠오른 캡이 손을 뻗으면 닿을 것만 같다. 맹렬히 거품을 내는 머스트는 소리도 시끄럽다. 탱크 속에서 대소동이 일어나고 있는 걸 보니 천연 이스트가 열심히 와인을 만들고 있음이 틀림없다.

구이도는 모란도에게 그가 수년 전 캘리포니아 대학 데이비스 캠퍼스에서 만난 교수 이야기를 한다.

"우리는 발효에 관해 이야기했는데, 그는 문제를 피하기 위해서는 바로 배양 이스트를 사용해야 한다고 주장했어요. 알코올로 가는 최단거리를 택해야 한다는 말이지요."

구이도는 화가 난 것같이 언성을 높힌다.

"하지만 이스트가 알코올만 만드는 건 아닙니다."

"물론 그건 아니지요." 모란도가 퉁명스럽게 대꾸한다. "그렇다면 와인 대신 차라리 약한 보드카를 만드는 게 낫겠네요."

"맞아요. 이스트는 공장에서 일률적인 제품을 만들어내는 직공이 아닙니다. 장인이지요! 당을 알코올로 재빨리 변화시키는 데만 집중하면 개성과 복합성을 만드는 제2의 과정을 놓칠 수밖에 없습니다."

구이도는 부글대고 있는 탱크 속의 머스트만큼 끓어오른다.

"목적지에 도착하기 위해 서두르면 여행의 즐거움은 반으로 줄어듭니다. 알코올을 만들기 위해 직선거리로 가는 건 택시를 잡아타고 유명한 곳만 급하게 둘러보는 여행객과 같습니다. 하지만 콜로세움이나 성 바오로 성당 관광보다 로마의 거리를 배회하며 느긋하게 즐기는 편이 더 낫지 않을까요?"

모란도가 동의한다는 듯 고개를 끄떡인다.

"이스트는 와인의 여러 다른 성분에도 영향을 줍니다. 또 각각의 균주도 모두 다르게 작용하고요. 같은 환경의 같은 머스트라도 사용하는 균주가 다르면 전혀 다른 와인이 됩니다."

보르도 그라브 지역 샤토 라울Château Rahoul의 와인 메이커인 피터 뱅댕디에Peter Vinding-Diers는 1985년과 1986년 빈티지로 이를 실험해보았다. 같은 머스트를 세 개의 통에 나누어 담고 각기 다른 사카로미세스 세레비시아 균주를 주입했다. 한 통은 라울에서 따로 보관하고, 다른 두 개는 마고와 포이약의 셀러에 각각 보관했다. 결과적으로 세 와인은 '블라인드' 테이스팅으로도 쉽게 구별할 수 있을 만큼 차이가 났다.

이스트가 생성하는 소량의 물질이 와인에 그렇게 큰 차이를 낼 수 있을까?

와인에서 가장 많은 양을 차지하는 성분이 와인의 향미를 좌우하는 것은 아니다. 와인도 인간과 마찬가지로 수분이 대부분을 차지한다. 미켈란젤로나 아인슈타인이 이웃집 아저씨와 구별되는 것은 수분의 양이 달라서가 아니다. 와인에서 보통 12~14퍼센트밖에 되지 않는 알코올이 오히려 와인의 특성을 만드는 데 기여한다. 하지만 샤토 라울이나 샤토 라투르도 알코올 도수는 같을 수 있다.

'최소 감응 농도'란 보통 사람들이 알아챌 수 있는 냄새나 맛의 최소 양을 말한다.

예를 들어 에틸알코올은 약간의 단맛이 있지만, 순수한 물에 조금씩 첨가할 경우 농도가 11퍼센트 이상이 될 때까지는 단맛을 전혀 느끼지 못한다. 소금은 0.2퍼센트, 초산은 0.012퍼센트만 되어도 맛을 느낄 수 있다. 올림픽 경기장 크기의 수영장에 에틸알코올은 200리터쯤 넣어야 맛을 느낄 수 있는 반면, 피망 특유의 향을 내는 IMP(이소부틸 메톡시 피라진)는 한 방울의 10분의 1만 넣어도 충분할 것이다.

어떤 물질은 아주 미세한 양으로도 와인의 향을 좌우한다. '코르키' 한 냄새를 내는 가장 보편적인 물질은 TCA(2,4,6-트리클로로아니솔)이다. 이 물질의 최소 감응 농도는 10ppt, 즉 10억분의 1의 TCA만 용해되어도 냄새를 느낄 수 있다. 코르키한 와인을 분석해보면 TCA가 20~370ppt 정도 되므로 그 냄새를 바로 알아차리는 게 당연하다.

물론 향미가 최소 감응 농도의 수치에 좌우되는 것만은 아니다. 개인의 선호도도 영향을 준다. 어떤 물질이라도 양이 너무 많으면 질려버리지만, 보통 부정적으로 여겨지는 물질이라도 양이 적당할 때에는 와인에 복합성을 더할 수 있다.

사람들은 악취를 내는 화합물의 이름은 몰라도 냄새는 잘 기억한다. 상한 계란에서 나는 냄새는 황화수소이다. 그러나 소량의 황화수소는 구운 견과류 향을 내며, 부르고뉴 화이트 와인 애호가들을 황홀경에 빠지게 한다.

약간의 초산은 와인의 부케를 향상시키지만, 많으면 식초 냄새가 난다. 적당량의 IMP는 소비뇽의 특징인 신선한 풀 향을 드러내지만, 많으면 푸성귀 냄새가 강해진다. 미시 세계의 주민들 중에서 특히 악명 높은 부패 이스트, 브레타노미세스*Brettanomyces*도 와인에 극소량 포함되면 복합성을 더해준다.

최소 감응 농도도 사실은 통계학적 허구라고 할 수 있다. 아황산에 대한 감응도는 두 사람 사이에도 상당한 차이가 나는 것이 확인되었다. 또 같은 사람이라도 수년에 걸쳐 감각이 진화하기도 하고, 또 몇 주 만에 변하기도 한다.

좋고 싫음은 물론 상대적이다. 어떤 사람에게는 역한 냄새가 다른 사람에게는 좋을 수도 있다. 카망베르 치즈는 만든 직후에는 무미하지만 시간이 지날수록 역한 맛으로 변한다는 점에는 모두가 동의할 것이다. 치즈가 숙성되면서 암모니아의 양이 점점 늘어나고 맛이 달라지는데, "바로 이 맛이야!"라고 외치는 시점은 개인마다 차이가 난다.

이렇게 '제2의 성격'을 구성하는 수많은 요소가 와인의 개성을 만든다. 물론 그 대부분은 포도 자체에서 나오는 물질이다.

세계 '최고'의 와인을 만들기 위해서는 '최고'의 포도가 필요하지만, 어떤 이스트 균주가 어떻게 활동하여 머스트를 변화시키는가 등 다른 여러 요소도 작용한다.

"이스트는 선과 악을 함께 지니고 있어요." 구이도가 빙그레 웃는다. "그 예로 황화수소를 들 수 있습니다."

이스트는 머스트에 있는 여러 가지 황 화합물의 분해를 통해 황화수소를 생성한다. 이스트의 균주가 달라지면 황화수소 생성량도 차이가 난다. 실제로 이스트 균주 중 1퍼센트가량은 황화수소를 전혀 생성하지 않는다. 반면 리터당 4~5밀리그램까지 황화수소를 생성하는 균주도 있다. 그 정도 양이면 와인 한 잔에서 하수구 냄새 같은 악취를 느낄 수 있다.

"이스트는 스트레스를 받으면 초산이나 황화수소 같은 물질을 더 많이 내놓습니다." 모란도가 말한다.

이스트는 활동 조건이 열악해지면 와인 메이커에게 신호를 보낸다. 너무 덥거나 춥거나 또는 아황산이 너무 많거나 양분이 모자랄 경우 항의한다.

머스트의 질소 성분이 모두 소진되면 이스트는 질소를 얻기 위해 아미노산을 분해하고 그 부산물로 황화수소를 생성한다. 어떤 균주는 20도에서는 아주 잘 활동하지만 10도에서는 상당량의 초산을 생성한다.

"그건 항의가 아니라 사보타지죠!" 구이도가 목소리를 높인다.

하지만 이스트를 잘 보살피지 못한 와인 메이커의 과실도 인정한다. "와인을 잘 만들고 싶으면 이스트를 잘 달래야 합니다."

그는 올해 소리 산 로렌조에서 천연 이스트가 일을 굉장히 잘하고 있다며 기뻐한다. "배양 이스트는 고용인에 불과합니다." 그가 무표정하게 말한다. "돈만 받으면 누구를 위해서라도 일을 하니까요!"

맹목적인 천연 이스트 우월주의가 아니라, 태어날 때부터 갖고 있는 그들의 본성을 인정하는 것이다. 특정 장소에서 진화한 천연 이스트는 와인에 독특한 개성과 정체성을 선사해준다.

구이도도 긴급 상황이 닥치면 배양 이스트를 사용한다. 부패가 일어날 수 있어 발효를 가능한 한 빨리 끝내야 하는 경우이다. 그렇지 않을 때는 천연 이스트가 발효를 잘 해낼 수 있는지 이틀 정도 관찰한다.

"배양 이스트를 넣으면 확실히 안전하긴 하지만 포도에서 최선을 얻어내려면 가끔은 위험을 감수해야 합니다."

와인의 집에는 늘 와인을 망치는 유령들이 돌아다닌다. 캘리포니아 대학 데이비스 캠퍼스의 지침은 정설로 받아들여지지만, 자연이라는 세이렌은 매혹적인 노래로 '이교도'들을 유혹한다.

"자연이 원하는 길로 가게 내버려두면 일은 쉬워요." 구이도가 말한다. "또 기술로 자연을 정복하는 것도 똑같이 쉬운 일입니다. 스킬라와 카립디스(그리스 신화에 나오는, 메시나 해협 양편에 사는 바다 요괴) 사이에서 항로를 어떻게 조종하느냐가 어려운 일입니다."

구이도에게 와인 양조의 해협은 시칠리아와 이탈리아 본토 사이의 메시나 해협과 같다. 그는 네비올로를 싣고 오염으로 얼룩진 암초와 와인의 잠재력을 모두 빼앗는 소용돌이 사이를 헤치며 항해하기로 굳게 마음먹었다.

구이도는 지금은 범선의 항해사일지 모르지만, 발효가 시작되면 땅에 굳건히 발을 딛고 선다. 물론 높은 줄에 올라 줄타기를 할 때는 예외다. 포도밭에서처럼 셀러에서도 줄타기를 해야 한다. 지상 최대의 쇼에 줄타기가 빠질 리 없다.

26번 탱크의 디지털 온도계가 섭씨 28도를 가리키고 있다. 빨간 불이 켜졌다. 자동 냉각 장치가 작동하기 시작한다.

온도는 발효 과정을 관리하는 모든 요인 중 가장 큰 영향을 미친다. 헤르만 뮐러는 기본 법칙을 다음과 같이 요약했다. 높은 온도에서는 발효가 빨리 시작되고 빨리 끝나지만, 알코올 생산량이 적고 마지막까지 남는 이스트 세포의 숫자도 적다.

"발효가 안정적으로 지속되어야 이상적이지요." 구이도가 말한다. "너무 빨리 진행되지 않아야 합니다. 발효가 느리면 와인이 균형을 이루면서 향미가 순수해져요. 미묘한 부케를 얻을 수 있고 더 복합적으로 변합니다. 그러나 발효가 너무 빠르면 이스트가 알코올을 만드는 데만 열중해서 다른 어떤 물질도 부수적으로 생성하지 못합니다."

온도가 너무 낮아질 수도 있다.

"작은 통에서 발효할 때 셀러가 너무 서늘하면 발효가 일어나도록 온도를 높여줘야 합니다."

요즘은 와인 메이커들이 온도가 높아지는 것을 더 걱정한다. 과거에는 더운 지역에 국한된 문제였지만 최근에는 큰 발효조를 사용하는 생산자가 늘어남에 따라 보편적인 문제가 되었다. 통이 클수록 열이 분산되기 어렵다. 이스트의 번식에는 발효에서 방출되는 에너지의 40퍼센트만 소모된다. 나머지는 열로 발산되는데, 온도가 1도 오르면 발효 속도는 10퍼센트 증가한다. 30도에서는 20도보다 발효가 두 배 빨라진다.

이스트는 열에 과민 반응을 나타낸다. 초산을 더 분비하고, 알코올에도 견디기 어렵게 되며, 영양분을 이용하기도 힘들어진다. 콜 포터Cole Porter의 노래처럼 '지독하게 더울 때'는 번식의 욕망도 사그라진다. 발효는 중단되고 위험한 상황이 벌어진다. 탄산가스 보호막이 없어지면서 와인은 산소에 노출되고, 알코올을 초산으로 바꾸는 박테리아의 공격을 쉽게 받게 된다.

와인은 어떤 의미에서는 머스트가 식초로 변해가는 중간 과정이라고 할 수 있다. '식초vinegar'라는 단어도 신맛 나는 와인을 뜻하는 프랑스어 'vin aigre'에서 비롯되었다. 현대 양조 기술로는 와인이 식초가 되는 경우가 실제로 거의 없기 때문에, 과거에 이런 와인이 얼마나 흔했는지 모를 수 있다.

판티니는 "와인의 가장 흔한 병은 초산화다"라고 썼다. "어떤 생산자는 변질된 와인을 식초로 만들어 손해를 줄여보려고도 했다. 셀러에 남아 있는 얼마 되지 않는 정상적인 와인과 식초가 된 와인을 섞어 전부 망쳐버린 생산자도 있었다." 1934년에 가리노카니나는 '와인의 저장'이라는 글에 "해마다 이탈리아에서는 1억 리터 이상의 와인이 상했는데, 주원인은 초산화였다"라고 썼다.

안젤로는 랑게의 식당에서 식사할 때 샐러드에 식초를 너무 많이 친다고 가끔 불평한다.

"이곳의 오랜 전통입니다." 그가 말한다. "옛날에는 오일은 너무 비싸서 충분히 살 수 없었으나 식초는 넘쳐났지요!"

구이도가 와이너리에서 처음 일을 시작했을 때는 세 개의 초대형 통에서 발효를 했다. 가장 작은 통이 1만 2,000리터들이였고 큰 통은 3만 4,000리터들이였다. 창문이 없는 셀러의 벽에 붙어 있는 시멘트 탱크는 통기가 잘 안 된다. 포도에 당분이 너무 많아 힘들었던 1971년 빈티지는, 열 때문에 발효가 너무 급히 진행되어 손쓸 틈이 없었다. 안젤로는 미니비스로 알바에 있는 도축장에서 얼음을 사와 와이너리로 날랐다.

구이도는 그때를 회상하며 몸서리를 친다.

"20킬로그램짜리 얼음 덩어리를 마대에 넣어 어깨에 지고 셀러로 내려갔습니다. 얼음에 긴 호스를 감고 와인을 호스로 통과시키며 열을 식혔어요."

유명한 샤토 라피트도 이 문제를 다루는 데는 서툴렀다. 1895년 보르도 양조 연구소 원장이었던 율리스 가용Ulysse Gayon은 샤토 라피트에 머무르던 중 셀러에 문제가 생긴 것을 알아챘다. 그는 로칠드 남작에게 보르도에서 얼음을 주문하라고 말했고, 곧 얼음을 통째로 발효조에 집어넣었다. 와인이 약간 희석되긴 했지만 그래도 와인을 구할 수는 있었다. 하지만 1921년에는 운이 좋지 않았다. 가을이 너무 더워 발효가 중단되고 초산박테리아가 창궐하여 그해에는 와인이 아닌 식초를 생산하게 되었다. 1928년에 또다시 더운 가을이 계속되자 와인을 망치기 전에 저온 살균을 했다. 하지만 그 빈티지를 미리 구입했던 보르도 상인들은 샤토 라피트에 소송을 제기하며 와인을 반환했다.

냉각 장치는 1880년대에 프랑스 재배자들이 무더운 알제리에서 와인을 만들며 최초로 개발했다. 그러나 새로운 발명이라기보다는 옛날부터 맥주 양조에서 사용해오던 단순한 장치를 변형한 것이었다. 이스트와 더불어 와인이 맥주에게 빚진 것 중 하나다. 샤토 라 미시옹 오 브리옹Château La Mission Haut-Brion의 앙리 월트너Henri Woltner는 1926년에 에나멜을 입힌 강철 탱크를 설치했다. 1960년대 초에는 보르도에 스테인리스 탱크가 도입되기 시작했고 세계적으로도 확산되었다. 오 브리옹과 라투르가 앞장섰는데, 와이너리가 우유 공장처럼 변해간다는 불평과 수군거림도 들렸다.

1973년에 완성된 가야 와이너리의 새 셀러는 온도가 오르면 창문을 열어 실내온도를 조절할 수 있다. 그리고 이듬해에는 바로 아래층에 새 발효 탱크를 설치했다.

물론 최근 설치한 26번 탱크와 비교하면 오래되고 모양도 구식이지만 늘 보던 사람들에게는 여전히 눈에 익은 아름다움이 있다. 구이도는 손가락으로 탱크를 퉁기며 외친다. "소리 좀 들어보세요!" 3밀리미터 두께의 단순한 금속음이 그의 귀에는 음악처럼 들린다. 열이 분산되고 있다는 의미다. 이 탱크들은 머스트의 열기뿐 아니라 구이도의 머릿속 열기도 식혀준다.

"이 탱크들이 내 인생을 바꾸었습니다." 구이도가 말한다. "1974년부터 발효는 완전히 새로운 국면에 접어들었어요."

최신 탱크는 스위치를 한 번만 가볍게 누르면 온도를 조절할 수 있다. 하지만 그는 역사의 교훈을 안다. 혁명으로 독재 정권을 쓰러뜨려도 다시 새로운 폭정이 내부에서 일어난다는 것을.

"많은 생산자들이 온도 조절을 너무 정확히 해요. 발효는 그렇게 완벽한 보호막을 치고 규칙적으로 통제하지 않아도 됩니다."

26번 탱크 건너편에 비슷하게 생긴 스테인리스 탱크가 있다. 자세히 보면 키가 더 크고 날씬하며, 바닥은 깔때기 모양이 아니고 평평하다. 1983년에 최초로 구입한 온도 조절용 탱크다. 1979년에 심은 샤르도네로 처음 와인을 만들 때, 화이트 와인이 레드 와인보다 높은 온도에서 더 상하기 쉬워 새로 설치한 탱크다.

"저 탱크들은 화이트 와인에 적합합니다." 구이도가 말한다. "1985년에 구입한 이쪽에 있는 탱크들과 26번 탱크는 레드 와인에 더 알맞아요. 껍질을 처리하기가 쉽거든요."

레드 와인을 만들 때는 위의 고체 부분과 아래 액체 부분의 관계를 다루는 것이 가장 까다롭다. 그대로 두면 찌꺼기는 액체 위로 떠오르고 표면이 건조된다. 아래에서 치솟는 탄산가스의 압력으로 찌꺼기는 딱딱하게 굳는다.

"장모님은 뚜껑이 없는 원뿔형 탱크를 사용하셨는데, 어느 해 가을 윗부분의 껍질이 엉켜 붙었습니다. 이틀이 지나도 깨지지 않았고 막대기로 찔러봐도 요지부동이었습니다. 벽돌처럼 단단했죠!"

26번 탱크는 너비와 높이의 비가 크다. 그러면 캡이 더 넓게 퍼지고, 따라서 두께는 더 얇아진다. 캡과 머스트의 접촉면도 더 넓어진다. 탱크의 중간에 있는 원통은 탄산가스를 효과적으로 분산시켜 탄산가스의 압력 때문에 캡이 단단해지는 것을 막아준다.

구이도가 웃는다.

"중간에 있는 원통의 구멍 때문에 위에서 보면 캡이 마치 큰 도넛처럼 보입니다."

그는 버튼을 누른다.

"이제 펌핑 오버를 합니다."

탱크 아래쪽에서 머스트를 호스로 빼내어 캡 위에 뿌린다. 머스트를 골고루 뿌리기 위해(펌핑 오버를 가능한 한 부드럽게 하기 위해) 구이도는 탱크 위쪽에서 회전하며 액체를 살포하는 구멍이 있는 파이프를 고안했다.

옛날에는 이 일을 손으로 했다. 머스트를 빼내어 들통에 담아 통 꼭대기까지 사다리를 타고 올라가 캡 위에 쏟아부었다.

"생각해보세요. 힘든 육체노동일 뿐만 아니라, 머스트가 통에서 나올 때 호스를 들고 있는 사람은 탄산가스를 들이마시게 됩니다."

펌핑 오버는 탱크의 온도가 너무 올라가는 것을 방지하고 탱크 전체 온도를 균일하게 만든다. 화이트 와인과 달리 레드 와인은 발효 탱크 내부 온도가 균일하지 않다. 캡 바로 밑의 온도는 바닥보다 최소 10도가 더 높다.

1867년 투스칸 폴라치Tuscan Polacci는 껍질과 씨 등이 섞여 있는 레드 와인 발효에 대해 처음으로 체계적으로 연구했다. 그는 구이도가 사용하는 실린더와 유사한 모양의 작은 유리 발효 탱크를 고안해 관찰했다. 그 결과 아래 부분은 거의 머스트 상태 그대로 남아 있는 반면, 발효의 중심이 되는 힘은 캡 근처에 있다는 것을 알게 되었다.

또한 펌핑 오버는 와인에 공기를 통하게 하여 이스트가 증식하기 쉽게 만든다. 발효가 진행되는 동안 구이도는 하루에 두 번씩 한 시간 동안 이스트의 활성을 높이기 위해 펌핑 오버를 한다.

옛날처럼 작고 뚜껑이 없는 통에서 발효할 때는 일부러 공기를 주입할 필요가 없었다. 캡을 막대기나 비슷한 기구로 주기적으로 밀어 내리면 그 과정에서 공기가 자연스럽게 들어간다. 그러나 와이너리의 밀폐된 탱크에서는 캡을 '잠수'시키는 방법으로 밀어 넣어야 한다. 큰 철망으로 윗부분을 눌러 캡이 머스트에 잠기게 하여 건조를 막는다. 캡은 머스트에 잠겨도 딱딱하기 때문에 산소가 침투하기 어렵다.

날씨가 좋은 해에 오히려 이스트가 담당하는 발효 작업은 더 힘들어진다. 포도가 잘 익으면 당도가 높아져 알코올을 더 많이 만들어야 하기 때문이다. 또 이스트는 작업 환경이 좋지 않으면 파업을 하고 발효를 중단한다. 1961년에 그런 일이 일어났다.

"무엇을 더 바라나요?" 구이도는 항상 이스트의 입장에 서서 말한다. "당분은 많아 할 일은 많고, 아황산은 부담스럽고, 공기도 통하지 않습니다. 또 당시에는 영양제도 투입하지 않았어요. 이스트는 그런 나쁜 환경에서도 최선을 다합니다."

발효 탱크 속의 액체와 고체 부분을 섞어주는 펌핑 오버는 커피 퍼컬레이터나 세탁기의 회전 드럼과 비슷한 역할을 한다. 펌핑 오버는 추출 과정을 돕는다.

추출/페놀화합물

"마가리Magari!" 구이도가 소리친다. "마가리!"

이탈리아어 감탄사인 '마가리'는 적당한 번역어가 없다. '정말 그렇다면!' 또는 '그게 사실이라면!' 정도로 번역해야 한다.

와인의 사전적 정의는 "발효된 포도 주스"이다. 구이도는 그 정의가 레드 와인이 도대체 어떻게 만들어지는지 모르는 사람이 내린 것이라고 생각한다. 아니면 추출의 가혹한 진실을 숨기려는 선의의 거짓말일지 모른다.

레드 와인과 화이트 와인은 포도 품종이 다르다. 아무리 기술이 좋은 와인 메이커라도 청포도인 샤르도네나 리슬링으로는 레드 와인을 만들 수 없다. 그러나 적포도는 과육이 희기 때문에 화이트 와인도 만들 수 있다. 적포도를 압착하여 씨와 껍질을 제거하고 주스만 발효시키면 화이트 와인이 된다. 그러면 "발효된 포도 주스"라는 말이 맞지만, 레드 와인은 만드는 방법이 다르다. 지금은 쉽게 볼 수 없는 품종인 프랑스 적포도 탱튀리에teinturiers는 예외로, 과육 자체가 붉어 색깔이 옅은 와인을 짙게 만들거나 색깔을 배합할 때 사용했다.

샴페인은 세계에서 가장 유명한 화이트 와인이지만 적포도 품종 두 가지(피노 누아와 피노 뫼니에)를 청포도보다 더 많이 사용하여 만든다. 이와 구분하여 청포도 품종인 샤르도네 한 가지만 사용해 만든 샴페인은 블랑 드 블랑blanc de blancs(청포도로 만든 화이트 와인)이라고 한다.

레드 와인은 포도 껍질과 씨에서 색소와 성분을 추출해낸다. 이 과정을 침용maceration이라고 하는데, 실제로는 추출, 우려냄이다. 우리가 마시는 와인은 차나 커피처럼 고체가 아닌 액체인데, 침용은 고체를 부드럽게 만든다는 뜻이다. 레드 와인은 으깬 포도에서 우려낸 액체이다.

차나 커피는 고체에서 추출된 성분이 물에 혼합된다. 찻잔 속 액체의 품질은 원재료의 품질에 따라 어느 정도 결정된다. 포도가 서로 다른 것처럼 커피콩과 찻잎의 품질도 각기 다르다. 더 좋은 성분을 다량 함유하고 있는 원재료도 있지만 추출 과정을 어떻게 다루느냐에 따라서도 차이가 난다.

만약 제대로 끓지 않은 물로 차를 우려내면 찻잎이 주전자 표면으로 떠오르고, 물을 너무 오래 끓이면 찻잎이 아래로 내려앉는다. 양쪽 다 최적의 추출이 일어나지 못한다. 고체(찻잎)와 액체 사이의 교류가 충분히 이루어지지 못하기 때문이다. 물이 활발하게 끓기 시작할 때는 물 속에 공기가 많이 들어가 잎들이 아래위로 순환하게 된다.

온도는 추출에 영향을 준다. 물이 식으면 추출하는 힘도 줄어든다. 차 주전자를 먼저 데우는 전통도 이 때문이다. 우려내는 시간도 중요하다. 색깔은 향미보다 더 빨리 우러나온다. 영국인은 미국인이 "차를 눈으로 마신다"며 찻잎을 너무 빨리 빼낸다고 질책한다. 그러나 너무 오래두면 타닌이 많이 우러나와 차가 쓴맛이 난다.

커피 추출 과정도 비슷하다. 알갱이가 얼마나 섬세한가에 따라 달라진다. 필터를 사용하면 고체와 액체가 접촉하는 시간이 매우 짧기 때문에 알갱이가 더 미세해야 한다. 거친 알갱이는 추출이 잘 안 되어 커피가 연해진다.

화이트 와인의 경우는 대부분 압착을 최소한으로 하지만, 추출이 어느 정도 필요한 경우도 있다. 요즘은 화이트 와인도 껍질과 짧게나마 접촉시켜 풍미와 아로마를 더 추출하는 경향이 있다.

"여기 산 로렌조와 같은 레드 와인을 만드는 방법과, 화이트 와인을 만드는 방법이 비슷할 거라고 생각하면 안 됩니다." 구이도의 목소리가 커진다. "밤과 낮처럼 달라요! 전쟁과 평화죠!"

구이도는 제2차 세계대전의 공습을 직접 경험하지는 않았다. 하지만 적색경보는 적군의 공격이 임박할 때 울린다는 사실은 알고 있다. 실제로 와이너리의 적색경보는 네비올로가 도착할 때 울린다.

"바로 저기에서 전쟁이 일어나고 있어요." 소리 산 로렌조의 포도를 으깬 후 이틀이 지났다. 구이도는 26번 탱크를 가리키며 외친다. "타닌과 안토시아닌의 전쟁입니다."

구이도가 전쟁 후유증이라도 앓고 있는 걸까? 네비올로에서 성분을 더 추출extraction하려는 것은 글자 그대로 추가적인extra 행동action이다!

안토시아닌과 타닌은 둘 다 페놀이라는 유기화합물에 속한다. 포도의 페놀 화합물 중 65퍼센트는 씨에 들어 있고 22퍼센트는 줄기에, 12퍼센트는 껍질에, 그리고 1퍼센트는 과육에 들어 있다.

발효의 확실한 표시가 탄산가스가 만드는 기포라면, 머스트의 색깔이 붉어지는 것은 추출이 잘되었다는 표시이다. 와인의 색깔은 포도 껍질에 있는 안토시아닌에서 나온다. 안토시아닌은 사과나 자두, 체리, 베리류 등의 과일뿐 아니라 꽃이나 채소에서 빨간색, 보라색, 파란색을 나타내는 성분이다. 안토시아닌을 충분하게 얻기 위해서는 포도가 햇볕을 많이 받아야 한다. 따라서 와인의 색깔을 보면 빈티지에 대해 많은 것을 알 수 있다.

타닌은 선사시대부터 동물 가죽을 부드럽게 만드는 데 사용해왔다. 타닌은 가죽 표면의 단백질과 결합하고, 젤라틴 성분을 불용성으로 변화시켜 가죽을 썩지 않게 만든다.

구이도의 와인 양조 회고록 중 가장 극적인 장은 두말할 것 없이 "타닌 길들이기"이다. 사자 길들이기, 말괄량이 길들이기 등은 도깨비와 같은 타닌 길들이기에 비하면 아무것도 아니다.

"바르바레스코 와인처럼 타닉한 와인은 음식 없이 마시면 좋은 평가를 받을 수 없습니다." 그와 안젤로는 항상 같은 목소리로 말한다. 타닉한 와인을 음식에 곁들여 마시면 기름과 다른 지방 성분이 입 안을 매끄럽게 해줄 뿐 아니라, 타닌이 육류의 단백질과 결합한다. 홍차에 우유를 넣을 때 일어나는 현상과도 같다. 차의 타닌이 우유의 단백질과 결합하여 쓴맛을 덜 느끼게 된다.

네비올로의 타닌은 오래 남고, 안토시아닌은 금세 사라진다.

"올해 네비올로의 안토시아닌 함량은 최대가 리터당 500밀리그램 정도밖에 안 됩니다. 바르베라와 카베르네는 평균 600~700밀리그램 사이니 반 정도 되지요. 그리고 네비올로의 안토시아닌은 분자 구조도 달라서 덜 안정적이며 잃어버리기도 쉽습니다."

구이도의 표정이 갑자기 밝아진다. "네비올로에 바르베라나 카베르네 정도의 안토시아닌이 있다면 모든 게 달라지겠지요." 그는 곧 어깨를 으쓱하며 현실로 돌아온다. "서로 다를 뿐이지요. 어떤 사과는 다른 사과보다 더 붉을 뿐입니다."

네비올로의 당면 과제는 타닌의 추출은 줄이면서 안토시아닌의 추출은 최대로 늘리는 것이다. 구이도는 타닌과 안토시아닌의 전쟁에서 후자의 편인 것 같다. 그의 작전은 단순하기 그지없다. 색깔을 먼저 추출하고, 타닌이 바통 터치를 하기 전에 달아난다.

안토시아닌은 물에 녹는 반면 타닌은 알코올에 의해 추출된다. (차를 만들 때에는 끓는 물이 타닌을 우려낸다.) 포도를 으깬 후 이스트가 알코올 생성을 시작하기 전, 처음 이틀 정도가 안토시아닌이 전쟁을 승리로 이

끌 수 있는 결정적 순간이다.

"발효 초기에 펌핑 오버를 심하게 하는 이유 중 하나가 색깔을 더 많이 추출하기 위해서입니다. 알코올이 생성된 후에는 타닌만 더 풍부해져요. 아황산도 색깔을 추출하는 데 중요한 역할을 합니다."

구이도는 열의 영향에 대해서도 실험을 많이 했다. 머스트의 온도가 높을수록 안토시아닌이 더 잘 녹는다. 알코올이 아직 생성되지 않았을 때 온도를 높이면(새 발효 탱크에서는 가능하다) 타닌은 추출되지 않는 상태에서 색깔을 더 얻을 수 있다. 그러나 아직도 결론을 내리기에는 조심스럽다.

"와인에 열을 가할 때는 장기적인 관점에서 봐야 합니다. 익힌 냄새가 나서도 안 되고, 색깔이 변하는지도 유심히 관찰해야 합니다."

구이도는 깔때기 모양의 탱크 바닥에 모인 씨를 먼저 제거해보는 실험도 해봤다. 알코올이 씨와 오래 접촉하면 쓰고 떫은 씨의 타닌이 추출되기 때문에, 씨를 빼내면 줄기 제거와 같은 효과가 나지 않을까 해서이다.

보통 포도 껍질에 타닌이 많이 함유되어 있다고 알고 있지만, 어떤 전문가들은 귀족 품종의 껍질에는 엄밀히 말하면 타닌이 전혀 없다는 주장을 편다.

"아!" 구이도가 외친다. "포도의 페놀 화합물에 대해 좀 더 알 수 있다면 좋겠습니다. 어디에 얼마나 있는지, 양조 중 어떻게 추출되는지, 어떻게 결합하는지 등등을요. 추출에도 통달할 날이 곧 오겠지요? 얼마 전까지만 해도 무지했던 말로락트 발효에 대해 완전히 알게 된 것처럼요." 한 가지는 확실하다. 페놀 화합물(폴리페놀)에 대한 이해가 양조학에 새로운 세계를 열어주었다는 사실이다.

하지만 새로운 세계는 아직도 거친 황무지라는 것을 구이도보다 잘 아는 사람은 없다.

그는 수년 전 캘리포니아에 있을 때 캘리포니아 대학 데이비드 캠퍼스의 세계적인 폴리페놀 전문가인 싱글턴V. E. Singleton 교수와 나눈 대화를 기억한다.

"일반적으로 폴리페놀이 리터당 1,200~1,400밀리그램 포함되면 와인이 유연하고 우수하다고 합니다. 바르바레스코는 보통 2,000 이상입니다. 2,800 정도면 균형을 조절해야 하고 1,800이면 떫지요."

타닌은 양뿐 아니라 품질도 중요하다. 위대한 양조학자 장 리베로 가용Jean Ribéreau-Gayon은 거칠고 도발적인 타닌과 '귀족적인' 타닌의 차이를 밝혔다. 전자는 쉽게 중합하지 못하며, 후자는 서로 중합하여 벨벳같이 부드러워진다.

중합체는 수많은 동일 단량체 분자가 결합한 화합물이다. 와인이 점점 숙성해갈수록 단량체들은 개체에서 벗어나 결합한다. "하나로 나아가자e pluribus unum!"라는 외침에 따라 더 많은 분자가 결합하여 중합체가 된다.

중합은 와인의 숙성에서 핵심 역할을 한다. 와인이 오래 숙성될수록 색깔이나 냄새, 맛이 왜 변화하는가에 대한 해답이 여기에 있다. 와인은 나이를 먹을수록 더 행복해지는 듯하다. 더 많은 요소가 중합 과정에 참여하여 시간이 갈수록 와인이 더 복합적이고 풍부하게 된다.

단량체였던 타닌은 서로 결합하여 중합체를 이루게 되며, 입 안의 점액 단백질과는 더 이상 결합하지 않게 된다. 따라서 혀를 '쏘지' 않으며 떫은맛 대신 부드럽게 느껴진다. 끝까지 남는 고집 센 단량체는 거칠고 쓴맛을 남긴다.

중합체가 너무 무거워지면 가라앉아 와인의 침전물이 된다. 또 어떤 것은 단량체로 복귀하여 본래의 도발적 성격으로 되돌아가기도 한다. 아니면 그런 것같이 보이는 건지 알 수가 없다.

구이도는 심술궂게 웃는다.

"엊그제 아스티에 있는 연구소에 다녀왔어요. 로코 디 스테파노Rocco di Stefano는 페놀 화합물을 연구하는 전문가인데, '단량체에 대해서는 모두 알아도 중합체에 대해서는 아무것도 모른다'고 말했습니다."

구이도도 일생 동안 타닌과 씨름하고 있지만, 학교에서는 전혀 배운 바가 없다.

"우리는 아무것도 배우지 않았고 그런 교육에 문제가 있다고도 전혀 생각하지 못했습니다. 사람들은 단순히 타닌이 많을수록 와인이 오래간다고 알고 있었고요."

그게 사실 아니었나? 바르바레스코가 오래가는 이유도 타닌이 강하기 때문이 아닌가?

그 누구도 아직 어떤 와인이 더 오래가는지 정확히 밝히지 못했다. 물론 타닌과 산도가 중요하기는 하다. 둘 다 약한 와인은 분명히 수명이 짧다. 하지만 강하다고 해서 꼭 더 오래가지는 않는다.

보르도 와인은 이 문제에 관하여 바르바레스코 와인보다 더 많은 관심과 비판을 받아왔다. 두 쌍의 역사적인 빈티지 1899, 1900년과 1928, 1929년의 사례에서도 교훈을 얻을 수 있다. 네 빈티지는 모두 시작부터 훌륭했다. 1900년산과 1929년산은 어릴 때에도 마실 만했지만, 1899년산과 1928년산은 타닌이 거칠었다. 전문가들은 전자는 빨리 시들 것이고 후자는 오래두면 더 좋아질 것이라고 생각했다. 예측은 빗나갔다.

구이도는 타닌에 적대적인 것처럼 보이지만, 그의 발효 전략은 폭넓게 봐야 이해할 수 있다. 그는 타닌을 제거하기보다 타닌이 와인을 지배하지 못하게 막으려 한다. 타닌은 와인의 풍미나 구조를 만드는 데 꼭 필요하다. 또 타닌은 와인의 색깔을 만드는 데도 관여한다.

처음에는 안토시아닌이 레드 와인의 색을 만든다. 어린 돌체토는 안토시아닌이 많기 때문에 어린 네비올로보다 색이 진하다. 그러나 숙성이 되면 돌체토는 타닌이 적기 때문에 오히려 색이 연해진다. 와인의 색은 나이가 들수록 타닌에 좌우된다. 카베르네 소비뇽이 항상 최고의 자리를 차지하는 이유 중 하나는 두 가지가 다 풍부하기 때문이다.

"네비올로의 색은 안토시아닌과 타닌의 결합에서 비롯되기 때문에 우리는 그 결혼을 안정시키는 방법을 찾아야 합니다."

구이도는 이제 전략가에서 결혼 상담가가 되었다. 구이도의 일은 결코 끝이 없다. 추출 전쟁은 한 번의 승리로 끝나지 않는다. 해마다 가을이 오면 다시 적색경보가 울리고 새로운 전쟁이 시작된다. 해마다 그는 상처를 입으며 와인을 맛본다. 레드 와인이나 차나 결국 같은 추출이지만 와이너리의 추출 전쟁은 찻잔 속의 태풍과는 질적으로 다르다! 그러나 구이도는 항복의 백기를 들지 않는다. 적들이 전진해오면 더욱 용기를 내어 전쟁터로 달려간다. 그의 훈장은 '붉은 무공 훈장'이다.

머스트에 남아 있는 당분이 모두 알코올로 변하면 발효는 끝나지만 추출은 와인 메이커가 착즙을 해야 끝난다. 현대 와인의 역사에서 봐도 이 기간은 일정하지 않다. 에밀 페이노는 19세기 중반에 나온 보고서를 인용하여 샤토 무통 다르마냑Château Mouton d'Armailhacq(구 무통 바론느 필립Mouton Baronne Philippe)은 추출 기간이 단 5~6일이었고, 이웃의 샤토 라피트는 한 달이나 걸렸다고 전했다.

구이도가 와인 메이커 자리를 넘겨받기 전까지, 전임 루이지 라마는 와인을 껍질과 씨와 함께 한 달도 넘게 두었다. 그것은 '전통'이었다. 1978년처럼 포도가 좋은 해에는 구이도조차도 '마초'처럼 막무가내로 우려내고 싶은 유혹에 굴복했다. 그는 가슴을 치며 장난스럽게 말한다.

"우리는 뭔가 보여주고 싶었습니다. 그런 훌륭한 포도에서는 모든 걸 전부 추출하고 싶지요."

그때와 비교해보면 껍질과 씨를 거르지 않고 오래 두어도 큰 문제는 없을 것이다. 1979년에는 12일 후에 찌꺼기를 분리했는데, 구이도는 그 결과가 더 나았다고 생각한다.

오늘날 랑게의 와인 메이커는 대부분 12일 정도 추출하는 것이 적합하다고 생각한다. 그러나 아직도 옛날에는 얼마나 오래 추출했는지를 들먹이며 고개를 갸웃거리는 노인들을 볼 수 있다.

전통 이전의 전통은 또 달랐다. 판티니는 "발효는 대개 8일쯤 계속된다. 끝나면 바로 착즙한다"라고 했으며, 오타비는 "껍질과 함께 20~30일간 접촉시킨 와인은 거칠고 조악하며 싸구려 선술집용밖에 되지 못한다"라며 신랄하게 비판했다. 현대적 바르바레스코의 아버지 카바차는 1905년 빈티지를 와이너리 조합의 '평균 발효'의 예로 제시했는데, 9월 29일 오후부터 10월 9일까지 11일간 추출하였고 그 후 바로 걸러 통에 따랐다.

"옛날에는 어쩔 수 없이 오랫동안 우려내기도 했습니다. 농부들이 다른 작물도 돌봐야 했기 때문에 시간이 날 때까지 한동안 발효 통에서 기다리게 할 때가 많았지요. 가을에는 밀을 심어야 했고, 또 종종 저장할 통이 충분치 않아 통이 빌 때까지 기다려야 할 때도 있었습니다."

그러나 침용 기간은 추출에 영향을 미치는 하나의 변수에 불과하다. "과거의 와인이 거칠고 조악했다면 발효 온도가 너무 높았거나 캡을 너무 심하게 휘저었기 때문입니다. 캡을 휘저으면 공기도 주입되지만 타닌이 많이 추출되지요. 바르바레스코 1982년산과 1985년산을 비교해보세요. 1982년만 해도 조금씩 펌핑 오버를 했습니다. 최근의 탱크에서는 캡이 그렇게 딱딱하게 되지 않아 더 이상 그럴 필요가 없어요. 1982년산은 굉장한 잠재력이 있지만 아직까지도 닫혀 있어요. 1985년산은 전혀 다릅니다."

그는 이제 결정을 내렸다. 소리 산 로렌조 1989년산은 발효가 끝나자마자 바로 찌꺼기를 거를 것이다.

"다 됐군요." 구이도가 비중계의 수치를 읽으며 말한다.

초심자라도 26번 탱크의 발효 파티가 끝나가고 있음을 알아챌 수 있다. 탄산가스는 점차 줄어들고 캡은 가라앉기 시작한다. 온도도 내려가고 있다.

구이도는 규칙적으로 비중계를 확인하며 발효의 흥망사를 기록한다. 당분이 알코올로 변함에 따라 머스트의 밀도가 낮아져 물의 밀도보다 낮아진다. 이제 모든 당분은 사라졌다.

"실제로 완벽하게 드라이한 와인은 없어요." 구이도가 설명한다. "항상 리터당 1그램 정도의 펜토스, 즉 오탄당이 남아 있습니다. 이스트가 발효시키지 않는 당이지요. 당분의 양이 최소 감응 농도보다 낮기 때문에 와인이 드라이한 것처럼 느껴질 뿐입니다."

펜토스라고? 펜타곤(미국 국방부 건물)처럼 숫자 5와 관계가 있는 것 같다.

"포도당이나 과당처럼 여섯 개의 탄소 원자를 갖는 헥소스(육탄당)와 달리 다섯 개의 탄소 원자를 갖는 당을 펜토스라고 합니다."

그 차이를 몰라도 걱정할 필요는 없다. 이스트 세포들도 그 차이를 모른다!

소리 산 로렌조 1989년산은 찌꺼기를 거른 후 20년 된 대용량 슬로베니아 오크통으로 들어간다. 26번 탱크에서 꺼낸 껍질은 같은 층에 있는 압착기로 옮겨진다. 그 속에 약간 남아 있는 액체는 짜서 벌크와인으로 팔아버린다(프레스 와인).

"현재와 같은 장비가 없던 옛날에는 모든 일이 순조롭게 진행되어도 하루 종일 다섯 명, 심지어는 열 명의 인력이 매달려야만 했습니다. 시멘트 통에서 찌꺼기를 꺼내는 장면은 정말 한 편의 드라마 같았지요. 지금은 두 사람이 한 시간 정도면 끝낼 수 있는 일입니다."

구이도의 성긴 머리카락은 겨우 몇 가닥 남아 있고 지금은 머리끝이 서지도 않는다. 하지만 젊을 때는 정말 머리끝이 쭈뼛 서는 경험을 여러 차례 했다는 그의 말이 신빙성 있게 들린다.

"생각해보세요!" 그가 외친다. "제일 큰 통에는 3만 4,000리터가 들어갑니다. 와인을 빼낸 후에 찌꺼기를 꺼내야 할 때는 항상 긴장감이 돌지요. 찌꺼기의 상태가 좋으면 다루기가 좋지만 무르면 조심해야 합니다. 세 사람이 통 문을 잡고 있어도 2톤의 찌꺼기가 밀려 나올 때는 속수무책입니다. 그런 큰 통에서 작업하는 날이 잡히면 라마는 전날 밤 얼굴이 창백해지고 식은땀을 흘렸지요!"

1989. 11. 23

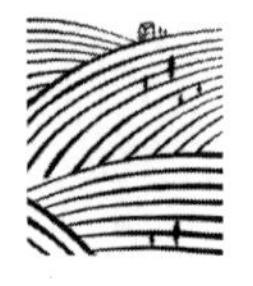

말로락트 발효MLF

구이도는 이제 화가로 변신한다. 그것도 추상화가다!

이제 전시회 준비를 마친 것 같다. 그의 사무실 벽에는 최신작들이 걸려 있다. 얼핏 보면 푸른 배경에 똑같은 노란 점을 찍은 것처럼 보이나 자세히 보면 점의 강도가 그림마다 다르다. 강렬한 형상에 미묘한 음영이다.

구이도는 실험실로 춤추듯이 내려가며 말한다.

"이리 와서 예술가의 작업을 직접 보세요."

그는 푸른 종이 한 장을 가지고 와서 아래에서 2센티미터 정도에 가로줄을 긋고 대강 2센티미터 간격으로 점을 찍는다. 첫 번째 점에 맑은 액체 한 방울을 떨어뜨리고, 다음 점들에는 여러 비커에 있는 레드 와인을 한 방울씩 떨어뜨린다. 화가는 와인으로 그림을 그리고 있다!

"이제 말려야 합니다."

구이도가 크로마토그래피에 처음 떨어뜨린 맑은 액체 방울은 사과산 용액이다. 그 외는 소리 산 로렌조를 비롯하여 올해 만든 와인 샘플들이다. 각 와인에 포함된 산은 종이에 흡수되어 각기 분자의 무게에 따라 다르게 올라가 노란 점으로 나타난다. 가장 아래가 주석산이며 다음은 사과산, 젖산, 구연산이다.

구이도는 알코올 발효 때 당이 분해되는 것처럼, 사과산이 분해되는 말로락트 발효 과정을 체크하는 중이다. 총 산의 양이 줄어들 뿐만 아니라 3분의 1은 탄산가스가 되어 공기 중으로 날아간다. 품질도 함께 변한다. 거친 사과산은 강도가 반 정도밖에 되지 않는 부드러운 젖산으로 바뀐다. 말로락트 발효는 와인의 산도를 감소시키기 때문에 생물학적 제산이라고도 한다.

"화이트 와인은 그때그때 달라요. 산미가 더 필요한 포도나, 어떤 와인 스타일은 말로락트 발효를 하지 않아도 되지만 레드 와인은 꼭 해야 합니다. 산, 특히 사과산과 타닌은 서로 상승 작용을 하기 때문에 둘 다 거칠게 느껴져요. 말로락트 발효를 거치면 신맛이 부드러워지고 와인이 더 유연해지며, 타닌은 그대로지만 풍만한 느낌을 줍니다."

그 외에도 와인에 다양한 변화가 나타난다. 포도 본래의 아로마는 줄어들고 와인 향으로 변하며 풍미는 더 복합적이 된다. 말로락트 발효도 알코올 발효와 같이 대사 작용의 흔적을 남긴다.

"긍정적인 변화만 일어나지는 않아요." 구이도가 말한다. "구연산도 역시 발효되어 휘발산이 약간 생성됩니다. 또 pH가 높아지기 때문에 색깔이 덜 선명해질 수밖에 없지만, 대신 전체적으로 와인의 질은 크게 향상됩니다."

와인은 다시 한 달여 동안 재발효를 하고 있다. 한 달 전 알코올 발효 때 시끄럽게 끓던 소리에 비하면 은근히 익는 것 같다. 말로락트 발효는 모르는 사이에 진행되기도 해서, 옛날에는 단순히 알코올 발효의 말기 현상이라고 생각했다.

말로락트 발효는 자연적으로도 일어나지만 알코올 발효 때처럼 와인 메이커가 촉진시킬 수도 있다.

"아황산이 많으면 잘 일어나지 않습니다. 아황산을 최소한으로 사용해야 하는 이유가 되기도 하지요. 그리고 온도가 15도 이상 오르면 자연적으로 일어납니다." 그는 실제로 포도를 파쇄할 때 외에는 아황산을 전혀 첨가하지 않는다.

10월 4일 정도에 발효를 끝내고 착즙하면 별 문제가 없다. 주위의 발효 탱크들은 아직도 끓으며 열을 발산하고 있고, 발효실은 탱크를 세척하는 스팀 때문에 온기가 있다. 날씨도 11월 초까지는 추워지지 않는다. 구이도는 금속 탱크보다 나무통을 말로락트 발효에 사용한다. 나무통은 알코올 발효에서 얻은 열을 훨씬 더 오래 간직하기 때문이다.

과거 보르도나 부르고뉴 같은 곳에서는 알코올 발효를 시킨 후 와인을 곧 걸러 작은 통에 옮기고, 온도가 낮은 셀러로 옮겼기 때문에 말로락트 발효가 잘 일어나지 않았다. 가끔은 날씨가 따뜻해지는 봄에 말로락트 발효가 일어났다. 농부들은 포도나무에 수액이 오를 때에 맞춰 와인이 다시 '일'을 시작한다고 말하기도 했다.

구이도는 미릿속 목록을 점검한다.

"영양분이 충분해야 합니다. pH가 3.2 이하로 내려가서도 안 돼요."

구이도는 엄격한 감독관이라기보다는 중요한 손님을 맞기 위해 준비를 점검하는 주인처럼 말한다. 그는 일이 가능한 한 빨리 완벽하게 끝나기를 바란다.

"와인에 사과산이 존재하는 한 발효는 언제든지 다시 일어날 수 있어요. 일단 사과산이 소진되고 나면 숙성이 순조롭게 진행됩니다. 그다음은 어떤 스타일의 와인을 만드느냐에 달렸어요. 옛날에는 와인 메이커가 마음의 평화를 누릴 틈이 없었습니다. 생물학적으로 불안정한 와인은 시한폭탄과도 같기 때문이지요."

지금은 걱정할 필요가 없다. 모든 일이 착착 진행되고 있다. 또다시 이스트가 경이로운 일을 해내고 있다.

"이스트?"

구이도는 자신의 귀를 의심한다.

"이스트가 이 일과 무슨 관계가 있어요? 말로락트 발효는 박테리아가 하는 겁니다!"

말도 안 되는 소리다! 물론 초심자도 그 정도는 알고 있다. 어쩌면 박테리아라는 그 말을 참을 수 없었던 건지도 모르겠다.

사실 대부분의 박테리아는 생물학계에서 존경받는 구성원이다. 지구상의 생물들은 그들이 베푸는 봉사 활동에 의지하여 산다. 하지만 인간 사회와 마찬가지로 소수의 나쁜 박테리아가 전체 박테리아의 이름을 더럽힌다. 그러나 가장 나쁜 박테리아인, 병을 감염시키는 병원성 박테리아는 pH가 낮은 와인에서는 견디지 못한다.

박테리아는 이스트보다 더 작다. 0.5미크론도 안 되지만 식품에서는 큰 차이를 만들어낸다.

다음에 요구르트를 살 때 용기에 표기된 사항을 자세히 읽어보라. 락토바실루스 불가리쿠스*Lactobacillus bulgaricus*와 스트렙토코쿠스 테르모필루스*Streptococus thermophilus*라는 글이 보일 것이다. 이 둘은 말로락트 발효에도 관여하는 박테리아들이다.

이스트처럼 박테리아도 당을 발효시켜 자체 번식을 위한 에너지로 사용한다. 우유의 당은 젖당인데, 우유를 소화하지 못하는 사람도 젖당이 발효된 요구르트는 소화할 수 있다. 젖산과 탄산가스는 박테리아의 젖당 분해 작업의 폐기물이다. 머스트의 발효에서 이스트가 하는 것처럼 위의 두 균주도 교대로 활약한다.

요구르트의 경우 구균coccus이 첫 주자로 당을 분해하며, 젖산의 양이 늘어남에 따라 pH는 낮아진다(산도가 높아진다). 당이 아닌 사과산을 젖산으로 변화시키는 말로락트 발효에서, 산도가 낮아지는 현상과는 정반대다. 산이 너무 강해지면 구균은 산에 잘 견디고 pH를 더 낮춰주는 박테리아인 간균bacillus에게로 바통을 넘긴다. 이 상태를 넘기면 요구르트는 상하지 않게 되는데 부패 박테리아가 활동하기에는 너무 산도가 높기 때문이다. 사람들이 먹기에도 너무 시어 시중에 판매하는 요구르트는 대부분 설탕을 첨가한다.

오늘날에는 와인계에 종사하고 있는 사람이라면 누구나 와인에 이로운 박테리아가 있다는 사실을 당연하게 여기지만, 얼마 전까지만 해도 사정이 달랐다. 미생물학은 질병의 치료를 위해 시작되었다. 나폴레옹 3세는 1862년 "부자든 가난하든 프랑스에는 셀러에 상한 와인이 없는 곳이 없다"라며 파스퇴르에게 부패의 원인을 연구하라고 요청했다. 그때의 상황은 심각했다.

파스퇴르는 상한 와인 샘플을 현미경으로 조사하며, 신 우유나 상한 맥주에서 보이는 것과 비슷한 막대기 모양의 생명체를 발견했다. 나중에 이를 박테리아라고 명명했는데 그리스어로 '작은 막대기'라는 뜻이다.

파스퇴르는 이스트는 와인을 만들고, 박테리아는 와인을 망친다는 이분법적 인식을 가졌다. 당시 포도밭이 오이듐이나 필록세라 등으로 위기를 겪으면서 이러한 이분법적 인식은 더욱 강화되었다. 결국 부패에 대한 연구에만 몰두하다 보니 유익한 미생물보다는 해로운 미생물의 활동에만 관심이 집중되었다.

박테리아는 금기 사항이 되었으며, 이를 언급하기만 해도 와인 양조자들은 발푸르기스의 밤(마녀들이 벌이는 광란의 축제)을 떠올렸다. "그들에게 미크론을 주면 미터로 변화시킨다. 그들에게 문을 열어주기만 하면 셀러는 폐업하고 문을 닫게 된다!" 박테리아 상자는 판도라의 상자보다 더한 것으로, 절대 열려서는 안 되었다.

그러나 박테리아의 명예 회복을 주창한 박테리아 옹호자들도 있었다. 로베르트 코흐가 앞장섰다. 그는 산도가 현저히 떨어진 와인의 찌꺼기에서 박테리아를 발견했고, 이 박테리아를 머스트와 와인에 배양해보니 사과산을 활발하게 분해하여 젖산으로 변화시켰다. 코흐는 "이런 박테리아는 부패의 주범과는 거리가 멀다. 오히려 와인의 향미를 향상시키는 공신으로 대접해야 한다"라고 기록했다.

율리스 가용은, 이스트가 와인에 기여하는 유일한 미생물이라는 파스퇴르의 주장에 반기를 들었다. 그는 발효가 시작한 직후 박테리아가 나타난 통이 청결 상태를 의심받던 하층 셀러에만 있는 게 아니라는 결론을 내렸다. 귀족적인 샤토 라피트조차도 순결무구한 수태는 아니었다! 그는 1895년 샤토 라피트에 머무는 동안, 온도가 올라가 발효가 촉진되었을 때 얼음을 사용하라고 충고한 바 있다.

이 현상을 처음 조사한 연구자는 바르바레스코 근처에 살았다. 1914년 아스티 연구소의 가리노카니나는 그가 조사한 모든 피에몬테 와인에서 말로락트 발효가 자연 발생적으로 일어난다는 사실을 알아냈다. (발효를 억제하는 아황산은 당시 널리 사용되지 않았다.) 1943년에는 다시 이 주제로 돌아가 "와인의 중요한 자연 진화 요인인 말로락트 발효는 이탈리아 양조학에서 마땅한 주목을 받지 못하고 있다"고 지적했다. 그러나 가리노카니나의 주장은 아직도 와인 양조학의 황야에서 외치는 목소리로 남아 있다.

"내가 여기에서 일을 시작했을 때 중요한 임무 중 하나가 말로락트 발효를 체크하는 것이었어요." 구이도가 말한다.

학교에서는 이 교육을 받았던 적이 없다.

"그때는 아무도 주의를 기울이지 않았습니다. 와인이 통에서 숙성되는 3~4년 동안 그냥 어느 시점엔가 일어난다고 생각했지요. 언제 어떻게 일어나는지는 크게 관심을 갖지 않았습니다."

그의 눈에 잠시 장난기가 서린다.

"일을 하는 것은 교수가 아니라 박테리아였으니까요. 그들은 작업 환경에 아주 민감합니다. 결과가 아주 절망적일 때도 있었어요. 바르바레스코나 바롤로의 라벨에서 마시기 전 몇 시간이나 하루 전에 병을 따서 열어두라는 글귀를 본 적이 있을 겁니다. 당시 와인에서 나는 악취의 95퍼센트는 불완전한 말로락트 발효 때문이었어요. 병을 저장한 곳의 온도가 올라가면 병 속에서 말로락트 발효가 일어납니다. 병 속 박테리아의 노동 환경을 한번 생각해보세요!"

구이도의 얼굴은 산업 혁명 시대 영국의 열악한 노동 환경 보고서를 읽는 것처럼 경악한 표정이다. 말로락트 발효 박테리아의 지난 세월은 실로 험난했다.

"당시 병입 때 사용하던 아황산 덩어리와 부족한 영양소를 생각해보세요. 병 속의 와인은 말로락트 발효로 생성된 탄산가스 때문에 흐려지고 가스가 찹니다. 영 와인young wine도 아닌 레드 와인에 거품이 생기면 그보다 더 나쁜 게 없어요. 타닌과 산(다량의 휘발산을 비롯한), 탄산가스는 서로 상승 작용을 합니다."

구이도는 마지막으로 끔찍한 사실을 누설하기 전에 잠시 진정할 시간을 준다.

"더 놀라운 건 대부분이 이 냄새가 나쁘다고 생각지 못했다는 겁니다. 와인이 본래 그런 냄새라며 당연시했어요!"

말로락트 발효에 대한 구이도의 독학은 1970년 부르고뉴를 여행하는 동안 시작되었다. 그는 유명한 생산자인 조제프 드루앵Joseph Drouhin의 셀러에서 말로락트 발효(그들은 악센트를 뒤에 붙여 '라 말로la malo'라고 부른다)에 기울이는 정성뿐만 아니라 진행 상황을 체크하는 크로마토그래피도 처음 보았다.

"이 캔버스를 보세요." 그는 최근 실험을 보여주며 만족해한다.

그는 말로락트 발효에 대해 페이노가 쓴 글을 스스로 번역하고, 1970년산 와인을 실험할 때 프랑스에서 사온 크로마토그래피 용지를 사용했다.

"이듬해 봄에 내가 공부했던 알바 포도재배양조학교 원장님이 나를 만나러 왔습니다." 그의 눈에는 기쁨이 춤추고 있다. "내가 크로마토그래피 용지를 보여주니 깜짝 놀라셨어요. 생전 들어본 적도 없었다며 학교 교재로 즉시 주문했답니다."

1974년에 안젤로는 셀러에 말로락트 발효를 촉진하기 위한 난방 기구를 설치했다. 가을에 추워지면 난방을 했다. 큰 통 속의 와인을 적합한 온도로 끌어올리려면 시간이 꽤 오래 걸린다.

"안젤로의 아버지를 봤어야만 합니다." 구이도가 큰 소리로 말한다. "셀러 창문이 꼭 닫혔는지 확인하며 동분서주했지요. 외풍과의 전쟁을 선언하고 단열에 열중했습니다."

당시는 물가 상승이 심했고 난방용 기름 값도 빠르게 오르던 시절이었다.

말로락트 발효에 대한 연구는 더 진전이 없었다. 파스퇴르는 말로락트 박테리아와, 와인에 병을 일으키는 유해한 박테리아를 구분하는 데는 실패했다. 전자는 사과산을 발효시키지만, 후자는 주석산 같은 물질을 발효시킨다. 그러면 파스퇴르가 투른tourne이라고 명명한, 즉 와인이 밍밍해지고 색깔도 둔탁해지는 현상이 나타난다. 휘발산도 증가한다. 또 이 '나쁜' 박테리아들은 글리세롤을 발효시켜 아크롤레인이라는 쓴 물질을 생성하기도 한다.

박테리아를 좋고 나쁜 것으로 나누는 이분법 역시 너무 단순한 사고다. 착한 사람도 나쁜 행동을 할 수 있다. 범죄의 유혹은 어디에나 존재한다. 말로락트 박테리아의 '행실'도 환경과 상황을 범죄 요인으로 강조하는 사회 이론을 뒷받침해준다. 경계가 조금만 느슨해져도, pH가 조금만 높아져도 그들은 나쁜 박테리아로 변신한다.

어떤 박테리아 균주도 완벽하지는 않지만, 다른 균주들보다 머리 하나는 더 우뚝 솟은 우수한 균주가 있다. 바로 류코노스톡 오이노스 *Leuconostoc oinos*이다. (오이노스는 그리스어로 '와인'을 뜻한다.)

사카로미세스 세레비시아는 알코올 발효를 일으키고, 류코노스톡 오이노스는 말로락트 발효를 일으킨다. 이 박테리아는 자연에서는 드물지만, 와인에서는 pH가 3.5 이하로 내려가면 매우 흔하게 발견된다. 특히 알코올에 내성이 강하므로 알코올 발효가 끝나도 남는 유일한 균주이다.

와인에서 어떤 균주가 잘 발육할 수 있는지, 어떤 성분을 발효시킬 수 있는지는 pH에 따라 결정된다. 류코노스톡 오이노스는 와인에 잔당이 있을 때는 사과산 대신 당을 공격하여 혼란을 초래한다. 같은 경우에도 pH가 낮으면(즉, 산도가 높으면) 사과산만 발효시키는 말로락트 발효에 집중한다.

따라서 산도가 높을 때 박테리아가 말로락트 발효 라인을 일단 가동시키기만 하면, 말로락트 발효는 깔끔하게 진행되고 맛도 크게 향상된다. 그러나 와인의 산도가 높을수록 발효를 시작하기 어렵다는 문제가 생긴다. 이것이 말로락트 발효의 역설이다. 따라서 레드 와인이 가장 좋을 때(산도가 낮다)는 박테리아에게 공격당하기 쉬운 때이기도 하다.

말로락트 발효 과정에서 볼 수 있듯이 pH가 높아지기 시작하면(즉, 산도가 낮아지면) 다른 균주들도 행동을 시작할 수 있다. 두 개의 말로락트 균주, 락토바실루스*Lactobacillus*와 페디오코쿠스*Pediococcus*는 와인에 유독 물질을 남긴다. 페디오코쿠스는 히스타민과 다량의 디아세틸을 생성한다. 이는 버터에 특수한 풍미를 주는 화합물로 마가린에 첨가하는 성분이다. 다른 박테리아도 이 물질을 소량 생성하는데, 보통 2ppm 정도는 인체가 받아들일 수 있는 수준이다. 샤르도네에서 나는 버터 향이, 빵에 바르는 버터 향만큼 강하다면 페디오코쿠스의 활약이 두드러진 경우이다. '땀내'도 이들의 특징적인 냄새이다. 락토바실루스가 찾아오면 와인에서 '흙'이나 '먼지' 냄새가 난다.

말로락트 발효는 알코올 발효보다도 더한 추리극이다. 와인잔에 담긴 와인의 향과 맛은 어떤 박테리아가 활동했는가에 따라 어느 정도 달라진다. 요구르트 용기는 어떤 균주가 찾아왔는지 그 미스터리를 드러내기도 하지만, 와인 라벨에는 전혀 표기되지 않는다.

소리 산 로렌조 1989년산은 pH가 아주 낮은 2.99에서 출발했으니 자연적으로 말로락트 발효가 시작되기 매우 어려울 것이다.

"이스트도 사과산을 약간 발효시킵니다." 구이도가 말한다. "알코올 발효가 끝날 무렵이 되면, 사과산의 30퍼센트 정도가 이스트의 활약으로 사라지고 pH는 3.20에 달하게 되지요."

이스트가 먼저 사과산을 발효시킬 때에는 모두 젖산으로 변화시키지 않기 때문에, 남아 있는 적당량의 사과산은 말로락트 발효가 쉽게 일어나게 한다. 사과산 발효 능력도 이스트(사카로미세스 세레비시아)의 특징이며 균주마다 차이가 난다.

구이도는 알코올 발효가 끝난 뒤로 줄곧 와인을 체크하고 있다. 그의 작품에 점으로 나타난 사과산의 함량은 말로락트 발효가 일어나면서 점차적으로 줄어든다. 점이 모두 없어지거나 계속해서 낮은 수치에 머무르면 사과산의 발효가 끝난 것이다.

그는 자신의 예술 작품을 마지막으로 확인한다. 맨 아래 줄에서 두 번째 점(사과산)은 사라졌고, 세 번째 점(젖산)은 이전보다 진해졌다. 죽을 운명의 사과산은 사라졌다. 젖산이여 영원하라!

하지만 구이도는 아직 방심하지 않는다.

"지금 아무 일도 하지 못하고 굶주리고 있을 박테리아들을 생각해보세요. 정말 절망적인 상황이겠지요. 언제라도 뛰쳐나와 와인의 다른 성분을 공격하러 들 겁니다."

그는 남아 있는 박테리아들이 더 이상 활동할 수 없도록 와인을 서늘한 곳으로 옮긴다. 당과 사과산이 발효된 후이니 시한폭탄은 제거되었지만, 시즌이 끝나고 박테리아들의 철수를 확인해야만 구이도는 안도의 한숨을 내쉴 수 있을 것이다.

1989. 11. 24

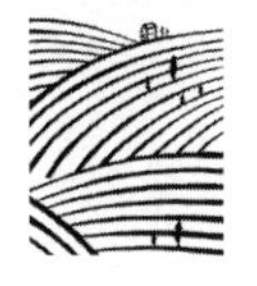

침전물 제거

소리 산 로렌조 1989년산이 호스를 통해 나무통에서 흘러나와 에폭시로 코팅한 철제 탱크로 들어간다.

알코올 발효가 끝난 후 구이도는 두 번째로 와인을 따라낸다. 10월 20일에는 전체 양의 5퍼센트 정도를 차지하던 침전물(죽은 이스트 세포와 색소 물질, 씨)을 빼냈다.

"이제 와인이 생물학적으로 안정되었으니 화학적 안정성을 얻는 데 집중해야 합니다."

그는 주석산염(주석 덩어리)을 냉각시켜 침전시키려고 한다. 셀러의 큰 통에서 주석酒石을 가라앉히지 않으면 나중에 병 속에서 생길 수 있다. 주석 결정체는 인체에 해롭지는 않지만 병에서 발견되면 와인의 상품 가치가 떨어진다.

와인을 철제 탱크로 옮기는 이유는 철제 탱크가 대형 콘크리트 통이나 나무통보다 열 보존이 훨씬 덜하기 때문이다. 와인을 창이 없는 셀러에서 통에 보관하면, 주석 결정체가 생길 만큼 온도가 충분히 내려가지 않는다.

구이도는 온도가 내려가도록 창문을 활짝 연다.

"20년 전쯤 처음 주석 침전을 시작했을 때는 모두가 수군거렸습니다. 그들은 와인이 아직도 발효 중인데 온도를 낮춘다고 의아해했지만, 우리는 말로락트 발효가 이미 끝난 것을 알고 있었습니다."

늘 그렇듯이 이 작업에서도 비폭력이 중시된다.

"주석 침전은 가능한 한 서서히 진행되어야 해요. 온도는 아주 낮아야 하지만 적당하게 내려가야 하고 더 낮으면 안 됩니다. 기온이 영하 1~2도 정도로 떨어지는 크리스마스와 1월 말 사이가 가장 적합합니다. 너무 추워지면 풍미와 개성을 주는 많은 성분도 함께 침전하게 되지요. 그러면 와인이 빈약해집니다."

너그러운 구이도도 와인의 풍부함을 살리는 데 있어서는 인색하기 짝이 없다.

1990. 2. 19

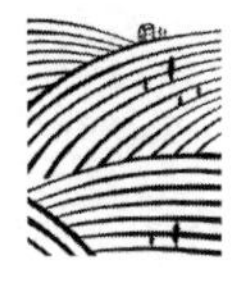

오크통 숙성

“이제 또 이동합니다.” 구이도가 말한다.

소리 산 로렌조 1989년산이 발효 층의 탱크에서 흘러나와 셀러의 가장 낮은 층에 있는 작은 오크통 속으로 들어간다.

구이도는 탱크의 조그만 문을 연다.

“이것 좀 보세요!” 그가 외친다.

손으로 더듬어보니 벽에는 1센티미터 정도의 두께로, 그리고 바닥에는 훨씬 더 두껍게 와인으로 물든 결정체가 쌓여 있다.

“이게 주석입니다. 주석은 와인이 병입될 때까지 계속 생기기 때문에 따라다니며 쓰레기를 치워야 합니다.”

산파는 때로는 집 안을 돌보는 가정주부처럼 이야기한다.

이제 와인은 세 층 아래 아늑한 오크통에 안치된다.

1990. 2~1991. 2

바릭과 보테

1989년 와이너리 마당 난간에서 아래를 내려다보면 공사 현장이 보였다. 왼쪽에는 초록색 크레인이 있었고 철강 버팀대와 시멘트 포대들이 쌓여 있었다. 빈 곳에는 대부분 목재들이 널려 있었고, 크레인에서 멀리 오른쪽에 있는 목재 더미는 무언가 달라 보였다. 통널은 더 작았고 길이는 모두 같았다. 색깔은 엷은 분홍색에서 크림색, 둔탁한 회색까지 다양하고 보다 질서 있게 쌓여 있었다.

이제 공사 현장은 사라지고 목재 더미만 남아 있다. 보르도의 바리크barriques나 부르고뉴의 피에스pièces 같은 작은 오크통을 만드는 목재들이다.

오크통을 만드는 기술은 고대로 거슬러 올라간다. 기원전 알프스 산맥의 고지대 켈트족이 가장 먼저 사용했다. 3세기경에는 골Gaul족이 로마에 오크통을 공급하기 시작했다. 나무통은 암포라(그리스 시대 양 손잡이가 달린 항아리)보다는 유용했다. 암포라는 전통적으로 와인 운반에 사용하던 토기였지만 잘 깨지고 다루기 힘들었다. 프랑스 아비뇽의 칼베 박물관에 가면 오크통 변천사를 희미하게나마 볼 수 있는 부조가 있다. 노예가 거룻배를 론 강 상류로 끌어올리는 장면이다. 배에는 두 개의 오크통이 있고 그 위쪽에는 암포라가 줄지어 있다.

현대적 와인 양조라고 하면 스테인리스 탱크와 하얀 가운을 입은 과학자의 이미지가 먼저 떠오른다. 하지만 와인에 관한 대표적 이미지는 오크통이다. 로마의 트라얀 기둥(트라야누스 황제의 전승 기념 기둥)을 자세히 보면 통 세 개를 싣고 가는 배가 그려져 있다. 파리 남서쪽 샤르트르Chartres 대성당에는 통을 제조하는 과정을 묘사한 우아한 스테인드글라스가 있다. 피렌체의 성당에는 술에 취한 노아가 통 옆에 누워 있는 모습을 그린 지오토Giotto와 안드레아 피사노Andrea Pisano의 벽화를 볼 수 있다.

현대는 와인의 발효와 저장에 나무통 대신 스테인리스 탱크를 사용하는 추세이며, 수송 용기도 병으로 대체되었다. 하지만 고급 와인에서 오크통의 역할이 애호가들의 관심을 끌면서 수요가 오히려 급속히 늘어나고 있다. 포도 품종 표기와 마찬가지로 이 역시 캘리포니아가 주도했다. 소노마 밸리의 핸젤Hanzell 와이너리 소유주인 제임스 젤러바크James D. Zellerbach와 와인 메이커 브래드퍼드 웹Bradford Webb은 부르고뉴 와인과 같은 와인을 만들기 위해 뉘 생 조르주Nuits-St. Georges의 통 제조업자 이브 시루게Yves Sirugue에게 오크통을 주문했다. 핸젤의 1957년산 샤르도네는 진짜 부르고뉴와 비슷한 맛이 났으며, 과거 캘리포니아의 어떤 와인과도 달랐다. 많은 캘리포니아 생산자들이 이를 모방했다.

미국의 고급 와인 소비자들은 첫 모금에 오크통의 매력에 빠져들었다. 그들은 오크의 구애를 받고 순식간에 사랑을 약속했다. 미국인들은 오크 향을 샤르도네 향으로 착각했다. 급기야 카베르네 소비뇽까지도 오크 향이 지배하게 되었다. 세계 각지의 와인 메이커들도 이런 추세에 부응하여 와인을 만들었고, 오크통의 지위는 내용물인 와인과 비길 정도로 격상되었다. 오크의 세계가 열린 것이다.

오크통은 와인의 본질적인 이미지로 현대인에게 각인되었다.

"원하는 것이 오크 향이라면, 탱크에 오크 조각 몇 개만 던져 넣으면 바릭 때문에 걱정할 필요는 없지 않나요?" 구이도가 오크통을 점검하며 으르렁거린다.

그는 바리크barrique를 이탈리아식으로 바릭baric이라고 한다. 구이도는 화가 난 것 같지만 만족한 표정이다.

"작은 오크통은 큰 통보다 훨씬 문제가 많아요. 비싸기도 하고, 와인이 많이 증발해버립니다."

와인에 오크 향을 더하는 것만이 작은 오크통의 중요한 역할은 아니지만, '바릭' 논쟁이 격렬해지면서 문제의 논점이 흐려졌다.

이탈리아에는 1980년대 초에 오크의 물결이 밀어닥쳤다. 많은 생산자들이 오크를 찾는 광란이 계속되었다. 그들은 진정으로 오크가 와인을 고급스럽게 만든다고 생각했다. 오크통이 미다스의 손과 같이 마술을 부린다고 생각하는 사람들도 있었다. 와인이 좋지 않으면 새 오크통에 넣어라! 오크로 향미를 풍부하게 만들어라! 평범한 와인을 감추는 데는 오크통보다 나은 게 없다! 우스갯소리가 아니었다.

그러나 전쟁 없이 오크의 새로운 물결이 승리한 것은 아니었다. 밤사이 바릭에 반대하는 바리케이드가 세워지고 비난하는 선언문이 채택되었다. 옛 신념의 옹호자들은 오크통이라는 우상을 저주하고 '목수'의 와인을 맹렬히 비난하며 이단으로 몰았다. 병사들이 전통의 참호에 배치되었다. 적군이 "오크통을 사용하자"라고 외치면 그들은 "엉터리"라고 대꾸하며 "바릭을 금지하라!"라고 소리쳤다.

입맛은 영원하지 않다. 과거에는 와인의 좋지 않은 냄새나 상한 냄새를 감추기 위해 이질적인 재료를 섞는 것이 일반적이었다. 우수한 재료를 생산하는 지역은 명성을 얻기도 했는데, 1세기 로마의 대 플리니우스는《박물지》에서 최고의 송진은 키프로스에서 나며 최고의 나뭇진은 칼라브리아산이라고 썼다. 이탈리아에서 탄생한 베르무트도 향을 가미한 와인이다. 새 오크통에서 나는 향미는 이탈리아 사람들에게는 새로운 맛이었다. 영국인이 맥주에 '외국' 재료인 홉hops을 넣는 것에 반대한 것처럼 이들은 와인의 오크 맛을 격렬히 거부했다. 홉은 유럽 대륙에서 맥주 제조에 사용되었다. 런던 시는 1484년에 영국 맥주인 에일에 홉을 넣는 것을 금지시키는 법령을 통과시켰다. 18세기 초에 와서야 에일에 홉을 넣는 것이 당연시되기 시작하였고, 지금은 다른 맥주와 거의 같은 맛이 되었다.

바릭의 상대는 큰 통을 뜻하는 보테botte이다. 소리 산 로렌조 1989년산이 말로락트 발효를 한 통과 비슷한 크기의 통이다. 구이도가 와이너리에서 일을 시작했을 때는 모든 와인이 보테에서 숙성되었다. 7센티미터 두께의 통널로 만든 보테에는 수천 리터의 와인을 담을 수 있었다.

"보테는 수십 년 동안 사용했어요. 여러 번 고쳐가며 썼지요." 구이도가 말한다. "옛날에는 스팀 세척을 못 해 깨끗이 관리하기도 힘들었습니다. 향이 중성적이고 강하지만 않으면 좋은 품질이라고 여겼지요. 고급 와인에 새 나무의 냄새가 배지 않도록 하기 위해 처음 몇 년간은 질이 낮은 와인을 먼저 숙성시켰습니다."

바릭은 통널의 두께가 보테의 절반에도 못 미치며 용량도 겨우 225리터 남짓이다. "바릭은 만들기도 더 수월합니다."

스테인리스로 만들어진 용기라도 와인을 저장하는 용기는 항상 내용물에 영향을 준다. 와인에 중요한 영향을 끼치는 산소와의 관계를 결정하기 때문이다.

"그 관계는 아주 외교적이어야 합니다. 와인이 산소를 취할 수 있는 길은 두 갈래가 있어요. 하나는 환원이고 다른 하나는 산화입니다."

질문이 나오기 전에 구이도는 궁금증의 싹을 잘라버린다.

"산소가 있을 때와 산소가 없을 때를 말하는 겁니다. 둘 사이에 평형을 유지해야 할 필요가 있어요. 환원은 바롤로와 바르바레스코 와인에서 유명한 타르 냄새를 이끌어내고, 산화는 상한 냄새와 열화한 맛을 냅니다. 산소가 너무 많아도, 너무 적어도 결과는 동일합니다. 떫은 와인이 되는 거지요. 그 중간 어느 지점에서 유연한 와인이 될 수 있어요. 느린 산화가 중요합니다. 작은 통은 나무의 두께가 얇고, 와인과 나무가 접촉하는 면적의 비율이 높아 산소를 적당히 조절하며 받아들입니다. 큰 통은 효능이 거의 강철과 같은데, 예전의 바르바레스코가 유연하지 못했던 이유도 그 때문입니다."

구이도는 산소를 좀 들이마시려고 잠시 쉰다. 진행 속도가 너무 빨라 와인보다 더 산소가 필요할 듯하다.

"물론 오래된 와인을 모두 새 바릭에 넣지는 않습니다. 와인의 구조가 좋고 성격이 강하지 않으면 산소와 오크 향에 눌리고 말아요."

구이도는 오크의 제단에 제사를 드리지는 않지만 와인과 오크의 결혼식에서는 기꺼이 주례를 맡는다. 그가 오랫동안 꿈꾸던 결혼이 마침내 성사되기 때문이다. 그의 설교가 계속된다.

"타닌과 안토시아닌의 안정된 결혼 생활이 네비올로 와인의 색깔을 안정시키는 열쇠입니다. 바릭이 그들의 결혼을 단단하게 묶어주지요."

바릭은 또한 큰 통보다 입자가 침전되는 거리(통의 높이)가 짧아, 와인에 남은 거친 물질을 침전시키는 데도 도움을 준다. 바릭은 보테보다 와인이 통에 닿는 면적의 비율이 높기 때문에 나무에서 추출되는 아로마와 풍미, 나머지 성분도 많아진다.

"바릭이 새것일수록 추출 물질이 훨씬 많습니다. 사용한 첫해에는 3분의 2가 추출되고 둘째 해는 4분의 1로 줄어들어요. 3년 후에는 남는 것이 거의 없지요."

그의 얼굴이 밝아진다.

"새 바릭의 진한 향미는 굉장히 감각적이지요!"

소리 산 로렌조 1989년산은 새 오크 40퍼센트와 1년 된 오크 60퍼센트를 사용한다. 구이도는 이 정도가 네비올로의 향미와 균형을 이루는 좋은 비율이라고 생각한다. 그는 오크가 와인에 더도 말고 덜도 말고 적당한 만큼만 영향을 주길 바란다.

이탈리아에서 지금도 계속되는 격렬한 바릭 논쟁에 대해 구이도는 이상론자이면서도 열정적 실용주의자의 태도를 취한다.

"쓸데없는 이분법일 뿐입니다. 항상 테이스팅을 기본으로 평가해야 해요. 특정 와인에 어떤 영향을 주는가로 그 평가를 제한해야 합니다. 오크는 와인에 또 다른 폭력을 가할 수도 있지만 조화롭게 혼합되면 와인의 맛을 향상시킬 수 있어요. 음식에 넣는 양념처럼 원래 맛을 살리며 보완해줍니다."

새 오크는 와인을 KO 시킬 수도 있지만 강하게 압도하지 않는 적당한 양이면 OK 이상의 효력을 발휘한다.

"오크는 화장이나 옷과 같습니다. 화장이나 옷으로 아름다움을 입힐 수는 있지만, 본래 아름다움이 없으면 아름다움을 만들어내지는 못합니다."

구이도는 바릭 논쟁의 추상적 성격을 즐기는 것 같다.

"우리는 직접 일을 하며 이런저런 경험을 하고 비교도 해보았어요. 1980년대 초에 바릭 논쟁이 일어났을 때 우리는 이미 10년 이상을 실험하고 있었습니다."

안젤로는 1960년대 말부터 바르바레스코를 더 섬세하게 만들고, 과일 향과 색깔을 더 오래 유지시키기 위한 방도를 모색하고 있었다.

프랑스 사람들은 와인을 숙성시키는 과정을 와인을 '양육한다élever'라고 표현한다. 아이를 키운다는 뜻과 같은 말이다. 이탈리아에서는 나이 든다는 의미인 '인베키아레invecchiare'라는 표현을 쓴다. 사람들은 대부분 성장하기를 바라지만 늙고 싶어 하지는 않는다. 프랑스인은 와인을 늙게 두는 게 아니라 잘 자라게 양육한다. 적절한 표현이다.

안젤로가 웃는다.

"아마 대부분의 옛 바르바레스코 와인에는 늙는다는 말이 맞는 표현일 겁니다. 색깔과 과일 향이 사라지고 드라이해지며 타닌은 남아 단단해지니까요. 성숙에 이르지도 못한 채 늙어버립니다."

탁월한 양조학자 가롤리오Garoglio의 교과서도 안젤로의 오크 탐구에는 도움이 되지 않았다. 1,500쪽 중에 통에 대해서는 단 한 절만 언급되어 있다. 얼마 안 되는 내용조차도 단순히 그 시대 이탈리아의 전통을 서술할 뿐이다. "고급 와인을 숙성시키는 데 가장 좋은 용기는 나무로 만드는데, 나무 중에서도 오크가 가장 좋다. 최고의 오크는 슬로베니아와 크로아티아산이다. 통은 보테라야 하고 오래되어야 한다." 프랑스 오크는 코냑과 연관되어 언급되었을 뿐이며, 바릭은 오로지 수송에 적합한 용기라고 썼다.

보다 자세하고 세계적인 시각을 갖춘 오타비의 의견도 특별하지는 않았다.

"포도의 품질이 좋고, 와인을 만드는 방법을 안다는 것만으로는 충분하지 않다. 적합한 나무통이 필요하다. 셀러에서 가장 중요한 것은 나무통이다. 이탈리아인은 누구라도 보르도 와인이 세계 시장에서 가장 성공을 거둔 와인임을 인정한다. 그들에게서 최소한 와인을 어떻게 숙성시키는지는 배워야 한다."

오타비는 통널의 선택이 별로 중요해 보이지 않지만 "실제로는 매우 중요하다"고 말한다. 이탈리아 사람들은 "마치 품질이 두께에 비례한다는 듯" 6~8센티미터 또는 그보다 더 두꺼운 통널을 사용하지만, 보르도에서는 2.5센티미터의 얇은 통널을 사용한다. "얇은 통널로 만든 225리터의 작은 새 오크통은, 주석이나 침전물이 나무의 기공을 막지 않아 와인이 서서히 산소와 접촉하게 된다."

오타비는 통을 만드는 데 사용하는 여러 종류의 나무에 대해서도 설명한다. 오크와 야생 밤나무, 아카시아가 사용 가능한 수종이지만 그중에서 오크가 단연 최고이다. "하지만 오크라고 모두 뛰어난 것은 아니다"라고 오타비는 경고한다. "최고 품질은 적합한 토양과 기후에서 자란 퀘르쿠스 페둔쿨라타*Quercus pedunculata*이다."

안젤로는 오타비의 책을 읽지는 않았지만, 부르고뉴와 보르도에 직접 가서 보았다. 그는 1969년에 메독의 유명 샤토에서 중고 바리크를 샀다.

"그 사람들은 나를 완전히 속였습니다. 2년 묵은 통이라고 했는데 15년도 더 된 것 같았지요. 그 시절에 나는 너무 몰랐습니다."

이렇게 안젤로의 바릭 대모험이 시작되었다. 구이도가 왔을 때 안젤로는 기어를 올려 속도를 내고 있었다. 어떤 바릭도 검증 없이 받아들이지 않았다. 돌려보내지 않은 통널이 거의 없었다. 프랑스와 이탈리아 제조업자들에게서 온갖 종류의 통을 주문했다. 먼저 복숭아. "진짜 복숭아 냄새가 났어요!" 세월이 그렇게 지났지만 구이도는 아직도 경악한다. 다음은 너도밤나무. "와인이 톱밥 같았습니다." 안젤로는 침을 뱉으려는 몸짓을 한다. 그리고 벚나무. "언급할 가치도 없어요!" 그들은 한목소리로 오크가 최고라고 노래한다. 오크뿐이다.

둘은 오크 향의 강도를 줄이기 위해 고압 스팀을 사용하는 아이디어를 내고, 가장 좋은 결과를 얻기 위해 처리 기간을 다양하게 조정해보았다. 로버트 몬다비는 그들이 하는 일을 듣고 귀를 의심했다. 미국에서는 오크 풍미를 충분히 얻지 못해 안달인데 그 풍미를 줄이려고 애를 쓰다니!

그 둘은 풍미만 줄이는 것이 아니라 타닌도 줄이고 싶어 했다. 새 바릭의 타닌과 네비올로의 타닌이 함께 경기장에 등장한다는 생각만으로도 그들은 공포를 느꼈다. 두 팀의 타닌에게 어느 누가 감히 덤비겠는가? "한 번에 한 팀만!" 그들은 소리쳤다.

"통을 스팀으로 씻으면 노란 물이 흘러나옵니다. 타닌이 씻겨 나오는 거지요."

안젤로는 프랑스의 유명한 제조업자들과 와인 메이커들에게도 자문을 구했다. 어느 날 프랑스에서 맛의 권위자, 맛의 교황이라고 불리는 자크 퓌제Jacques Puisais가 방문했다. "그는 한 잔의 물에 대해서도 30분 이상 듣는 사람의 마음을 홀릴 정도로 설명할 수 있는 사람입니다." 안젤로와 구이도는 감명을 받았다. 그에게 작은 통에 와인을 숙성하는 것에 관한 구체적 질문을 하자 주저 없이 다음과 같이 답변했다. "그건 와인에게 물어봐야 합니다."

그 말을 되풀이하는 구이도의 얼굴이 밝아진다. "그건 와인에게 물어봐야 합니다Il faut le demander au vin. 나는 그가 나에게 책임을 전가하는 거라고 생각하고 당황했습니다. 그 말이 정말 옳다는 걸 깨닫는 데는 한참이 걸렸지요."

모든 와인은 다르다. 그리고 바르바레스코는 그 어떤 와인과 비교해도 다르다. 오랜 경험만이 가장 믿고 따를 수 있는 지침이다.

"아, 경험!" 안젤로의 목소리가 높아진다. "우리는 다른 것보다 타닌이 적다고 한 나무를 샀습니다. 그런데 마음에 들지 않았어요. 새 오크통에 숙성시킨 영 와인의 맛을 본 경험이 전혀 없었기 때문이었지요."

문제는 꼬리를 물고 일어났다.

어떤 통은 와인이 새어나와 도금을 하지 않은 철제 후프가 녹슬었다.

"어느 날은 셀러에 내려가려고 하는데 펑 터지는 소리가 들려 뛰어갔어요. 후프가 몇 개 부서지고 와인이 셀러 바닥에 쏟아지고 있었습니다."

구이도가 빈정댄다.

"그 통이 바로 톱질한 나무로 만든 것이었어요!" 도무지 알 수 없는 말을 한다. 톱질하지 않은 나무도 있나?

다음은 통 마개다.

셀러에는 모든 통이 마개가 옆으로 오게 누워 있다. 구이도가 '측면'을 뜻하는 불어(bonde à côté)를 사용하며 설명한다. "많은 와인이 통에서 숙성되는 동안 증발합니다. 만약 마개가 위쪽으로 오게 세워두면 마개 바로 아래에 공기층이 형성되지요. 마개는 결코 완벽하게 밀봉하지 않기 때문에 와인에 산소가 들어가게 됩니다."

그는 마개 주위로 손가락을 돌린다.

"여기가 정말 다루기 힘든 곳입니다. 박테리아가 서식하는 장소거든요."

박테리아는 항상 걱정스럽다. 구이도는 무엇부터 말해야 할지 순서를 잃은 것 같다. 하지만 본 궤도로 돌아오는 데 그리 시간이 걸리지는 않았다.

"우리는 첫해에는 완벽하게 밀봉하는 마개가 없어서 통을 옆으로 누이지 못했습니다. 통 마개를 위로 하면 일이 더 많아져요. 공기층이 생기지 않도록 계속해서 와인을 채워 넣어야 하기 때문입니다. 쿠네오 근처 마을에 사는 목공에게 나무 마개를 주문해서 사용했지만, 지금 사용하고 있는 실리콘처럼 꼭 맞지는 않았어요."

구이도는 주위를 둘러본다. 통들도 역사가 꽤 깊다. 각 통에는 메이커의 이름이 찍혀 있다. 오래된 통들은 프랑스 이름이 대부분이다. 하지만 새 통들에는 감바Gamba라는 이탈리아 이름이 더 많이 등장한다.

오크통 제조

"10년 전쯤만 해도 감바는 평범한 오크통 제조업자였습니다." 안젤로가 샛길로 차를 꺾으며 말한다.

가야 셀러의 큰 통은 모두 이탈리아 베네토 주 코넬리아노에 사는 가르벨로토Garbellotto가 만들었다. 미국의 기자이자 와인 작가인 버튼 앤더슨은 《비노》라는 책에서 이 회사의 오크통은 "통의 롤스로이스"라는 훈장이 붙을 만하다고 썼다. 1970년대 후반에는 전통적인 큰 나무 통에서 스테인리스 탱크로 바뀌는 추세가 분명했다. 이탈리아 전문가인 앤더슨은 '이탈리아의 반 바릭 운동'도 언급했다. 어쨌든 가르벨로토는 새로 싹트기 시작한 작은 오크통 제작의 대열에는 가담하지 않았다.

"가르벨로토는 프랑스 통 제조업자들이 위기에 봉착했다는 말은 들었습니다. 강한 경쟁 상대는 스테인리스 탱크라고 생각했지요. 이탈리아에서 큰 통이 작은 통에 밀릴 것이란 생각은 하지 못했습니다." 안젤로가 말한다.

"그가 사는 지역의 와인은 대부분 값이 싸고 바로 마시는 와인이라 작은 통에 숙성시킬 와인은 아니었거든요. 가르벨로토는 작은 통에 숙성한 고급 와인의 수요가 폭등하리라는 예상은 못 했습니다. 그리고 전통적인 슬로베니아산 통널만 사용하다 보니 많은 생산자들이 프랑스 오크를 요구하면서 뒤처지게 되었지요."

안젤로는 통널을 쌓아둔 건물 앞에 차를 세운다.

"그와 달리 감바는 바람이 어디로 불고 있는지 알아챘어요."

'수상자 안젤로 감바 배럴 공장'은 아스티에서 북쪽으로 멀지 않은 거리에 있는 카스텔알페로의 작은 마을에 위치하고 있다. 에우제니오 감바Eugenio Gamba가 문으로 나와 안젤로를 안으로 안내한다.

40대의 감바는 졸린 눈이다. 하지만 작업장의 소음 속에서 졸 수는 없을 것이다. 그는 통 제조업자 '감바 가문의 6대손'이라는 자부심이 있다. 통 사업은 1809년에 시작했지만 한 세기 반이 지나서야 지역을 벗어나서도 명성을 얻기 시작했다. 전환기는 1970년대 중반에 찾아왔다.

"어느 날 부르고뉴 지역 마콩Mâcon에서 사람이 찾아왔어요." 감바가 말한다. "양조 용품을 공급하는 회사를 경영하는 사람이었는데, 고객이 원하는 큰 통을 주문하러 왔습니다. 그곳 제조업자들은 큰 통을 만든 경험이 거의 없었어요. 2년 후에 또 세 명의 고객을 데리고 와서 큰 통을 사고 싶은데 프랑스 오크로 만들어야 한다고 주문했습니다."

그때까지 감바는 다른 이탈리아 제조업자들과 마찬가지로 유고슬라비아 오크만 사용했다.

"그때는 그 프랑스인들을 그저 국수주의자라고만 생각했어요." 그가 눈을 찡긋한다. "프랑스 사람들이 어떤지 아시잖아요?"

감바는 목재를 공급할 수 있는 사람을 찾아 프랑스로 갔다. 어느 날 통 만드는 기계를 생산하는 회사를 방문했는데, 통널을 팔겠다는 잘 알려진 프랑스 업자를 만나 계약을 했다.

"그는 나를 완전히 속였어요." 감바가 무겁게 말한다. "그건 모두 톱으로 켠 통널이었습니다."

감바는 분명히 지각이 있는 사람이, 그것도 다 큰 어른이 쪼갠 나무와 톱으로 켠 나무의 차이를 식별하지 못한다는 데 망연자실했다. 그는 밖으로 나가서 통널 두 개를 가지고 들어왔다.

"톱으로 켠 나무를 만져보세요." 손가락으로 문지르자 매끄럽게, 느껴졌다. "이번엔 이걸 만져보세요." 쪼갠 나무는 훨씬 거칠었다.

"그렇지만 실제로 현미경으로 보면 쪼갠 나무의 표면이 매끄럽고 톱질한 것이 더 거칠어요. 쪼갠 나무의 섬유질은 손상되지 않고 그대로입니다. 쪼갠 통널의 강도가 더 세죠. 차이가 있습니다"

감바는 그의 말의 여운이 사라질 때까지 쉰다. 하지만 쪼개기와 톱질의 비밀에 대해 할 말은 아직 남아 있다.

"오크에는 중심부부터 껍질까지 방사상으로 자라는 긴 연속 세포인 방사 조직이 있어요. 오크는 다른 나무보다 이 조직이 특별히 크고, 나무를 더 탄력 있게 합니다. 쪼갠 나무는 방사 조직이 통널의 결과 평행으로 갈라지기 때문에 방어벽을 형성하여 와인의 침투를 막아줍니다. 톱질을 하면 조직이 끊어져 와인이 샐 수 있습니다."

나무의 미스터리는 끝이 없다! 톱질한 나무에도 차이가 있다.

"한 가지 방법은 쐐기로 통나무를 네 갈래로 쪼갠 다음 조직을 살리면서 방사상으로 톱질하는 것입니다. 다른 방법은…."

감바는 웃음을 참으려는 듯 잠시 말을 멈춘다.

"다른 방법은 통나무 전체를 바로 톱질하는 겁니다."

그의 말투는 경멸로 가득 차 있다. 양심이 있는 제작자라면 그보다 더 타락하기는 힘들 것이다.

톱질한 통널을 수입하면서 감바는 프랑스인과의 거래가 쉽지 않다는 사실을 깨달았다. 그렇지만 그가 선택한 길은 바른 길이었다. 프랑스 오크로 만든 작은 통을 주문하는 사람들이 곧 나타났다. 1979년에는 피에몬테의 유명 생산자인 지아코모 볼로냐Giacomo Bologna가, 1980년에는 피오 체자레Pio Cesare가 주문했다. 투스칸 티냐넬로Tuscan Tignanello의 창시자로 이탈리아에서 가장 유명한 와인 메이커인 지아코모 타키스Giacomo Tachis도 그에게 프랑스 중부 특정 지역의 오크로 만든 통을 주문했다.

감바는 믿을 수 있는 메랭merrain(통 제조용 목재)을 직접 찾으려고 결심하고 1970년대 후반부터 프랑스를 더 자주 방문했다. 처음에는 '중학생 수준의 불어 몇 마디'로 마을에서 마을로 팡데르fendeurs(나무 쪼개는 사람)를 찾아다녔다. 공급자 명단이 점차 길어졌다. 1983년에는 처음으로 '진짜 쪼개서 잘 말린 나무'로 통을 만들었다. 작은 통이 하나씩 팔리다가 엄청나게 수요가 많아졌을 때 그는 이미 통을 만들 준비가 되어 있었다.

"우스운 일이에요." 감바가 말한다. "내가 처음 프랑스 오크를 쓰기 시작했을 때는 사람들이 이상하다고 생각했어요. 나를 이단자로 보았습니다. 하지만 지금은 새로운 전통으로 자리 잡았고, 매년 3,000개에 달하는 작은 통을 만들고 있습니다."

"감바가 1980년대에 우리를 몇 번 찾아왔던 기억이 납니다." 안젤로가 말한다. "통을 몇 개 주문했는데 생각보다 잘 만들지 못했어요. 계속 지켜보다 1986년부터 그에게 대량 주문을 했습니다."

감바의 마당에 나무가 거칠게 잘려 쌓여 있다. 이 나무 더미가 가야 셀러의 세련되고 우아한 통으로 변신하리라고는 도무지 상상이 되지 않는다.

감바가 미소 짓는다.

"작은 통 만들기가 큰 통 만들기보다 훨씬 쉽습니다. 클수록 일이 어렵거든요."

통널의 길이는 약 91센티미터이다. 보르도 바리크는 96센티미터이며 부르고뉴의 피에스는 88센티미터이다.

"타키스가 그 길이를 원해 그렇게 정했어요."

감바의 통은 피에스보다는 길고 바리크보다는 배가 더 부른, 두 개의 고전적 모델의 절충이다. 감바는 손으로 완성된 통을 쓰다듬으며 윙크한다.

"이탈리아식 우아함이죠. 다른 둘보다 모양이 더 좋습니다."

통널 양쪽 끝 부분은 점차 폭이 좁아져 통 모양으로 굽어지면 서로 꼭 맞게 된다. 뚜껑이 맞춰지는 통 안쪽의 양 끝을 약간 파내 홈을 만들고 고른다.

기술자들이 틀에 붙어 있는 철제 후프 안쪽에 통널을 고르게 세운다. 28개의 넓고 좁은 나무를 빠르고 정확한 손놀림으로 번갈아 맞추어 원형을 만든다.

"하나가 더 들어가거나 덜 들어갈 수도 있어요."

조립한 통널에 고정용 철제 후프를 세 개 더 끼운다. 이 통을 작업장 중앙에 있는 방으로 옮겨 약한 불 위에 놓는다. 나무가 천천히 골고루 따뜻해지며(불이 너무 강하면 갈라질 수도 있다) 유연하게 구부러진다.

오크 조각과 부스러기로 불을 지핀다.

"여기에도 지름길이 있긴 하지요." 감바가 의미심장한 눈빛으로 말한다. "부르고뉴에는 가스 불을 사용하는 제조업자가 적어도 한 명은 있어요."

몇 분이 지난 후 더 강한 불로 처리하는 과정에는 두 사람이 함께 일한다. 한 명은 얼굴에 구슬땀을 흘리며 통의 후프가 없는 끝부분을 쇠줄로 묶는다. 나무가 점점 가열되자 다른 한 명이 크랭크로 쇠줄을 더 단단하게 죄고, 통널을 최대한 밀착시킨다. 통널이 충분히 밀착되면 고정용 후프를 네 개 더 끼우고 쇠줄을 제거한다.

가운데 부분이 배가 부른 형태로 통의 최종 모양이 완성된다. 통이 식으면서 곡선이 자리를 잡는다.

열은 나무를 구부리기도 하지만 나무의 화학적 성분에도 영향을 주며 와인에도 풍미를 전한다. 세 번째 불에서는 통 내부를 태운다.

"레어, 미디엄, 아니면 웰던?" 주문을 받을 만반의 태세를 갖추고 감바가 묻는다. "고객이 강하게 태우기를 원하면 우리는 통을 몇 분간 덮어둡니다." 태우는 강도가 중요하다. 예를 들어 새 오크통에 숙성된 와인에서 나는 바닐라 향은 미디엄과 웰던의 중간 정도에서 제일 강하게 나타난다.

"통은 최소한 미디엄으로 태우는 게 좋습니다." 감바가 말한다. "너무 가볍게 태우는 경우, 셀러에 습기가 많거나 온도 변화가 심하면 마개 부분에 금이 갈 위험이 있어요."

태운 통들을 또 다른 작업장으로 굴려 간다. 고정용 철제 후프를 벗기고 아연으로 도금한 영구적인 철제 후프로 바꾼다. 통의 뚜껑 부분은 일곱 개의 통널을 나무못으로 연결하고, 기계톱으로 둥글게 잘라 통 양쪽 끝 부분의 패인 홈에 끼워 넣는다. 공기가 통하지 않도록 기계로 홈에 골풀을 메운다. 그리고 통을 사포질한다. 마지막 공정은 수압기를 이용해 후프를 최종 위치에 밀어 넣는 것이다.

"옛날 사람들은 어떻게 이런 기계도 없이 통을 만들었는지 모르겠어요." 감바가 덧붙인다. "나보다 훨씬 더 힘이 센 대단한 사람이 아니라면요."

나무더미가 통으로 변하는 과정이 끝났다. 감바는 관중이 찬탄하자 미소를 짓는다.

"우리는 일꾼에 불과합니다. 기적을 만드는 사람이 아닙니다. 통의 품질은 궁극적으로 메랭의 품질에 좌우되죠."

오크 종류와 성질

유럽에서 가장 높은 몽블랑 산의 터널 속으로 쿠네오 번호판을 단 짙은 푸른색 BMW가 진입한다.

"와인 생산자들은 나무에 대해서는 직접적으로 아는 것이 거의 없어요." 안젤로가 말한다.

터널 안에서는 브레이크를 밟아야 하지만 그의 마음은 가속 페달을 내리밟고 있다.

"나무의 생산지나 건조 상태에 대한 확신 없이는 의미 있는 실험을 할 수도 없고 제대로 결론을 내리지도 못합니다."

안젤로가 20년간의 경험을 통해 내린 결론은 통에 영향을 주는 수백 가지 요소 중 건조가 가장 중요하다는 것이다. 제작자의 멋진 철제 후프 안에 들어가기 전에 나무는 무엇보다 먼저 습기와 불순물부터 없애야 한다. 통널은 옥외에서 자연적으로 말릴 수도 있고 건조실에서 인공적으로 신속하게 말릴 수도 있다.

"건조실에 대해서는 말도 꺼내지 마세요!" 감바가 씨근거리며 말한다. "건조실에서 말린 나무를 구부리다가 쪼개진 적도 있어요. 최고품이라도 미세한 균열이 생겨 박테리아와 곰팡이가 자랄 수 있습니다. 나무가 자연에서 건조되면 고르게 수축되어 뒤틀리지 않아요."

"건조실에서 건조시키는 것보다 햇볕에 말리는 편이 훨씬 더 좋습니다!" 안젤로의 목소리가 높아진다. "물론 건조실에서도 나무에서 수분을 제거하지만, 생화학적 변화에 기여하는 자연적인 과정이 모두 박탈당한다고 볼 수 있어요. 나무가 자연적으로 건조되면 씁쓸하고 거친 풀냄새 같은 성격이 없어집니다. 나무에서 나는 달콤한 맛과 향이 건조실에서는 종말을 고합니다. 와인을 살균하는 것과 마찬가지죠. 나무가 더 이상 숙성되지 못하는 겁니다."

건조실에서 나무를 말리면 옥외에서보다 훨씬 빨리 마른다. 따라서 비용도 싸진다.

"나무를 자연 건조할 때도 지름길로 가고 싶은 유혹을 받습니다. 어쨌든 정석대로 건조하려면 수년 동안 자금이 많이 묶여 있을 수밖에 없으니까요."

바르바레스코의 와이너리 마당에 나무를 쌓아놓은 것도 그런 이유에서다. 안젤로는 이 방법만이 건조 작업의 진행을 확실하게 알 수 있는 유일한 길이라고 생각한다. 지금 그는 감바와 함께 프랑스 중부의 팡데르를 만나러 가는 길이다.

"통널은 두께에 따라 1센티미터당 1년을 말려야 합니다." 감바가 말한다. "보통 3센티미터 두께이니 3년 정도 건조시켜야 하지만, 그것도 직접 실험해봐야 알 수 있어요."

돌아오는 길에 감바는 부르고뉴의 제조업자를 만나기 위해 잠시 멈추었다. 기다리는 동안 마당에 쌓아둔 통널을 둘러본다.

"이것 좀 보세요." 그가 속삭인다. "대부분 톱질한 것이고, 위의 몇 개만 쪼갠 겁니다."

갑자기 주위가 어두워진다. 안젤로는 주차등을 켠다.

좁은 길 양편에는 키 큰 나무들이 빼곡히 늘어서 있다. 아직 오후의 정점을 지나지 않았는데도 햇빛이 거의 통과하지 못한다. 차가 나무 터널을 빠져나오자 작은 묘목들이 빈틈없이 땅을 뒤덮고 있다.

트롱세Tronçais는 오크 왕국에서 가장 아름다운 숲이며, 오크 숲의 그랑 크뤼이다. 와인 생산지는 아니지만, 와인 애호가들은 그에 못지않게 이 숲에 경의를 표한다. 알리에의 그로 부아Gros Bois 같은 뛰어난 오크 숲도 있지만, 트롱세 숲을 언급할 때 느껴지는 경외감을 불러일으키지는 않는다.

"트롱세라는 이름으로 팔리는 나무가 모두 트롱세산이라면 이미 오래전에 숲이 몽땅 벌거벗겨졌을 겁니다." 안젤로가 말한다.

감바도 머리를 끄떡이며 동의한다.

"트롱세와 비슷한 오크라고 하는 게 더 정확하죠."

트롱세 숲은 프랑스 루이 14세 때 재무장관이었던 장 바티스트 콜베르Jean-Baptiste Colbert가 조성했다. 중상주의 정책에 꼭 필요한 함대를 만들기 위해서는 목재를 조달할 수 있는 숲을 조성하는 것이 시급했다. 삼림은 왕실 소유 영토 중에서 가장 관리가 허술했던 지역이었다. 1670년 기록에 따르면 당시 무차별 벌목과 가축 방목으로 트롱세의 4분의 3이 황폐화되었다고 한다. 콜베르는 나무를 다시 심게 하고 경계를 강화했다. 현재 트롱세 숲에는 그의 이름을 부친 300년이 넘는 오크 숲이 있다.

해군 증강과 선박 건조의 중요성을 인식한 영국의 제임스 1세 역시 그보다 반세기 앞서 유리를 제조할 때 나무를 연료로 사용하지 못하게 했다. 용광로에 나무 대신 석탄을 사용하였고 그 결과 현대의 와인병이 탄생하였다. 코르크가 꼭 끼고 수송에도 안전한 깨지지 않는 단단한 유리가 만들어진 것이다. 군주는 어떤 일도 할 수 있지만, 고급 와인의 숙성에는 분명 큰 업적을 남긴 것 같다.

"트롱세 같은 숲은 나무가 높고 곧게 자라도록 관리하는 데 주력합니다." 감바가 말한다. "가지가 생기지 않으니 나무에 옹이가 없지요."

조림학에서는 자연 선택의 법칙이 엄격히 적용된다. 종자 오크의 열매에서 싹을 틔운 어린 나무를 심은 구역은 10여 년이 지나면 빽빽한 덤불을 이룬다. 어린 오크는 극한의 식재 밀도 때문에 햇빛을 서로 많이 차지하기 위해서 경쟁하듯 곧게 위로 뻗는다. 약한 나무는 죽거나 베어지고, 살아남은 나무들은 점차 제자리를 확보한다. 100년 정도 지나면 대부분의 오크는 높이가 약 30미터에 달하게 되고, 직경은 30센티미터 정도가 된다. 200년 된 오트 퓌테haute futaie(키 큰 나무 구역)의 경우 1헥타르에 100~150그루만 남게 된다.

"이탈리아의 오크 숲은 프랑스처럼 관리하지 않았기 때문에 좋은 목재가 없습니다. 그나마 얼마 남아 있지도 않고요." 감바가 말한다. "나무는 위로 자라지 않고 옆으로 가지를 뻗어 옹이가 많은 나무가 대부분입니다."

감바는 늘 새 공급자를 찾아 나선다.

"팡데르는 멸종 위기에 처한 위태로운 직업입니다. 부디에Bourdier를 보면 알 수 있어요. 그는 여기에서 북동쪽으로 얼마 떨어지지 않은 곳에서 일하는 장인입니다. 10년 전 부디에를 처음 만났을 때만 해도 그는 팡데르를 여러 명 고용하고 있었지요. 지금은 서른두 명의 고용인이 전부 하이테크 기계를 사용하고, 주로 하도급자나 가구 제조업자에게 나무를 팝니다. 나무를 쪼개는 전문가는 이제 한 명밖에 남지 않았고 작은 작업장에서 혼자 고독하게 일하고 있어요. 그렇게 팡데르의 세대도 끝이 나는 거겠죠."

안젤로가 관광 안내 센터에 잠시 차를 세운다. 감바는 안내원에게 근처에 팡데르가 있는지 물어본다. 그녀가 새로운 이름을 말하자 감바의 얼굴이 밝아진다.

"이 길 아래쪽으로 5킬로미터쯤 내려가면 숲이 끝나는 곳에 비트라이라는 작은 마을이 있는데, 거기예요."

다피Daffy는 짧은 머리와 하얀 수염 때문에 얼굴이 더 붉게 보인다. 그의 집에서 흙길을 건너면 작은 공터가 있다. 통나무 더미와 잘 쌓아 놓은 통널에 둘러싸인 다피가 나무를 쪼개고 있다. 방금 쪼갠 오크 향으로 공기는 매콤하고 향긋하다.

사려 깊고 위엄 있게 보이는 다피의 말은 그의 몸처럼 잘 다듬어져 있다. 3대째 나무를 쪼개며 일한 지 40년이 넘는다.

"열세 살 때부터 이 일을 해왔어요."

껍질이 그대로 있는 1미터 길이의 그륌grume(통나무)을 똑바로 세운다. 그는 정확한 손놀림으로 쐐기와 나무망치를 사용하여 통나무를 네 등분한다. 그다음 도끼와 나무메를 가지고 통널 크기로 대충 쪼갠다.

"저쪽 작업장에서 심재를 뽑아내고 껍질을 벗깁니다. 껍질과 바로 붙어 있는 변재 부분은 잘라냅니다. 통널로는 사용하지 못하지만 마루판으로는 쓸 수 있어요."

트롱세로 둔갑하여 팔리는 목재가 많다는 안젤로의 의혹에 다피도 전적으로 동의한다.

"우리 아버지처럼 이 근처에 살았던 옛날 팡데르들은 트롱세에서 몇 마일 이내에서 자란 나무가 아니면 쪼개지 않았답니다. 요즘은 중부 전역에서 공급받고 있어요. 실제로 오크통을 만들 수 있는 좋은 목재가 점점 줄어들고 있습니다. 불과 10년 전만 하더라도 통나무 세 개로 통널을 1세제곱미터 정도 만들 수 있었지만, 지금은 허실이 많아 통나무가 예닐곱 개 필요합니다."

그가 하루 여덟 시간 일하면 통널을 150여 개 만들 수 있다.

"옛날 팡데르는 통나무의 좋은 부분만 골라 사용했어요. 진짜 메랭을 만들었죠." 그는 고개를 좌우로 흔들며 말한다. "지금은 대부분이 나무 전체를 톱질해서 사용합니다."

안젤로는 더 알고 싶다.

"어디 나무를 최고로 꼽지요?"

"물론 트롱세와 이곳 알리에의 그랑 부아Grand Bois죠." 다피가 대답한다. "위쪽 셰르 지역의 생 팔레St. Palais와 니에브르의 베르트라주Bertrages도 좋아요. 하지만 소나무가 많은 숲은 주의하세요. 그런 곳의 오크는 일급이 아닙니다."

"건조는 얼마나 오래 합니까?"

"오크통 통널은 적어도 3년이 걸립니다. 3~4년이 최적이죠."

감바는 나무 조각을 들고 킁킁 냄새를 맡으며 마치 시가를 감정하는 것처럼 질겅질겅 씹어본다.

"이거 맛 좀 보세요! 정말 달콤해요."

흥분한 그는 당장이라도 통널을 사고 싶지만, 다피가 팔 통널이 있을지 모르겠다.

아니, 없을 것이다. 다피가 미소 짓는다. 그는 보르도의 대형 오크통 제조업자와 독점 계약을 맺고 있다.

안젤로는 부르주에서 북쪽으로 멀지 않은 셰르 지역으로 향한다. 140번 도로는 메네투 살롱Menetou-Salon 아펠라시옹의 서쪽 외변을 따라간다. 루아르 와인 애호가라면 캥시Quincy와 뢰이Reuilly 포도밭이 이 도로의 왼쪽에 있다는 사실을 알 것이다. 루아르의 이 지역은 소비뇽으로 유명하다. 동쪽으로 30킬로미터쯤 떨어진 상세르와 좀 더 멀리 있는 소뮈르를 가리키는 표지판도 보인다. 소뮈르에는 소비뇽은 없지만 발자크의 소설《외제니 그랑데*Eugenie Grandet*》의 무대로 유명하다. 주인공 외제니의 아버지는 문학 작품에 등장하는 가장 유명한 메랭 거래업자이자 오크통 제조업자다.

생 팔레 숲 근처의 메리 에 부아Méry-ès-Bois 마을에서 감바는 통나무의 미로를 헤치며 길을 안내한다. 이곳저곳에서 큰 통나무들이 차례가 오기를 기다리고 있다. 안젤로는 작업장 앞에서 차를 멈춘다.

"저기 계시네요!" 감바가 소리친다. "바로 오크 교수님이십니다!"

그는 권위 있어 보이면서도 장난기 있는 분위기를 풍긴다. 민첩한 동작에 집게손가락은 항상 무언가를 가리킬 준비가 되어 있다. 카미유 고티에Camille Gauthier는 수업 진행을 잠시도 늦추지 않고, 작업자들에게 다섯 개의 통널을 가져오게 한다.

"이걸 들어보세요. 어느 것이 무거운가요?"

땅딸막한 키에 머리는 희끗하고 턱수염을 기른 교수님은 대답을 듣고 미소를 짓는다.

"맞아요." 그가 승리의 기쁨에 찬 목소리로 말한다. "그게 바로 리무쟁, 그로 그랭gros grain입니다."

셰르 남서쪽의 리무쟁은 토양이 비옥하다. 리무쟁의 오크는 빨리 자라기 때문에 나이테 간격이 넓다. 이곳에는 400여 오크 종 중 하나인 퀘르쿠스 페둔쿨라타가 숲을 이루고 있다. 퀘르쿠스는 라틴어로 '오크'라는 뜻이고, 페둔쿨라타는 열매의 줄기가 가지에 붙어 있다는 뜻이다.

안젤로는 통을 만드는 나무에는 아직 바이러스가 진출하지 않았다고 귀띔한다. 오크는 식물학적으로 분류되기보다는 지리적으로 분류되는 것 같다.

교수님이 수업 분위기를 고조시킨다.

"이들 중 어느 것이 가장 가벼운가요?"

학생들은 멈칫거리며 비슷한 두 개 중 마침내 하나를 골라 든다.

"맞아요!" 교수님이 손뼉을 친다. "바로 트롱세, 그랭 팽grain fin입니다."

트롱세는 척박한 땅에서 서서히 자라 결이 곱다. 유럽 종 중 하나인 퀘르쿠스 세실리스*Quercus sessilis*이며 열매는 가지에 바로 붙어 있다.

"둘 가운데 주저하며 고르지 않은 통널은 바로 저쪽 생 팔레 숲에서 온 것이지요. 이 통널도 트롱세와 매우 비슷하고 결이 고운 그랭 팽입니다."

그의 집게손가락이 수직에서 수평으로 방향을 틀었다.

둘 다 분홍빛 색조를 띠고 리무쟁보다는 색깔이 연하다. 나머지 두 통널은 나이테 간격이 중간인 미 팽mi-fin이다.

고티에의 악센트는 남쪽 출신 같지 않지만 그는 남쪽의 리무쟁 숲 근처에서 자랐다. 그의 아버지는 대형 코냑 회사의 수석 오크통 제조자였다.

"그랭 팽은 나무의 키가 정말 커야 하고 밑동의 지름이 적어도 50센티미터는 되어야 합니다. 현재 생 팔레에서 베고 있는 나무들은 19세기 초반에 심은 겁니다. 좋은 메렝이 되려면 적어도 150년이 걸리지만, 리무쟁은 훨씬 더 빨리 자라 80년이 지나면 벨 수 있습니다."

학생들은 교수님의 고조되는 열정에 휩싸인다.

"이 둘을 보세요. 트롱세의 결은 너무 미세하여 해마다 나이테를 구분할 수 없을 정도지요. 리무쟁은 뚜렷하게 보입니다."

고티에는 손가락을 약간 높이 치켜든다.

"이제 트롱세를 자세히 보세요! 나이테가 중심에 가까울수록 더 좁아집니다. 나무가 어릴 때는 다른 나무들의 그늘에 가려 성장이 늦어요. 주위의 나무들이 점차 베이고 나무가 햇볕을 더 많이 받게 되면 약간씩 더 넓어집니다."

교수는 엄격하지만 자애로운 아버지 같은 눈길로 교실을 둘러본다.

"자연에는 적자생존의 법칙이 있어요. 환경에 적응해서 이기는 종만 살아남는 거죠. 숲에서도 마찬가지입니다."

그는 마지막 결론을 시작하기 전에 잠시 멈춘다.

"나무가 서서히 성장하면 여름보다 봄에 더 많이 자라게 됩니다. 춘재에는 추출할 수 있는 페놀 화합물이 더 많아요. 나무의 성장 속도도 포도나 다른 식물과 마찬가지로 해마다 달라집니다."

고티에의 어조가 극적으로 변한다.

"기후의 역사는 나무에 그대로 기록됩니다! 겉모양뿐 아니라 향에도 나타나지요. 나무는 껍질 쪽보다 안쪽의 향이 훨씬 강합니다."

고티에는 계속하려다가 갑자기 멈춘다. 왜인지는 알 수 없다. 여자도 아이도 보이지 않지만 그는 목소리를 낮춘다.

"나무를 톱으로 켤 때 통나무를 바로 켜기도 합니다. 그러면 껍질 바로 안쪽의 변재로만 된 통널도 나오게 되지요."

교수님은 잠시 쉰다. 감바는 분노를 적절히 누르며 그의 말을 듣고 있다.

"그걸 도스dosse라고 합니다." 고티에는 마치 다이아몬드 상인이 싸구려 가짜 보석을 언급하듯이 내뱉는다.

학생들은 할 말을 잃었다.

"아, 오크!" 교수님이 작업장으로 들어서다가 갑작스럽게 외친다. "그걸 다 배우려면 끝이 없어요. 바로 옆에서 자라는 두 나무의 품질도 아주 다를 수 있답니다."

그는 사무실 책상에 앉아 있는, 수염을 기른 젊은이를 보며 고개를 끄덕인다.

"저 신사에게 물어보세요. 오크에 대한 모든 걸 알고 있습니다."

젊은 신사는 부르고뉴의 연구소에서 나왔다. 그는 오크가 자라는 장소와 방향, 나무의 높이 등과 같은 변수가 와인에 미치는 영향을 연구하고 있다.

"저기 통널이 보이시죠?" 작은 더미로 묶어 번호표를 단 여러 개의 나무더미를 가리키며 그가 묻는다. "나무를 벤 후부터 모든 양상을 추적하고 있어요. 이제 각기 다른 통널로 통을 만들어 같은 와인을 숙성시켜 보려고 합니다. 주기적으로 맛을 보고 차이를 기록할 겁니다. 20년짜리 프로젝트죠."

교수님의 강의가 끝나고 지금부터는 연구원의 보충 학습 시간이다.

"나무에서 와인에 스며드는 물질은 60가지가 넘어요. 지금은 화학 실험으로 통널의 출신지까지 구분할 수 있습니다. 예를 들어 유제놀은 아로마 물질인데, 리무쟁보다는 알리에에 훨씬 더 많이 함유되어 있습니다."

정보가 속사포처럼 쏟아지고 보충 학습은 강의보다 더 어지러워진다. 지역도 복잡하다.

"이 근처와 알리에의 오크는 락톤이라는 에스테르가 풍부해요. 그래서 향신료 향이 더 많이 납니다."

"리무쟁은요?" 학생이 묻는다.

"락톤은 거의 없고 타닌이 많으며 비교적 빨리 추출됩니다."

"보주Vosges는요?" 보주는 프랑스 동부의 산악 지역이다.

"결이 섬세한 편이고 알리에보다는 아로마가 덜합니다."

"부르고뉴는요?"

"알리에와 리무쟁의 중간으로 아로마나 타닌이 그다지 강하지는 않습니다."

벌써부터 머리가 핑핑 돈다. 누군가가 쓰러지기 전 고티에가 사무실에 얼굴을 내민다. 그는 안젤로를 작업 현장으로 안내하려고 기다리고 있다.

그들은 나무를 쪼갤 때 사용하는 수압식 도끼가 있는 곳으로 간다.

"이 도끼로 작업해도 손도끼로 작업한 것과 똑같아요." 고티에가 말한다. "기계는 근육만 제공할 뿐이죠. 그리고 정확해요. 통나무 다섯 개로 통널 1세제곱미터를 얻을 수 있습니다."

바깥에서는 그의 목소리가 더 비밀스러워진다.

"어제 호주인 몇 명이 나무를 보러 왔어요." 그가 엄숙하게 말한다.

2주 전에는 캘리포니아의 와인 생산자들이 또 몇 명 들렀다.

"그들이 뭘 사려 했는지 아세요?"

고티에는 믿기지 않는다는 표정이다.

"통나무였어요!" 통나무라니. 미국인들은 이제 통을 만들 뿐 아니라 통나무를 쪼개는 것까지도 직접 하려는 것이다!

고티에는 마당에 있는 통널 더미들을 가리킨다. 나무의 중심부를 안쪽으로 향하게 놓고 셋이나 다섯 개씩 번갈아 쌓았다. 공기를 통하게 하는 것이 핵심이다. 고르게 건조시키기 위해 위치를 주기적으로 바꾼다.

"와인을 '양육'해야 하는 것처럼 나무도 양육해야 합니다."

나무 더미 주위의 땅이 검다.

"모두 나무에서 나온 불순물들입니다." 그가 껄껄 웃는다. "와인에 스며드는 것보다는 땅이 낫지요."

"나무는 언제 베나요?" 학생이 묻는다.

"10월에서 2월 사이입니다."

"나무를 소유하고 계신 건가요, 아니면 구입하시는 건가요?"

"산림청ONF에서 판매합니다. 여러 곳에서 매년 경매를 개최하지요. 셰르 오크는 올해 부르주에서 10월 12일에 경매가 열립니다."

경매 전날, 작업장 건너편에 있는 고티에의 집에는 흥분이 감돈다.

감바는 경매가 언제 시작하는지 묻는다.

"다섯 시요."

"새벽이요?" 감바가 아연실색한다.

"네." 고티에가 무표정하게 대답한다. "이곳 프랑서에서는 그 시간에 일을 시작합니다."

그가 눈을 찡긋한다.

"그런데 내일 이탈리아인들이 온다고 했더니 아홉 시에 시작하기로 결정했답니다."

고티에는 꽤나 긴장하고 있다. 경매에서 1년 동안 공급받을 나무가 결정되기 때문이다.

감독 외에는 경매 가격이 얼마부터 시작될지 아무도 모른다. 다른 곳의 경매 가격으로 추정해보건대 20퍼센트는 오를 것 같다. 고티에는 지난주에 샤토루에 있는 앵드르Indre 경매장에 다녀왔다.

"한 400명쯤 모였는데 나무도 많았고 좋은 물건도 있었어요."

내주에는 세릴리Cérilly에서 알리에 경매가 열릴 것이라고 한다.

“하지만 트롱세는 아주 적어요. 얼마 안 됩니다.”

커피 테이블에는 부르주에서 경매될 물건들을 설명하는 산림청 발간 책자가 있다. 책자는 상형문자 같은 걸로 뒤덮여 있다.

“그동안 열심히 연구했죠.” 고티에가 말한다.

그와 그의 아내는 여러 주 동안 샘플의 품질과 양을 골고루 측정했다. 그들은 치수를 재고 색깔도 조사했다.

그는 책자를 들고 책장을 넘긴다.

“이 물건은 나쁘지 않아요.” 그가 코멘트를 한다. “저 나무도 괜찮지만 이건 정말 아니군요.” 갑자기 그의 얼굴에 만족감이 넘친다. “아, 이건 정말 좋은 나무입니다.”

감바는 안절부절못하고 있다. 고티에가 약속한 한 트럭 분량의 통널을 구입할 수 있을지 확인하고 싶어 한다.

“내가 원하는 좋은 품질은 충분히 확보 못 하겠죠?” 감바가 중얼거린다.

부엌에서 고티에 부인이 스파클링 와인을 쟁반에 내온다. 그녀는 프랑스인들은 이탈리아인에게 메랭을 팔고 싶어 하지 않는다고 잘라 말한다. 직설적인 여자다.

“통은 팔지만 나무는 팔지 않아요.”

고티에는 애국심 때문만은 아니라고 말한다.

“최고의 자재를 프랑스 제조업자 아닌 딴 사람에게 파는 것을 꺼리는 건 당연한 일 아닌가요? 오래된 우정도 있고 사업상 관계도 있으니까요.”

감바가 잔을 든다. “경매의 행운을 위하여!”

한 모금 마신다.

"나무랄 데 없는 와인이네요." 그가 미소를 띠고 말한다.

고티에는 아무 말이 없다. 하지만 그의 반짝이는 눈이 그를 대신해 말한다.

"당연하죠. 프랑스산이니까요!"

감바는 쌀쌀한 이른 아침에 부르주Bourges로 떠난다. 안개 때문에 표지판도 잘 보이지 않는다. 고속도로를 따라 철이 지나 검게 시든 해바라기가 지치고 패배한 유령 군대처럼 늘어서 있다.

고티에는 부르주 외곽에 있는 현대식 셰르 농업청 건물에 도착하여 강당 앞줄에 자리 잡는다. 이미 거의 만원이다. 그는 누가 왔는지 신경질적으로 살펴본다. 감바는 반대편 뒤쪽에 자리 잡았다.

단상에는 관리 열네 명이 절반은 제복을 입고 앉아 있다. 모두 17세기에 루이 14세가 말한 "짐이 곧 국가다L'état, c'est moi!"라는 말이 어울릴 법한 근엄한 표정을 짓고 있다. 그들은 가끔씩 서로서로 귓속말을 하지만 분위기는 엄숙하다. 프랑스인만이 연출할 수 있는 위풍당당한 시골 행사이다.

경매는 아홉 시 정각에 시작한다. 관리가 한 로트를 발표하자 경매사가 감독이 전해준 쪽지에 적힌 가격부터 부른다. 그리고 누군가 "낙찰!"이라고 말할 때까지 가격을 낮춘다. 주저할 시간이 없다. 그가 숫자를 바꿔 부르는 데는 1초도 걸리지 않는다.

간신히 "낙찰" 소리를 내는 입찰자도 있고, 고함을 지르는 사람도 있다. 감바 앞에 앉은 사람은 매번 몇 분의 1초씩이 늦는다. 입찰자보다 먼저 소리쳤다고 항의하는 말도 들린다. 관리는 급히 의논한 후 "번복은 없습니다"라고 경매사에게 공손하게 웃으며 통고한다. 한 사람이 날카롭게 찌르는 목소리로 급하게 "낙찰"을 외친 후 잘못된 로트에 입찰한 것을 알게 되자 웃음과 동정이 섞여 나온다. 한 로트가 100만 프랑이 넘는 개찰 가격에 바로 낙찰되자 좌중이 숨을 죽인다.

"또 쇼시에르야." 남자가 옆에 앉은 여자에게 귓속말을 한다.

"아니면 누구겠어요?" 여자가 대답한다.

감바는 목을 빼고 고티에의 모습을 바라본다. 그가 언제 행동을 개시할지 염려되기 시작한다.

38번 더미의 경매가 41만 프랑으로 시작되었다. 경매사가 36만 프랑이라고 말하려고 하자마자 고티에가 벌떡 일어나 붉은 얼굴로 "낙찰!"이라고 소리쳤다.

10시 40분이 지나자 경매사는 "신사 숙녀 여러분, 경매가 끝났습니다"라고 통고한다.

고티에는 모두 세 로트를 샀다.

"그보다 더 못할 수도 있었어요." 그는 손수건으로 얼굴을 닦으며 말한다. "두어 로트는 놓쳤지만 좋은 물건을 가격도 좋게 샀어요. 그중 하나는 진짜 근사해요."

"그런데 쇼시에르가 누군가요?" 감바가 묻는다.

"아, 쇼시에르!" 고티에가 이를 갈며 눈을 굴린다. "생 아르망St. Armand에서 온 가구업자인데 최고의 목재는 다 사지요. 아무도 경쟁을 못 합니다."

"그가 메랭도 파나요?" 감바가 희망을 품고 대담하게 물어본다.

"지금 농담하시는 건가요? 그는 스위스에 고객이 있고 파리에 큰 상점이 있어요. 그것도 여러 개." 고티에는 엄지손가락과 집게손가락을 비빈다. "돈 더미죠."

그런 사람이 메랭 따위에 관심이 있을 리 있나.

"나는 동생이 생 팔레 로트 중 하나를 낚아채기를 바랐어요." 고티에가 키득거린다. "싼값으로 사려다 놓쳤겠죠. 여기서는 횡재를 바라면 안 됩니다. 이미 형성된 가격이 있거든요."

고티에 부인이 감바에게 다가온다.

"오늘은 정말 조용한 편이었어요. 어떤 때는 모두 흥분해서 열기가 뜨겁죠."

"재무 관리들의 파업으로 경험이 적은 대리인이 주관한 것 같아요. 보통은 정말 불같이 빠르게 진행합니다." 고티에가 말한다.

강당을 떠나며 감바는 알리에에서 온 낙담한 제조업자와 마주친다.

"모든 게 너무 비싸요." 그가 한숨을 쉬며 말한다. "나는 한 로트밖에 못 샀어요. 통널 감이 점점 줄어드는군요. 그 가구장이가 모두 사갔어요."

"다음 주 세릴리에서 더 좋은 걸 살 수 있을 겁니다." 감바가 제조업자를 격려한다.

프랑스 오크는 와인 잡지에 항상 머리기사로 실린다. 많은 생산자가 프랑스산 외에는 별 관심을 갖지 않는 듯 보인다. 하지만 항상 그렇지만은 않다. 프랑스 안에서도 다른 의견이 있다.

"통의 맛이 와인을 손상시킨다." 통 제조업자를 위한 1875년 프랑스 책자에 나오는 말이다. "미국이나 캐나다, 북부 유럽의 오크는 이질적인 물질을 거의 방출하지 않아, 고급 와인의 섬세한 향미를 그대로 보존한다. 프랑스 오크통은 평범한 와인을 만드는 데나 적합하다."

보르도에서는 오랫동안 북유럽의 오크를 사용해왔다. 함부르크는 17세기 초반부터 보르도 와인의 가장 큰 시장이었다. 와인을 싣고 간 배는 동프로이센과 폴란드, 독일 북동부 포메라니아 숲의 오크를 싣고 돌아왔다.

발틱 오크는 보르도에서 가까운 리무쟁의 오크보다 중성적이다. 결이 가늘고 와인에 뚜렷한 풍미를 남기지 않아, 제1차 세계대전까지도 보르도 와인은 이 오크통을 계속 사용했다.

책자에 언급된 미국 오크는 퀘르쿠스 알바*Quercus alba*, 화이트 오크다. 유럽 오크보다 타닌과 색소 등 페놀 화합물은 풍부하지 않아도, 바닐린과 방향성 물질을 더 많이 함유하고 있다. 프랑스 오크보다 값은 싸지만, 많은 생산자가 와인에 오크 향이 너무 뚜렷하게 남아 피하는 경향이 있다. 어쩌면 아칸서스, 일리노이, 미주리 같은 이름이 알리에나 다른 프랑스 이름보다 촌스럽게 들려서 피하는 것인지도 모른다!

"크로아티아와 슬로베니아 오크도 잠재력이 엄청나요." 감바가 말한다. "하지만 지난 10~15년 사이에 품질이 급격히 떨어졌어요. 숲을 체계적으로 개발하지 않은 데다, 식재도 계획적으로 하지 않아 지금은 나무가 너무 어립니다. 나무에 옹이가 있어 휠 때 금이 간 적이 있어요. 물론 전혀 쪼개지 않고 전부 톱질합니다."

이탈리아의 오크 숲들도 관리가 허술하여 많이 사라졌지만, 아직도 소량의 통널이 생산되고 있다. 오타비는 베네치아에서 40킬로미터 떨어진 북쪽 몬텔로 고원의 숲을 언급하며 "슬로베니아산의 섬세함과 견줄 수 있는 품질"이라고 썼다. 랑게에는 옛날부터 전해 내려오는 이야기가 있다. 바롤로의 주요 생산자인 루치아노 산드로네Luciano Sandrone는 나이 든 사람들이 토종 나무 갈레라galera로 바릭을 만들었다고 한 얘기를 기억한다고 했다. 갈레라는 퀘르쿠스 페둔쿨라타의 이탈리아 이름으로 밝혀졌다.

바리크 모양의 통은? 이탈리아에 보테 전통 이전에 바리크 전통이 있었을까? 증거는 없지만 호기심을 자극한다.

관심을 갖고 조사해보면 추리할 수 있는 근거가 있긴 하다. 키안티 몬탈리아리Montagliari의 지오반니 카펠리Giovanni Capelli는 18세기 후반에 기록된 가문의 문서를 발견했는데, 필록세라가 덮친 후 1890년에서 1917년까지 포도나무를 다시 심어 만든 와인에 대해 알게 되었다. 현재의 키안티는 공인을 받으려면 포도를 혼합해야 하는 규정이 있지만 (산조베제+토착 품종 10퍼센트), 그때는 순수 산조베제만으로 카라텔리caratelli라 불리는 200리터들이 작은 통에 숙성시켰다. 현재 알고 있는 전통 이전의 더 오래된 전통은 전혀 달랐던 것이다. 당시 전통의 신봉자였던 카펠리는 이 문서를 본 뒤 전향하여, 조상의 신념에 충실한 바릭 옹호자로 되돌아갔다.

더욱 흥미로운 점은 "작은 통이 좋은 와인을 만든다"라는 옛말이다. 이 말은 과거의 전통에 따라 와인을 만들고 숙성시키던 농부들의 실제 경험에서 유래했을 것이다. 관습에 매달렸던 완고한 옛날 농부들이 일부러 이런 말을 지어냈을 리는 없다.

발레리오 그라소Valerio Grasso가 바릭 옆에 서서 아황산 주입기를 조절하고 있다.

소리 산 로렌조 1989년산을 따라내기 시작한다.

와인을 산소로부터 보호하기 위해서는 아황산이 필요하다. 구이도는 유리 아황산을 체크하며 첨가할 양을 결정한다. 그리고 모든 것이 확실하게 잘 진행되고 있는지 전체적으로 점검한다.

"따라내기는 큰일은 아니지만 꼭 필요한 일입니다. 와인을 공기에 노출시키면 찌꺼기에서 생기는 나쁜 냄새도 날아가지요. 또 탄산가스도 분산됩니다. 탄산가스가 와인에 남아 있으면 타닌과 산이 더 강하게 느껴져요. 그리고 따라내기를 부드럽게 잘하면 타닌에도 득이 됩니다. 타닌의 중합을 돕게 되지요. 산소와 접촉을 막는 과도한 환원 상태에서 와인을 만들면 와인이 거칠고 냄새도 납니다."

동전에 양면이 있듯 산화도 어느 정도는 꼭 필요하다. 물론 너무 심하면 와인이 내리막길로 가게 된다.

"특히 네비올로는 안토시아닌이 불안정하기 때문에 따라내기를 하면 색깔에 손상이 갑니다. 카베르네라면 더 자주 해도 문제가 없지만요." 구이도가 말한다.

와인은 바릭에서 약간 낮은 위치에 있는 큰 통으로 흘러간다. 젊은 작업자가 이미 큰 통에 들어 있는 호스를 잡고 와인이 차오를수록 호스를 점점 높이 들어올린다.

"큰 통이 바닥보다 낮은 곳에 있기 때문에 펌프질을 과하게 하지 않아도 됩니다. 주위에 와인을 흘릴 일도 없고요." 구이도가 말한다. "중력을 이용하는 것과 마찬가지입니다."

셀러 어느 곳에나 폭력은 항상 숨어 있다. 언제 어디에서 일격을 가할지 모른다. 펌프는 와인을 주먹으로 쳐 타박상을 입힐 수 있다. 권투선수용 글러브가 아닌 유아용 장갑이 필요하다.

"작업자가 큰 통 속 와인의 수면 바로 위에서 호스를 잡고 있기 때문에 호스에서 흘러나오는 와인은 잠깐 동안 산소와 만나게 됩니다."

안젤로는 구이도와 무언가 의논하러 내려와 작업을 살펴본다.

"맞아요." 안젤로가 말한다. "와인이 튀지 않게 해야 합니다. 따라내기 할 때 두 번씩이나 주위에 튀었던 때가 있었어요. 통에서 호스가 있는 탱크까지 거리가 멀었고, 또 따라내기를 한 후 통으로 다시 와인을 보내야 했으니까요."

그는 입술에 장난스런 미소를 짓는다.

"어떤 고객은 내가 와이너리를 맡은 뒤로 셀러에 옛날같이 좋은 냄새가 나지 않는다고 불평했습니다. 그래요, 아버지의 셀러는 와인이 흘러 냄새가 좋았습니다. 하지만 부케는 공기 속으로 사라졌지요."

안젤로는 〈바람과 함께 사라지다〉의 손짓을 한다. "셀러에서는 부케를 즐길 수 있었지만 와인을 산 고객들은 그러지 못했죠!"

그라소는 깨끗한 통에 질소를 열심히 주입하고 있다. 와인이 통 속으로 다시 들어가면 질소는 와인을 산소로부터 보호하는 임무를 마치고 나오게 된다.

50대의 은발인 그라소는 와이너리에서 25년간 일했고, 이곳 가야에서 8년째 일하고 있다.

"이 일에는 인내심이 필요합니다." 그라소가 말한다. "작은 통은 일이 많아요. 따라내기를 할 때 각각의 바릭을 비우는 데 1분 30초가 걸리고 나음엔 씻고 말리고 줄지어 배치해야 합니다. 그리고 항상 소독을 해야 하고요."

그가 웃으며 말한다.

"이전에 일하던 곳은 전혀 달랐습니다. 진짜 공장 같았지요. 우리는 일고여덟 트럭분의 와인을 단 하루 만에 취급했어요. 바닥은 진창이 되었고요."

"셀러 일에 익숙해지려면 훈련하는 데에만 10년이 걸립니다." 구이도가 말한다. "통만 전문적으로 취급하는 장인이 두어 명 필요합니다. 공장 노동자가 아니라 예술가 정신을 가진 사람으로요."

구이도는 지금 도대체 무슨 일을 하고 있는 걸까? 무릎까지 오는 장화를 신고 검은 물구덩이에 서서 통널 더미 위에 물을 끼얹고 있다. 연기도 나지 않고 불길이 치솟지도 않는데, 와인 메이커가 나무에 물을 뿌리는 이유가 뭘까?

"3년 연달아 건조한 겨울이 계속되었어요. 이렇게 물을 주지 않으면 나무는 적당하게 잘 마르지 못합니다."

그는 검게 흐르는 물을 바라보며 말한다.

"이 짧은 순간에 물을 뿌려도 나무에서 나오는 불순물이 이렇게 많은데, 몇 달 동안 알코올이 오크통에서 추출하는 불순물은 얼마나 많겠어요?"

'통널의 품질을 좌우하는 가장 중요한 요인은 건조다'라는 안젤로의 신념이 더욱더 힘을 받는다. 물론 땅바닥의 시커먼 물줄기는 최근에 들여온 나무에서 흘러나온 것이다. 3년째 말린 오래된 나무는 올해 빈티지에 사용할 것이다. 소리 산 로렌조 1991년산은 맞춤 오크를 입고 사교계에 등장할 예정이다.

"하지만 그 옷은 화려하지 않고 절제미가 있을 겁니다." 구이도가 확신한다.

그는 직접 건조한 나무로 오크통을 만들어 시험한다는 사실에 흥분해 있다.

"우리는 통을 사용하기 전에 네 가지 방법으로 손질합니다. 아무 손질을 안 하는 방법도 있어요. 스팀 세척은 부정적인 물질을 제거하지만 긍정적인 물질도 같이 씻어냅니다."

또 다른 계획도 있다.

"말로락트 발효를 바릭에서 시도해보려고도 해요. 이제 나무를 직접 건조하니 안심할 수 있습니다. 박테리아 서식에 대한 걱정을 덜 수 있으니까요."

구이도는 셀러로 들어가 유리잔을 가져와 통에서 와인을 따른다.

"맛을 봐야죠."

깊은 색깔의 와인은 스파이시하며 풍부하다. 어린 대로 벨벳처럼 부드럽기도 하다. 사실 지금 마셔도 좋다.

그는 나머지 와인은 버리고 다른 바릭에서 또 잔을 채운다. 이 와인은 매우 다르다. 과일 향이 더 많고 처음 와인과 비교해 풍부함은 덜하다. 모가 나고 거칠다.

여태껏 진지했던 구이도의 표정이 기쁨으로 번진다.

"둘 다 소리 산 로렌조 1989년산인데, 첫 번째는 새 오크통이고 두 번째는 1년 사용한 통입니다."

이 와인, 아니 이 두 와인의 포도를 수확하기 전날 밤 구이도가 한 말이 있다.

"같은 와인을 두 개의 다른 통에 넣으면 요술같이 두 개의 다른 와인이 됩니다. 아무도 모르죠!"

"새 통의 와인이 더 부드러워요. 산소와 자연스럽게 접촉되기 때문입니다." 구이도가 설명한다. "통은 사용할수록 숨구멍이 막혀서 공기가 덜 통하게 됩니다. 또 새 오크의 섬유소에서는 다당류라고 불리는 물질이 더 많이 추출되기 때문에 바디가 더 강해져요. 이들이 와인을 '풍부'하게 만듭니다."

그는 다음에 무엇을 맛볼까 생각하며 잠시 멈춘다.

"아!" 갑자기 떠오른 듯 셀러의 다른 줄에 있는 통으로 다가가 와인을 잔에 따른다.

"어때요?" 그가 묻는다.

이번 와인은 다른 와인보다 밀도는 높지만 거칠고 매우 떫었다. 타닌이 남아 입 안 전체를 쏘았다.

구이도는 찡그린 얼굴을 보고 씩 웃는다.

"따라내기를 한 와인이 아닙니다. 프레스 와인이지요."

바르바레스코를 만들 포도가 와이너리에 도착할 때 왜 적색경보가 울리는지 이제야 이해가 된다. 프레스 와인이라는 폭탄을 투하해서는 안 된다! 어떤 와인 생산지에서는(아주 유명한 곳이라도) 바디를 더하기 위해 프레스 와인을 첨가한다. 구이도는 프레스 와인을 절대 사용하지 않지만 오크통에서 어떻게 변화하는지는 관찰한다.

"소리 산 로렌조 같은 와인이나, 아니면 일반 바르바레스코 와인이라도 프레스 와인에서 얻는 것은 거의 없어요. 오히려 섬세함을 조금 잃게 될 뿐입니다." 와인 양조 중 숙성 과정은 아직도 모르는 부분이 많이 남아 있다.

"대부분 시도해보고 실수하며 배웁니다." 구이도가 이어 말한다. "자료는 쌓여 있지만 실제로 실행에 옮기는 데는 문제가 있습니다. 시간이 지나며 변해가는 와인을 계속 맛보고 비교해보며 여러 변수들에 대한 최상의 결론을 끄집어내야 하니까요. 그러나 적어도 통에 대해서는 몇 가지를 분명하게 알 수 있어요. 나무의 결이 미세할수록 화합물을 느리게 방출하기 때문에 와인이 더 섬세해집니다." 그래서 리무쟁보다는 알리에가 좋다.

"여태껏 경험에 의하면 최소한 우리 와인에서는 그런 것 같다는 말이지요. 무통 로칠드같이 이름난 샤토 와인을 상트네Santenay 같은 작은 마을 와인과 비교하면서, 보르도와 부르고뉴 와인이 이렇게 다르다고 생각해서는 안 됩니다. 리무쟁 어떤 지역의 아주 좋은 조건에서 자란 나무는 알리에의 좀 덜 좋은 조건에서 자란 나무와 비슷할지 모릅니다. 3년 건조한 리무쟁이 6개월 건조한 알리에보다는 확실히 더 낫고요."

통널도 숲과 크게 다르지 않다.

"특정 숲의 차이에 대해 여러 의견이 있지만 현실적으로 확인할 수는 없으니 대충 듣고 넘겨야 합니다. 도대체 나무가 꼭 그 지역에서 왔다고 어떻게 증명할 수 있나요?"

구이도가 웃는다.

"확실하게 하려면 내가 직접 가서 나무를 베고 바르바레스코로 운반해오는 수밖에 없습니다."

1991. 2. 23

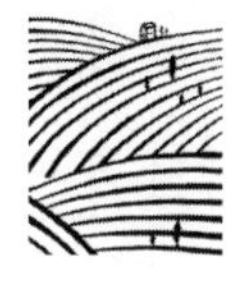

와인 따라내기

소리 산 로렌조 1989년산은 바릭에 이별을 고하고 6,800리터의 보테로 옮겨진다.

"이 통이 20여 년 전 새것이었을 때 어땠을지 상상해보세요." 구이도가 말한다. "나무는 충분히 건조되지 않아(두께가 7센티미터 이상이니 건조에 적어도 7년이 걸린다) 거친 타닌과 쓴 물질이 확실히 많이 남아 있었을 겁니다. 또 스팀으로 구부려 만들었기 때문에 불로 처리한 것보다 약하여 화학 반응도 충분히 끌어낼 수 없었을 거고요."

와인을 왜 보테보다 먼저 바릭에서 숙성시키는지 궁금할 것이다.

"작은 통은 큰 통보다 와인과 오크의 접촉 면적 비율이 크기 때문에 와인이 오크의 영향을 더 많이 받아요. 새 오크통은 더 공격적입니다. 미세한 분자들이 남아 있는 영 와인은 밀도가 높아 새 바릭의 공격을 어느 정도 막아줍니다. 화이트 와인을 바릭에서 발효시킬 때는 오크통을 스팀 처리 하지 않아도 됩니다. 이스트 세포와 다른 찌꺼기들이 바릭의 영향을 감소시키고 완충하는 역할을 하지요."

소리 산 로렌조 1989년산을 담은 마지막 통이 따라내기를 기다리고 있다.

"와인은 바릭에서 먼저 취할 것을 취하고, 다음 보테로 옮기면 거친 면이 점점 부드러워집니다. 바릭에서는 와인이 산소와 접촉하며 느린 산화가 일어납니다. 와인이 공기가 통하지 않는 (불투과성) 용기에 있다가 따라내기나 병입 때 산소와 갑자기 접촉하게 되면 쇼크를 받습니다. 격렬한 산화가 일어나지요. 또 병입되었을 때의 환원 상태(완전히 산소가 없는 상태)에도 적응해야 하고요."

1992. 5. 4

와인 병입

"구이도와 나는 늘 병입하기 전에 같이 앉아서 맛을 봅니다." 안젤로가 말한다. "우리는 수확 3년째 되는 봄 이맘때쯤에 소리 산 로렌조를 병입합니다. 그리고 셀러에서 3~4개월 안정시켰다가 9월 중순쯤 출시하지요."

안젤로는 개축한 와이너리 빌딩의 새 시음장에 앉아 있다.

소리 산 로렌조 1989년산을 통에서 바로 따라 병에 채우고 테이블 위에 놓는다. 구이도가 들어와 잔에 따른다.

색깔을 보고 향을 맡고 한 모금 마시고 입 속에서 굴린다. 안젤로의 표정이 흐려졌다 밝아졌다 하며 의혹을 풀어가고 있다. 구이도는 눈을 감는다. 기도하는 것일까? 절망의 순간에 "우리를 타닌에서 구해주소서"라고 중얼거리는 것만 같다. 이런 때에는 타닌이 마치 저주받은 악마와도 같다. 침묵의 순간이 영원같이 느껴진다.

안젤로는 구이도를 쳐다보고 그가 방금 보낸 말 없는 메시지를 받아들인다. 그는 와인을 뱉는다.

"특별한 와인이 될 것 같은데, 지금 병입하면 안 될 것 같네요. 와인이 아직 준비가 되지 않았어요." 안젤로가 말한다.

구이도가 동의하며 머리를 끄떡인다. 와인에 대해 얘기할 때 안젤로는 나름 음유시인이 된다. 물론 시인이 맛을 보는 것은 아니다! 맛을 보니 저절로 시인이 된다.

그는 시인의 은유와 직유를 오가며 와인에 대해 이야기한다.

"다듬어지지 않은 옥석이지요. 이제 겨우 윤곽이 드러납니다."

"미켈란젤로의 조각상 같지 않나요? 자유를 얻으려 몸부림치는 돌로 만든 노예 석상 보셨죠?"

"기운 찬 종마입니다. 훌륭하지만 고삐가 단단히 조였네요."

와인을 너무 어릴 때(성숙하여 잠재력이 나타나기 전에) 마시면 '영아 살해'라는 말을 종종 한다.

"영아 살해요?" 안젤로가 비꼰다. "아기가 이렇게 억센가요?"

소리 산 로렌조 1989년산은 분명 보졸레 누보는 아니다. 폴리페놀의 양이 정말 인상적이다. 리터당 2.95그램이다. 알코올 도수도 13.69도로 20세기 초에 도미지오 카바차가 와이너리 조합에서 만든 와인과 동일 선상에 있다. 카바차의 1903, 1904, 1905년산 와인의 알코올 도수는 각각 13.59, 13.89, 13.60도였다. 하지만 놀라운 것은 총 산이다. 세 와인에 나타난 주석산 함량은 오늘날의 와인 애호가들에게는 위협적인 양이다. 리터당 각각 9.07, 7.50, 8.40그램! 소리 산 로렌조 1989년산의 산도는 리터당 5.80그램으로 훨씬 더 낮아 타닌이 거칠기보다 풍미가 있고 벨벳같이 느껴진다.

1989년 바르바레스코 지역은 덥고 건조했다. 같은 해 보르도는 이미 아주 좋은 평판을 얻고 있었는데, 좀 더 덥고 덜 건조했다. 와인 신문에서도 소리 산 로렌조가 뛰어난 와인이 될 것이라고 기대했다.

안젤로는 자신의 와인을 판촉하는 데는 대가이지만, 와인의 미래에 대한 확신은 금기 사항임을 잘 알고 있다.

"가능성만으로 와인이 완성되지는 않습니다. 바람일 뿐이죠!" 그가 강조한다. "와인은 항상 놀라움으로 가득 차 있어요. 어떻게 될지 아무도 모릅니다."

"바릭에 몇 달 더 두었으면 좋았을 것 같군요." 구이도가 말한다.

"정말이야." 안젤로가 대답한다. "우리는 모든 변화를 알 수가 없습니다. 언제 병입해야 할지도 정하기 어렵습니다. 와인의 어떤 성분은 준비가 된 상태지만 어떤 성분은 그렇지 않을 때가 있어요."

소리 산 로렌조는 언제 병입될 것인가?

안젤로와 구이도는 서로 눈을 거의 맞추지 않는다. 지금쯤은 이미 서로의 마음을 읽고 있다.

"여름 동안 어떻게 변하는지 두고 봐야지요." 안젤로가 말한다. "운이 좋으면 수확이 시작되기 전 9월 초가 될 테고, 아니면 내년 봄이 되겠지요."

그들은 항상 따뜻할 때 병입을 한다. 그때는 와인이 산소를 덜 흡수하기 때문이다.

"나는 우리 고객들이 이 점을 양해해주었으면 합니다." 안젤로가 한숨을 쉬며 말한다. "그중 일부는 선불을 내고 엉 프리뫼르en primeur를 사지만, 크리스마스 때까지는 힘들어요. 9월에 병입한다 해도 1년이 지난 뒤에야 선적할 수 있거든요."

안젤로는 향을 맡고 한 모금 더 마신다. "오케이! 병입합시다!"라고 자신 있게 외치지 못할 아무런 이유가 없어 보인다. 하지만 그는 확실한 오감을 가진 맛의 달인이다.

"이 와인은 의지가 강하고 고집이 세요. 와인이 원하지 않을 때 병 속에 강제로 집어넣을 수는 없습니다."

그는 와인잔을 바라본다.

"병에 들어갈 준비가 되면 와인이 말해줄 겁니다."

병입도 와인에게 직접 물어봐야 한다.

1992. 8. 20

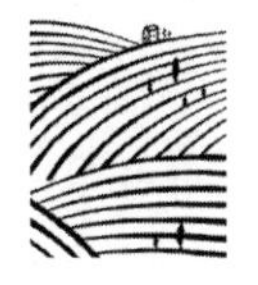

정제/청징과 여과

"젤로J-E-L-L-O?"

구이도가 알 수 없는 말을 하며 즐겁게 웃는다.

"소리 산 로렌조 1989년산과 젤로Jell-O의 공통점이 뭘까요?"

구이도가 보테를 가리키면서 다시 묻는다.

또 다른 고문이 다가오고 있나? 초심자는 말로락트 발효와 타닌 중합 등 그 모든 불가해한 현상을 배우며 이제야 좀 수준이 높아진 기분이다. 그런데 젤로라니? 갑자기 시끌벅적한 중학교 점심시간으로 돌아간 것만 같다. 도대체 위대한 와인과 젤로의 공통점이 뭐란 말인가?

"젤라틴이죠!" 젤라틴으로 와인을 정제하는 통을 가리키며 구이도가 수수께끼를 풀어준다.

결전의 날이 다가왔다. 와인은 9월 초에 병입하기로 했다. 구이도는 통에서 병으로 옮기는 과정을 관리하기 위해 짧은 휴가를 더 짧게 줄였다.

"대부분 관중들은 이제 게임이 끝나고 갈채 속에서 마지막 인사를 하는 일만 남았다고 생각합니다. 그건 그들의 생각일 뿐이죠!"

와인 팬들은 포도밭의 가지치기부터 와인의 숙성까지 열심히 응원한 후에 부지런히 경기장 출구로 향한다.

"이 와인이 승자야." 그들은 말한다. "이제 마지막 관문인 병입만 지나면 돼. 그건 단지 형식적인 절차일 뿐이야."

그들은 병입이라는 최종 마무리 단계가 실제로는 방해물로 뒤덮여 있는 장애물 경기라는 것을 전혀 모른다.

새로 만든 레드 와인은 포도 파편과 이스트, 박테리아, 색소 물질, 미세한 결정체 등 떠돌아다니는 입자 때문에 혼탁한 상태다. 그중 용기 아래로 가라앉은 찌꺼기는 와인을 따라낼 때 어느 정도 제거된다. 와인메이커는 여러 방법으로 와인을 정제한다. 구이도처럼 찬 곳에 두거나 작은 통에 저장하거나, 또는 직접 개입하여 완전하고 안정적인 청징淸澄을 하기도 한다.

"와인이 흐리면 시각적으로 좋은 인상을 주지 않아요. 입자가 있으면 와인을 마시는 즐거움도 감소됩니다."

청징은 와인을 정제하는 전통적 방법이다. 단백질을 함유한 물질을 첨가하여 와인의 불순물을 제거한다. 양전하를 띤 단백질은 와인 안에서 음전하를 띤 타닌이나 다른 입자들과 결합하여 무거운 덩어리를 만들어 용기 바닥으로 서서히 떨어진다.

"정제를 완전히 믿을 수는 없습니다. 외관상으로는 와인이 깨끗해 보여도 입자는 병입 후에도 (온도가 변하면) 가라앉고 와인이 뿌옇게 되지요. 청징은 정제 상태를 안정시켜줍니다."

전통적인 청징제로는 소의 피나 카제인(우유의 단백질), 부레풀(물고기 부레), 달걀흰자 등이 있다.

구이도는 얼굴을 찡그리며 코를 쥔다.

"물론 보르도와 같은 고급 와이너리에서는 전통적으로 달걀흰자를 사용합니다. 우리도 시도해봤지만 사용하진 않아요. 나중에 통을 세척하기도 어렵고 냄새도 고약하거든요! 젤라틴이 더 효과적이고 사용하기에도 편합니다."

구이도는 정제하지 않은 바르바레스코를 비커에 따르고, 따뜻한 물에 녹인 젤라틴을 붓는다. 뿌연 물질이 와인에 바로 그물 모양을 만들며 아래로 가라앉는다.

"소리 산 로렌조로 이 실험을 했을 때 너무 멋지게 가라앉았어요. 더 이상 여과할 필요가 전혀 없었습니다."

구이도의 목소리는 극적이지는 않지만, 마치 베토벤 5번 교향곡이 셀러에 울려 퍼지는 것처럼 무게가 있다. 여과는 와인계에서 가장 심각하고 중요한 단어 중 하나다. 어떤 애호가들은 여과를 흉악한 범죄 행위로 여긴다. 와인을 죽이는 행위를 미사여구로 표현하는 것이라고까지 말한다. 그들은 라벨의 '여과하지 않음unfiltered'이라는 단어를 빛나는 금메달처럼 받든다.

"완전히 틀린 말은 아닙니다. 단지 복잡한 문제를 너무 간단하게 표현하는 겁니다."

와인 책이나 잡지에서 훌륭한 와인이 병입된 뒤 실망스럽게 변할 때가 있다는 기사를 본 적이 있을 것이다. 실제로 영 와인은 어느 날 생생하다 다음 날 곧바로 꺾이기도 한다. 병입으로 인한 와인의 죽음은 다른 어떤 유명 와인보다 부르고뉴 와인에서 더 잦게 일어난다.

어떤 포도 품종은 다른 품종보다 병입, 특히 여과를 잘 견딘다. 카베르네 소비뇽과 네비올로처럼 타닉한 와인은 부르고뉴의 피노 누아보다는 고통을 덜 받는다.

"물론 모두 어떻게 병입하느냐에 따라 달라요. 와인은 병입될 때 엄청난 충격을 받을 수 있습니다. 이들을 보호하기 위한 적합한 장비나 지식이 없으면, 와인은 산소에 공격받고 장렬하게 산화합니다."

몇 가지로 구분해보면 정리가 된다.

"여과에는 여러 방법이 있어요. 이를 포괄적으로 한 데 묶어 말하면 안 됩니다. 정밀 여과는 남아 있는 이스트나 박테리아를 완전히 제거해서 와인을 살균해버릴 수 있어요. 마지막 박테리아까지 잡으려고 하면 구멍이 아주 작은 0.4미크론의 필터가 필요합니다."

구이도는 150미크론 필터를 사용한다. 와인을 무균화하기보다는 청징 때 사용한 젤라틴 찌꺼기가 남아 있는지 확인하고 제거하는 정도다.

"젤라틴은 유기 물질입니다. 조금이라도 와인에 남아 있으면 악취가 나지요."

정밀 여과로 와인의 중요한 성분까지 모두 사라지지 않을까 걱정하는 애호가들도 있다.

"맞는 말입니다." 그가 목소리를 높인다. "콜로이드성 물질이 유연성을 주는 것과 마찬가지입니다. 페놀 화합물도 작은 입자가 서로 결합하게 되면, 입 안의 점액 단백질과 섞일 때보다 더 부드러워져요."

그러나 어떤 필터를 사용하느냐보다는 어떻게 사용하느냐가 더 중요하다.

"셀룰로스 패드로 여과한 와인에서 종이 냄새가 나는 경우가 많아요. 그건 여과가 잘못된 게 아니라 와인 메이커의 잘못입니다. 먼저 패드부터 냄새를 제거해야 해요. 통널로 통을 만들 때처럼 패드의 나쁜 성분을 먼저 없애야 합니다. 필터 패드를 처음 통과해서 나오는 와인은 항상 몇 리터 정도는 버려야 합니다."

그리고 또 하나 중요한 디테일이 있다.

"여과하는 와인이 이미 아주 맑은 상태라야 하며, 와인이 맑을수록 여과기를 통과할 때 압력이 덜 가해집니다. 여과 후에 와인이 죽는다면 여과 자체 때문이라기보다는 펌프가 너무 과하게 작동해서 그럴 겁니다. 이 모든 작업을 청징제로만 처리할 수도 있어요. 느리긴 하지만 결점 없는 와인을 만들려면 실제로는 더 나은 방법입니다."

구이도는 마무리하면서 여과의 마지막 요점을 언급한다.

"와인을 잘 보살펴왔다면 여과 과정을 거치지 않아도 됩니다. 하지만 약간의 위험은 감수해야 하지요."

젤라틴이 임무를 잘 수행하고 있다. 덩어리가 통 밑으로 가라앉으며 나쁜 냄새와 불순물이 제거되고 와인이 맑아진다. 와인은 곧 찌꺼기를 따라내고 병입될 것이다.

와인이 깨끗해진다. 구이도의 걱정도 깨끗이 사라진다.

1992. 9. 3~8

와인병의 진화

와인병이 열병식의 군인들처럼 줄지어 전진한다. 소리 산 로렌조 1989년산은 중력으로 발효실 아래층으로 흘러내려간다. 병이 차례로 채워진다. 아황산은 와인이 통을 떠날 때 이미 안전 요원의 임무를 수행했다. 와인이 병입되기 직전에는 산소 대신 질소를 병에 채워 안전한 환경을 만든다.

"손을 좀 봤어요." 구이도가 말한다. "병입 파티에서 부딪칠 수밖에 없는 산소를 없애는 것이죠. 영 와인은 아직 탄산가스가 어느 정도 보호하고 있어 괜찮지만, 몇 년 숙성된 와인은 청년과 노인이 다른 것처럼 상처를 입기 쉽습니다."

와인병은 고급 와인의 발전에 필수였다. 초기의 병들은 깨지기 쉽고 모양도 불규칙하여 수송과 저장에 부적합했으며, 와인을 담는 용기로만 사용했다. 강한 유리로 만든 현대적 원통형 병은 와인의 변질을 막고, 와인의 숙성에도 깊이 관여한다는 사실이 밝혀졌다.

안젤로가 와이너리에서 일하기 시작했을 때는 와인을 대용량 병인

드미존demijohn에 넣어 팔았다.

"1950년대 후반 어느 크리스마스 때 어머니가 거의 5,000병을 팔았다고 말씀하셨어요. 그건 전례가 없는 숫자였습니다. 크리스마스 때가 되어야 그해 몇 병이 팔렸는지 결산해보거든요." 안젤로가 기억을 더듬으며 말한다.

그때는 테이스팅이나 와인의 상태에 따라 병입을 결정하지 않았다. 순수하게 현실적인 선택에 따랐다. 주문이 들어오면 그 양만큼 병입했다. 몇 달이나 몇 년이 지난 후에도 같은 로트에서 조금씩 병입하여 팔았기에 물론 품질도 달라졌다. 같은 1961년산 바르바레스코라고 해도 안젤로는 '언제 병입한 1961년산인가'를 확인한다.

병입 후 병 안의 환원적인 환경은 부케를 만들고 와인의 개성을 발전시키는 데 아주 중요하다. 가리노카니나는 제2차 세계대전 전에 이미 와인병이 수송 용기만이 아니라는 사실을 주지시켰다.

생산지 병입이 널리 퍼지면서 와인병은 와인의 생산지를 보증하는 의미도 갖게 되었다. 그러나 이는 비교적 최근의 일이다. 판티니 시대의 소비자들은 병입된 와인을 믿지 않았다.

"병 와인을 파는 사람들이 과연 누구인가?" 판티니가 묻는다. "큰 회사들이 여기저기에서 포도나 포도즙을 사서 와인을 만들어 병입해 팔았다. 그러니 와인의 생산지 진위 여부가 항상 의문시되었다."

와인병은 17세기 중반부터 진화를 거듭해 오늘날 우리가 익히 알고 있는 기본 형태가 만들어졌다. 주요 와인 생산지들은 각각 다양한 형태의 와인병을 시도했으며, 마침내 현재 사용하는 지역별 병 모양이 정착되었다.

"우리가 제일 먼저 병을 넥타이나 시계처럼 상품으로 팔기 시작했습니다." 프랑코 마르키니Franco Marchini가 말한다. "기본형보다는 개인 맞춤형으로요."

은발의 60대인 마르키니는 북부 이탈리아 트렌토 근처의 유리 공장 노르드베트리Nordvetri의 수장이다. 초현대식 공장에서는 새로 태어난 빛나는 병들이 떨어지는 별처럼 하나씩 질주하며 내려온다.

그의 책상 위에는 고향인 아스티 공장에서 1939년에 찍은 아버지의 사진이 놓여 있다.

"그때는 1분에 최대 세 개를 만들었는데, 지금은 1초에 한 개씩 나옵니다."

현대식 와인병은 오랫동안 그 내용물인 와인보다 더 비쌌다. 생산 공정이 발전하면서 값이 떨어지고 병의 숫자도 늘어났다. 양적으로만 늘어난 것은 아니었다.

오타비는 불과 100년 전만 해도 병을 제대로 못 만들었으며, 병이 잘 깨졌다고 강조했다. "중고 병이 더 선호되는 이유는 보다 믿을 수 있기 때문이다."

"요즈음은 병입을 기계로 합니다." 마르키니가 말한다. "그러니 유리가 더 강하고 모양이 완벽해야 하지요. 소리 산 로렌조에 사용하는 것과 같이 특별히 두꺼운 병은 온도 변화가 심할 때에도 와인을 보호합니다. 우리는 안젤로가 사용하는 병과 같이 자외선을 100퍼센트 차단하는 갈색 유리와, 90퍼센트 차단하는 샴페인 그린을 개발했습니다. 자외선이 산화의 원인이 된다는 건 다 아는 사실이지요."

안젤로는 지금 바롤로 병을 주문하러 왔다. 노르드베트리는 다르마지에 사용하는 특이한 병 모양도 맞춤형으로 제작했다.

"처음에는 좀 낯설었죠." 마르키니가 말한다. "하지만 곧 생산자들이 떼 지어 와서 가야와 같은 병을 주문했습니다."

안젤로는 이제 그런 병은 찾지 않는다.

"특별한 병 모양은 특별한 와인을 눈에 띄게 하려는 의도였지요. 지금은 오히려 드러나지 않게 하고 있습니다."

사무실의 테이블에는 병목 모양이 이상한 병이 하나 있다.

"저건 병목이 기본형보다 더 좁지요. 토스카나의 한 생산자가 주문한 병입니다." 마르키니가 말한다. "사르데냐 코르크 센터의 안토니오 페즈Antonio Pes가 코르크가 작을수록 코르키한 와인이 될 위험이 줄어든다는 말을 들은 거죠. 그래도 이 병은 바르바레스코의 어떤 생산자가 주문한 것에 비하면 아무것도 아닙니다."

마르키니는 엄한 표정으로 안젤로를 향해 손가락을 까딱거린다.

"그 코르크 때문에 우리는 거의 미칠 지경이었습니다"라며 목소리를 높인다.

코르크의 성질

와인을 채운 병들이 줄지어 지나가면서 코르크로 봉해진다.

섬세한 와인과의 접촉을 허락받은 유일한 물질인 코르크와 오크통은 둘 다 참나무로 만든다. 코르크는 퀘르쿠스 수베르*Quercus suber*의 껍질에서 얻는다. (수베르는 코르크를 뜻하는 라틴어이며, 영어 단어 코르크는 퀘르쿠스에서 파생되었다.)

병 숙성을 하는 '빈티지' 와인에는 병이 필수이지만, 병만으로는 충분하지 않다. 병이 잘 밀봉되어야 와인이 수년간 숙성될 수 있는데, 코르크가 바로 그 역할을 한다. 코르크는 고대 로마인들에게는 알려져 있었지만, 그 후 1,000년 넘게 잊혀왔다. 코르크는 17세기에 와서야 재발견되었고, 마침내 병과 코르크의 축복받은 결혼이 성사되었다. 그리고 이로 인해 비로소 현대 와인의 역사가 시작될 수 있었다.

코르크는 마개로 사용하기에 적합한 특질을 모두 갖추고 있다. 압축성과 탄성, 불투과성, 낮은 비중, 높은 마찰 계수 등이다. 대부분의 나무껍질은 섬유질로 이루어지지만, 코르크는 400분의 1센티미터 직경의 공기로 채워진 세포들로 이루어져 있다. 코르크 1세제곱센티미터에는 2,000만 개의 세포가 있다. 코르크 부피의 반 이상이 공기로 채워져 있어 가벼울 뿐 아니라 압축성과 탄성이 좋다. 누르면 거의 완전하게 즉시 원상태로 복구된다. 나무껍질을 잘라 코르크를 만들면 세포들이 얇게 베어지는데, 이들이 병목에 밀착되어 아주 미세한 부항 같은 역할을 하며 강한 팽창력으로 공기를 차단한다.

코르크의 성질을 처음으로 알아낸 사람은 영국의 물리학자이자 발명가인 로버트 훅Robert Hooke이다. 그는 현미경을 통해 코르크를 관찰하며 '세포cell'라는 용어를 처음으로 사용했다. 1655년에 발간된 그의 책 《미크로그라피아*Micrographia*》는 현미경으로 관찰한 내용을 근거로 코르크의 세포를 최초로 설명했다. 훅은 현미경을 통해 본 '작은 상자들'을 벌집에 비교하며 "이 발견으로 나는 코르크의 모든 특이한 성질을 정확하게 이해하게 되었다"라고 기록했다.

코르크는 완벽한 와인 마개인 듯하다.

"코르크!" 구이도가 한숨을 쉰다.

그는 코르크에 대해 말할 때 종종 한숨을 쉰다. 하지만 결코 안도의 한숨은 아니다.

"코르크는 와인의 마지막 연결고리일 뿐 아니라 또한 가장 약한 부분이기도 합니다. 포도밭과 셀러에서 기울인 모든 노력이 작은 마개 하나 때문에 수포로 돌아갈 수 있어요. 거의 이긴 경기에서 운이 나빠 마지막 몇 초에 뒤집히는 것과 마찬가지입니다."

구이도는 그가 위임받은 귀한 와인을 부실한 마개를 끼운채 온갖 위험이 도사리고 있는 바깥 세상으로 내보내고 싶지 않다.

"'바깥'이 문제가 아닙니다." 그가 분연히 말한다. "위험은 코르크 자체에 도사리고 있어요. 오히려 병 속의 와인과 코르크 사이에 방어벽이 필요합니다!"

'코르키'한 와인을 맛본 적이 있다면 구이도가 무슨 말을 하는지 알 것이다. 물론 '코르키'라는 말은 여러 다른 의미를 갖고 있기도 하다.

곰팡이가 코르크나무나 마개에 침투해서 코르크를 변질시키면 코르키한 와인이 된다.

구이도는 주범 중 하나가 아밀라리아 멜레아*Amillaria mellea*라고 확신한다. 대부분의 곰팡이처럼 습한 곳에서 생기며, 주로 배수가 잘 안 되는 땅에서 자라는 나무를 공격하는 균이다.

"이 균은 지상에서 30센티미터 정도 높이까지의 나무껍질에 서식합니다. 이 부분은 다른 용도로는 괜찮지만 코르크를 만들 때는 버려야 합니다. 그러나 코르크 작업자들은 껍질을 조금이라도 더 얻으려고 밑동까지 도려내지요. 마치 포도 수확 때 포도를 마구 따는 사람들과 같습니다. 왜 좋은 송이를 골라서 따야 하는지 모르는 거죠."

코르크에서 생기는 나쁜 냄새는 생산 과정에서도 생성될 수 있다. 코르크 살균에 사용하는 염소 때문에 발생하는 2,4,6-트리클로로아니솔이 가장 악명 높다. 수많은 세포가 모여 있는 코르크는, 면이 잘라지면 매끈할 때보다 주변과의 접촉면이 훨씬 더 커진다. 코르크의 각 세포는 마치 작은 용기처럼 쉽게 주위의 냄새를 흡수한다.

코르키한 와인은 전체의 2퍼센트, 많으면 10퍼센트까지도 나타나며 보통 5퍼센트 정도이다.

"코르크의 문제는 코르키한 와인만이 아닙니다." 구이도가 말한다. "코르크 자체가 문제죠."

1973년 프랑스의 주요 와인 잡지 《레뷰 데 뱅 드 프랑스Revue des Vins de France》에 독자들이 놀랄 만한 광고가 실렸다. 네 명의 남자가 "4세대의 운명이 코르크의 품질에 달려 있다"라고 극적으로 선언하는 광고였다. 그들에게는 가벼운 코르크가 대단히 무거운 비중을 차지했던 모양이다.

네 명의 남자는 서른세 살의 안젤로와 그의 아버지, 할아버지, 증조할아버지였다. 광고의 목소리는 일인칭이다. 안젤로는 "정말 특별히 좋은 코르크를 찾고 있다"고 말한다. 가격은 문제가 아니다.

독자는 광고의 '가자Gaja'가 도대체 누구인지 궁금했을 것이다. 환상에 빠질 만하다. 사진의 안젤로는 이탈리아판 제임스 딘 같다. 와인 생산자이지만 영화배우 같아 보인다. 광고 속 사진의 중심에는 'LOREN'이라는 글자가 새겨진 코르크가 있다. 소피아 로렌Sophia Loren이 아니라 소리 산 로렌조를 떠올린 프랑스인이 과연 있었을까?

"안젤로는 모든 걸 변화시켰어요. 코르크까지도!" 루이지 카발로가 회고한다.

카발로의 지친 눈이 어린아이 같은 감탄으로 다시 살아난다.

"한번은 선적한 와인 박스 중 두 병이 코르키하다고 누군가가 말했어요. 당시 사람들은 '그 많은 병 중에 두 병쯤이야'라고 생각했습니다. 하지만 안젤로는 곧장 사르데냐로 갔어요. 그리고 변화가 있었지요."

"사르데냐산이라는 상표를 붙인 코르크가 많지만, 진짜 사르데냐 코르크는 훨씬 더 품질이 좋습니다." 안젤로가 말한다.

코르크 생산자들을 만나러 지중해에서 시칠리아 다음으로 큰 섬인 사르데냐로 가는 길이다. 비행기는 곧 이탈리아 본토에서 가장 가까운 올비아에 착륙할 예정이다.

사르데냐는 피에몬테와 특별한 역사적 관계가 있다. 과거 스페인의 영토였으나 1720년 런던 조약으로 사르데냐는 사보이Savoy가의 비토리오 아메데오 2세Vittorio Amedeo II를 군주로 받아들였다. 따라서 사르데냐 왕국이란 이름을 갖게 되었고, 이 왕국이 결국 이탈리아를 통일하게 되었다. 사르데냐 왕국의 영토는 사르데냐 섬과 피에몬테였다.

"많은 생산자가 북아프리카에서 코르크를 수입해 가공합니다." 안젤로가 말한다. "코르크를 살펴보지 않고 산지조차 모를 때도 있어요." 사르데냐에서 북쪽으로 10킬로미터쯤 떨어진 섬인 프랑스령 코르시카 섬에서 들여오는 코르크도 역시 사르데냐에서 가공된다.

사르데냐 자체에서 생산되는 코르크는 전 세계 생산량에 비하면 미미하다. 서부 지중해와 포르투갈산 코르크가 전체 생산량의 대부분을 차지한다. 이 지역들 밖에서 퀘르쿠스 수베르 숲을 조성하려는 시도도 있었으나 성공하지 못했다. 세계 코르크 오크 숲의 3분의 1이 포르투갈에 있다. 전체 생산량의 절반이 넘는 코르크를 생산하는 포르투갈은 단연 세계 제1의 코르크 생산국이며, 스페인과 알제리가 훨씬 적은 양으로 그 뒤를 따르고 있다.

안젤로는 섬의 북단 갈루라의 칼란지아누스Calangianus 마을에 있는

Depuis quatre générations suspendus a la qualité d'un... bouchon

Je me présente: Angelo Gaja, 33 ans, diplômé de l'Ecole d'Agriculture et d'Oenologie.
Pour ne pas faillir à la tradition familiale je produis du vin: un seul vin. Barbaresco est son nom, le même que celui du village «Barbaresco» où il est produit, le premier vin italien d'appellation contrôlée.

Détail très important: je vinifie exclusivement les raisins que je vendange sur les 45 hectares de ma propriété.
La structure de mon exploitation est très simple:
15 familles de viticulteurs et deux gérants experts en la matière, le tout sur la commune de Barbaresco (région par excellence du vin du même nom, délimitée par une loi du 31 août 1933).

Du greffage à la vendange, de la vinification au vieillissement, chaque année, par mon travail, 200.000 bouteilles de vin supérieur renferment les leçons, l'expérience, l'amour, la passion de quatre générations de vignerons.

Toute cette passionnante activité est suspendue à la qualité d'un bouchon! Je suis prêt à établir un barrage qualitatif entre les fournisseurs, pour un bouchon vraiment exceptionnel, sans en faire une question d'économie... *Y-a-t-il un fabricant de liège, capable bien entendu de fournir de sérieuses garanties, qui soit intéressé par ma proposition?*

Je ne regarde pas à la dépense car il faut considérer qu'une bouteille de la Maison Gaja, grâce à sa renommée, peut supporter aisément le prix d'un excellent bouchon.

Les besoins de mon exploitation sont de 200.000 bouchons par an. Les dimensions sont les suivantes: 50 x 26,50 mm.

Ecrivez à: Domaine Viticole GAJA
12050 BARBARESCO (Piémont) Italie ■

Revue du Vin de France

제 소개를 하겠습니다. 제 이름은 안젤로 가야이며 33세입니다. 알바 포도재배양조학교를 졸업했습니다.

저는 가족의 전통을 이어가며 와인을 생산합니다. 바르바레스코라는 와인을 생산하는데, 이는 마을 이름이기도 합니다. 이탈리아의 첫 번째 '원산지 통제 명칭' 와인입니다.

중요한 세부 사항: 저는 45헥타르의 포도밭에서 재배하는 저희 집 포도로만 와인을 만듭니다. 사업 구조는 간단합니다. 열다섯 농가가 재배에 종사하고 있고, 전문가가 두 명 있으며, 바르바레스코 지역 내에서 모든 일을 합니다. 바르바레스코는 1933년 8월 31일부터 시행된 법에 따라 규정된 유명 와인 생산지이며, 이 마을의 이름입니다.

대목 선택부터 수확까지, 와인 양조에서 숙성까지 한 해 동안 일하여 20만 병의 우수한 와인을 생산합니다. 이는 4세대에 걸친 배움과 경험, 사랑, 열정, 관심으로 완성되는 와인입니다.

이 모든 열정적인 과업이 작은 코르크 마개 하나에 달려 있다는 사실을 아십니까? 정말 특별히 품질이 좋은 코르크를 구하기 위해 저는 최고의 코르크 제조업자를 찾고 있습니다.

이 제안에 관심이 있는, 품질을 보장할 수 있는 코르크를 공급할 수 있는, 믿음직한 공급자를 찾고 있습니다.

가격은 문제가 되지 않습니다. 고급 가야 와인 한 병은 좋은 코르크 가격 정도는 충분히 감당할 수 있습니다.

저는 1년에 20만 개의 코르크가 필요합니다. 치수는 50×26.50밀리미터입니다.

가야 와이너리로 연락 주십시오.

생산자들을 만나러 간다.

"생산자 한 명에게서는 내가 원하는 품질의 코르크를 충분히 확보할 수가 없어요."

안젤로가 프랑스 잡지에 광고를 실은 후 생산자 두어 명과 연결되었으나 만족스럽지 못했다. 몇 년 뒤 그는 사르데냐의 소규모 생산자 소트지아Sotgia에게 63밀리미터 길이의 코르크를 만들도록 설득했다. 새로 주문한 코르크는 소리 산 로렌조 1979년산과 두 개의 바르바레스코 단일 포도밭 와인에 사용했다.

"내가 처음 그런 코르크를 원한다고 얘기했을 때 소트지아는 망연자실했습니다. 당시 몇몇 보르도 최고급 샤토에서 긴 코르크를 썼지만 그보다도 8밀리미터가 더 길었거든요."

긴 코르크가 완성되었지만 병에 끼우기가 어려웠다.

"그때는 그렇게 긴 코르크에 맞는 기계가 없었어요. 결국 긴 코르크에 맞춰 금형을 다시 만들도록 했지요."

또 다른 문제가 뒤따랐고 또 해결도 되었다.

"웨이터들이 코르크를 빼기가 어려웠습니다. 적합한 코르크스크루를 찾던 중 텍사스의 스크루 풀Screw-Pull을 수입했지요. 레스토랑 주인들이 코르크가 말썽이리고 할까 봐 걱정이었는데 오히려 더욱 열광적이었습니다. 우리 와인을 주문하지 않은 손님들도 코르크를 보고 어디 와인이냐고 묻는다고 했어요. 이탈리아 와인 병에서 나온 것이라 설명하며 자랑했다고 합니다."

안젤로의 새 코르크는 그의 친구이자 동료 생산자인 지아코모 볼로냐의 놀림감이 되었다. 그가 키득거린다.

"볼로냐는 긴 코르크를 끼워 그만큼 와인 양을 줄여보려는 것 아니냐며 나를 놀렸습니다."

안전벨트를 매라는 표시등이 계속 깜박인다. 비행기가 하강한다.

"긴 코르크가 반드시 와인을 더 잘 보호하는 건 아닙니다. 하지만 특별 주문이기 때문에 생산자가 좋은 재료를 선택하게 되지요. 실제로도 긴 코르크를 사용한 후 문제가 되는 코르크가 줄어들었지만 완전히 해결되지는 않았습니다."

안젤로는 올비아에서 얼마 떨어지지 않은 곳에서 저녁 식사를 하고 있다. 그는 레스토랑 주인에게 루라스Luras라는 지역에서 네비올로를 재배한다던데 사실이냐고 물어본다.

"루라스요?" 주인이 대수롭지 않게 말한다. "조합이 운영하는 소규모 포도밭이고 아주 원시적입니다. 전혀 도움이 안 될 겁니다."

안젤로는 쉽게 물러나지 않는다. 그는 더 알고 싶어 했지만 주인은 고급 식당의 분위기에 맞지 않는 화제로 격을 낮추고 싶지 않다는 듯 대화를 피한다. 주인은 어쩔 수 없이 칼란지아누스 근처라고 말하며 루라스로 가는 길을 가르쳐준다.

주인이 다른 테이블로 이동한 후 안젤로는 재빨리 시간을 계산해본다. 아침 여섯 시에 출발하면 다른 약속에 별 지장 없이 루라스의 네비올로를 살펴볼 시간이 있을 것이다.

차는 언덕진 갈루라의 시골길을 유유히 돌아간다. 코르크 오크가 여기저기에 보인다. 볼품없이 뒤틀린 나무의 모양새가 프랑스 중부의 귀족 오크와 사촌이라고는 도저히 인정하기 어렵다. 최근에 껍질을 벗긴 나무는 적갈색 밑동을 드러내고 바지를 벗긴 것처럼 서 있다.

길을 잘못 들고 또 흙길을 더 달려 안젤로는 마침내 루라스에 도착했다. 그는 차를 세우고 마을 광장 같아 보이는 곳에 둘러앉아 있는 남자들에게 다가간다.

그렇다. 루라스에는 아직 네비올로가 조금 남아 있다.

"피에몬테 사람들이 19세기에 가져왔지요." 한 노인이 말한다.

안젤로는 몇 분간 이야기를 나누고 다시 차로 돌아온다.

"여기에 네비올로가 있다는 사실이 믿기지가 않는군요."

울퉁불퉁한 흙길이 언덕을 내려가는 작은 길로 접어들자 초라한 포도밭이 나타난다. 포도나무는 오랫동안 아주 다른 기후와 토양에서 변이가 일어난 게 확실하다.

안젤로는 차에서 내려 그들을 바라보며 서 있다. 포도나무는 고향에서 추방당한 귀족의 모습으로 귀양살이를 하고 있다. 스탕달은 《어느 여행자의 수기*Mémoires d'un touriste*》에서 프랑스 혁명 당시 육군 대장이었던 비송Bisson 장군을 언급했다. 장군은 부르고뉴의 클로 드 부조 포도밭을 지나다가 멈춰 부하들에게 받들어총을 명했다고 한다. 그 군인들의 경례도 지금 안젤로의 고독하고 고요한 인사만큼 감동적이지는 못했을 것이다. 네비올로에 대한 경의의 표현이다.

"이렇게 사람 손을 타지 않고도 많이 베푸는 나무는 없어요."

가나우Ganau 형제가 눈부신 햇빛에 똑같이 반짝이는 그들의 대머리처럼 같은 목소리로 말한다. 이 형제는 사르데냐의 일류 코르크 제조업자이다. 안젤로는 그들의 마을, 칼란지아누스에 도착했다. 이 마을은 인구 5,000명 중 코르크 생산업자가 250명이나 되며, 이탈리아 코르크 생산량의 90퍼센트를 생산한다.

퀘르쿠스 수베르는 다른 나무와는 달리 체관부(수액 전달 조직)가 형성층과 나무껍질 사이에 있는 것이 아니라 형성층 밑에 있다. 따라서 방어막일 뿐인 나무껍질은 중요한 체관부에 상처를 주지 않고 제거할 수 있다. 매년 형성층은 다시 자라나고 가장 겉의 껍질은 나무의 살아 있는 부분이 아닌 것처럼 변한다.

"껍질은 식물의 성장이 최고조에 이르는 여름에만 벗겨요. 그래야 새 형성층이 빨리 다시 성장합니다. 성장이 느릴 때 껍질을 벗기면 체관부가 상처를 입게 되고 나무가 죽을 수 있어요."

공식 채취 기간은 5월 1일부터 8월 31일까지다.

"올해는 너무 서늘해서 수액이 일찍 돌지 않아 5월 15일부터 벗기기 시작했어요. 사르데냐 전체가 7월 말에는 끝냅니다. 너무 더우면 수액이 더 이상 흐르지 않기 때문이죠."

형제는 한목소리로 우리가 알고 싶어 하는 코르크나무에 대한 모든 것을 설명해준다.

"밑동이 직경 65센티미터는 되어야 나무껍질을 벗기기 시작해요. 보통 수령이 30~40년은 되어야 하는데, 기후와 토양에 따라 다릅니다."

"처음 벗긴 껍질은 '수코르크'이고 와인 마개로는 사용하지 않아요. 그다음에 '암코르크'를 얻지만, 세 번째로 벗긴 껍질부터 촘촘한 진짜 1등급짜리가 됩니다."

"껍질을 벗기는 간격은 최소 9년으로 법으로 정해져 있는데 최근에 10년으로 늘어났어요."

"그 이후로 품질이 많이 향상되었습니다. 지난 몇 년간 코르크가 통통해졌어요. 하지만 벗기지 않고 나무에 그대로 오래 두면 목질로 변하여 쓸모가 없어집니다."

형제는 교대로 얘기를 이어나간다.

"최상의 코르크는 생산지가 어디냐에 달렸어요."

"척박한 땅에서 자란 나무가 좋습니다. 천천히 자라기 때문에 나이테 간격이 좁고 촘촘하죠. 아마 산에서 자란 코르크가 최고일 겁니다."

코르크도 메랭이나 포도나무처럼 장소에 따라 차이가 많이 난다.

"따뜻한 지역에서는 한번 껍질을 벗긴 후에 코르크가 다시 자랄 때까지 9년이 걸립니다. 이곳 갈루라는 서늘해서 적어도 11년은 걸리죠. 알라 드 사르디Ala de'Sardi 같은 곳은 어떤 때는 13년이나 14년이 지나야 합니다."

그들은 잠시 쉬며 숨을 고른 후 한목소리로 말한다.

"코르크를 잘 알면 숲의 차이를 알아낼 수 있습니다."

어느 숲이 코르크의 트롱세이고, 생 팔레일까?

그들은 서로 마주 본다. 비밀을 누설하길 주저하는 걸까?

마침내 그들의 얼굴이 밝아진다.

"최고는 발두Baldu죠! 사르데냐 북부의 섬 템피오 근처입니다."

코르크 제조

사르데냐에서 가장 큰 코르크 공장을 운영하는 페피노 몰리나스Peppino Molinas가 작업장 마당에 서 있다. 검은 수염을 기른 몰리나스는 코르크를 어떻게 만드는지 설명한다. 메랭처럼 첫 단계는 건조라고 말한다.

"일단 코르크를 벗겨내면 바깥에서 최소 6개월을 말립니다."

코르크는 통널보다 더 복잡하다. 1983년에는 사르데냐의 과학자와 코르크 제조업자, 양조학자, 소믈리에로 구성된 위원회에서 코르크 제조에 대한 규정을 만들었다. 나무 건조는 최소 1년을 권장했다. 가나우 형제는 최소 14개월간 말린다. 나무에서 벗긴 껍질은 2~6센티미터로 두께가 다양하다. 오크통 통널은 1센티미터 두께에 1년을 말려야 하는데, 그에 비하면 코르크는 건조 기간이 짧은 편이다.

공장의 마당을 보니 영 탐탁지 않다. 코르크는 엉망진창으로 쌓여 있고 땅에 닿아 있는 코르크 널판도 있다. 공기 순환도 잘되지 않는다. 오크 교수님이라면 이런 코르크 생산자에게 낙제점을 매겼을 것이다.

코르크 널판은 이곳에서 1차 분류 작업을 한다. 작업자들이 재빠른 손놀림으로 코르크 널판을 각기 다른 곳에 쌓느라 분주하다.

"3분의 1가량은 버립니다." 몰리나스가 말한다. "모아서 절연재로 사용하지요."

공장 안으로 안내한다. 결코 한적한 시골 칼란지아누스의 분위기가 아니다. 코르크 널판을 '삶는' 탱크 외에는 공장 전체가 첨단 장비로 가득하다. 코르크 생산을 규제하는 위원회에 의하면 각 탱크의 수온은 최소 60도가 되어야 하고, 물속의 타닌의 농도는 6퍼센트를 넘으면 안 된다. 농도가 그보다 높으면 코르크가 타닌을 흡수하게 된다. 코르크를 '삶는' 목적은 나무를 살균하고 더 유연하게 하기 위해서다.

"코르크 널판은 1시간 15분 동안 삶습니다." 안젤로가 탁한 물을 쳐다보자 몰리나스가 말한다. "탱크는 사흘마다 세척합니다."

"삶은" 후에는 코르크 널판을 편편하게 눌러 쌓아둔다. 그중 일부에 곰팡이가 슬어 있다.

"아." 몰리나스가 어깨를 움츠리며 말한다. "흰색 곰팡이는 괜찮은

데 녹색 곰팡이는 주의해야 합니다. 코르크는 삶은 후부터 가공할 때까지 보름 이상 걸리면 안 됩니다."

가나우 형제는 이틀이 최대한도라고 했는데! 누구를 믿어야 하나?

다음 단계는 완성될 코르크의 길이만큼 코르크 널판을 자르는 것이다. 다음 널판에서 코르크를 기계로 찍어내고, 코르크가 미끄러져 내려오면 분류한다.

최근에는 세 가지 방법으로 등급을 분류한다.

첫 번째는 사람이 판단하는 전통적이며 주관적인 방법이다. 렌티셀 lenticel이란 작은 점의 크기와 숫자만 보며 1등급에서 5등급까지 다섯 등급으로 나누고 나머지는 버린다. 평가는 전문가들 사이에서도 상당히 달라진다. 등급을 분류하는 사람에게 같은 코르크 100개를 주고 두 번을 평가하게 했다. 첫 번째 평가에서는 그중 27개를 1등급으로 분류했고, 두 번째 평가에서는 1등급이 39개로 늘어났다. 또 여섯 명에게 100개의 코르크를 주고 시험해봤다. 가장 엄격한 사람은 1등급으로 27개를 골랐으나 66개를 고른 사람도 있었다. 평균은 39개였다.

몰리나스의 공장에서는 코르크가 찍혀 나오면 전자 센서로 렌티셀의 크기를 측정해 기계적으로 분류한다. 이 기계는 코르크의 양쪽 끝에 있는 렌티셀은 계산하지 못하고, 코르크에서 자주 발견되는 붉은 가루나 흠집 같은 단점도 찾아내지 못한다. 자동 시스템은 항상 전문가의 손을 필요로 한다. 전문가는 빠른 손놀림으로(너무 빨라 흐릿하게 보일 정도이다) 기계로 분류한 코르크를 다시 구분해 적합한 용기에 넣는다. 전자 센서가 사람의 분류와 아주 비슷할 때도 있지만 어떤 때는 매우 다르다. 전자 센서의 이점은 테스트마다 결과가 같다는 것이다.

세 번째는 안토니오 페즈가 고안한 방법으로, 무게로 등급을 분류하는 것이다.

“렌티셀의 숫자와 직경을 바탕으로 품질을 측정하는 것은 단지 심미적인 평가에 불과하다. 코르크의 투과성은 구멍의 많고 적음 때문이 아니라 세포 속에 들어 있는 수버린suberin과 같은 물질의 양에 따라 달라진다. 크기가 같은 코르크라도 무게가 다를 수 있으며, 따라서 병 속에서의 작용도 달라진다.”

몰리나스는 코르크의 무게를 재는 기계를 아직 공장에 들여놓지 않았다. 안젤로가 주의 깊게 둘러본다.

코르크를 찍고 분류한 후에는 이를 세척하고 매끄럽게 다듬은 다음 주문자의 지시대로 상표를 찍는다.

“요즘에는 대부분의 코르크를 이런 방식으로 제작합니다.” 몰리나스가 말한다. “그렇지만 안젤로와 몇몇 다른 생산자들의 코르크는 전통적인 방법으로 만들지요.”

차를 잠깐 운전해 마을 끝 쪽으로 가면 콰드레티스타quadrettista(글자대로 하면 ‘작은 육면체를 만드는 사람’)의 세계로 들어가게 된다.

작업실은 마치 18세기 디드로의 백과사전 코르크 편에 나오는 판화를 재현한 장면 같다. 네 사람이 작업 의자에 앉아 코르크 널판에서 손으로 정육면체 모양을 잘라낸다. 다음 기계로 둥글게 깎아 마지막 모양을 낸다. 속도는 분류 전문가들보다 느리지 않으며, 능숙한 작업자는 하루에 2,500개의 작은 육면체를 만들 수 있다.

“이렇게 하면 질 좋은 코르크를 만들 수 있습니다.” 몰리나스가 말한다. “펀칭 기계는 딱딱한 껍질 안쪽에 표준 사이즈의 구멍을 뚫습니다. 나이테는 몇 개 들어가지 않지요. 하지만 수작업자는 껍질을 제거하고 나이테를 더 넣을 수 있으며, 크기가 다른 코르크도 만듭니다. 나무의 흠집도 제거하지요."

몰리나스가 웃는다.

"물론 수작업 코르크는 일반 코르크보다 훨씬 더 비쌉니다."

공항으로 돌아가는 길에 안젤로는 아르자케나Arzachena에 잠시 멈춘다. 토착 품종인 베르멘티노Vermentino로 와인을 만드는 파브리지오 라그네다Fabrizio Ragnedda와 마리오 라그네다Mario Ragnedda 두 젊은 형제를 만나러 왔다. 대부분의 베르멘티노 와인은 그 지역 생선 요리에 어울리는, 입을 씻어내는 단순한 음료다. 두 가지 스타일이 있다. 전통적 방식으로 만들어 산화시킨 노란색 와인과, 거의 색깔이 없고 밋밋한 새로운 스타일이다. 형제가 얼마 전 바르바레스코에 왔을 때 안젤로를 방문했기 때문에 안젤로도 사르데냐에 가면 들르겠다고 약속했다.

그들이 하는 이야기는 안젤로가 잘 아는 이야기다. 싸구려 와인만 만들어내는 데서 벗어나겠다고 결심한 재배자들의 이야기, 희생, 수확량 감소, 포도의 산화를 막기 위한 일출 전 수확, 처음 가격을 들었을 때 레스토랑 주인의 회의적인 태도, 그리고 이번에는, 해피엔딩. 그들에게는 돌파구와 미래를 위한 계획이 있다.

안젤로는 그들의 질문 공세를 주의 깊게 듣고 대답한다. 파브리지오는 코르크나무 껍질을 벗기는 그의 장인어른 이야기를 한다.

"그분은 사람들이 항상 바로 땅 위 밑동부터 껍질을 벗긴다고 불평했어요. 품질에는 전혀 관심이 없는 거죠."

그럼 어떻게 할 것인가? 파브리지오는 생각이 있다.

"우리가 원하는 나무를 선택해서 우리가 원하는 방법으로 껍질을 벗기고, 또 우리가 직접 건조할 수밖에 없어요."

안젤로가 눈썹을 치켜세운다. 수수께끼 같은 미소가 그의 얼굴에 나타난다.

바르바레스코에서 3킬로미터쯤 떨어진 트레이조의 레스토랑 테라스. 리카르도 리카르디Riccardo Riccardi 백작의 농담에 저녁 식사가 활기를 띤다. 리카르디는 베르무트와 스파클링 와인 생산자를 위한 대외 업무를 담당하고 있다. 하지만 그의 진짜 천직은 장난스럽게 피에몬테를 추켜세우는 것 같다. 그의 부인은 토스카나 출신이지만 그에게는 토스카나조차 너무 먼 남쪽이다.

"그 야만인들!" 그가 소리친다.

포도나무가 뒤덮인 언덕에 여름 황혼이 내려앉으며 식탁의 분위기는 고조된다.

"이것 좀 맛보세요." 구이도가 불쑥 그날 저녁 두 번째로 가야 바르바레스코 1987년산을 잔에 따른다. 이 병의 와인은 처음 병과는 맛이 다르다. 와인은 둘 다 강건하지만 첫 병의 바디가 더 강하다. 입에 꽉 차고 풍부하다.

모두가 놀랐다. 도대체 왜 다를까?

구이도는 식탁 위에 있는 두 개의 코르크를 가리킨다.

"저 코르크들 때문이죠!" 그가 외친다. "생각해보세요. 두 개의 병은 번호가 9밖에 차이 나지 않아요. 병입 라인에서 몇 분 차이밖에 나지 않는 같은 통의 와인입니다."

마치 두 개의 다른 통에서 나온 소리 산 로렌조 1989년산처럼, 그들은 두 개의 다른 와인이다.

"나쁜 냄새가 나고, 소위 코르키한 와인 맛이 되었을 때만 코르크에 문제가 있다고 생각합니다." 구이도가 흥분해 말한다. "하지만 이처럼 멀쩡한 두 병의 와인이 코르크 때문에 맛이 차이 난다면 어떻게 설명할 수 있을까요?"

"병 속의 와인은 코르크와 접촉합니다." 리카르디가 말한다. "무언가를 추출하고 있어요."

"당연히 그렇지요." 구이도의 목소리가 높아진다. "우선 무엇보다도 코르크에서 나오는 것은 별로 좋은 것도 없을 뿐 아니라, 코르크는 건조도 충분히 되지 않았어요. 와인을 옆으로 눕혀 보관할 때 코르크의 바닥면이 와인과 접하게 됩니다. 최소한만 접하지요. 그러나 병목에 와인이 스며들어가면 코르크 면과 와인이 접촉하는 비율은, 통에서 나무와 와인이 접촉하는 비율보다 더 커집니다."

그는 주머니에서 계산기를 꺼내 계산을 시작한다. 코르크의 둘레와 길이, 바릭의 둘레와 길이다. 병과 바릭은 모두 와인을 가득 담고 있다. 구이도는 열이 오른다. 코르크의 범죄가 그를 격앙시킨다. 침투는 가장 나쁜 범죄 중 하나다.

"자, 보세요." 그가 이겼다는 듯이 외친다. "비율이 두 배가 넘어요."

그는 재판정에서 집요하게 탄원하는 변호사 같다. 배심원을 설득하려는 듯 잠시 말을 멈춘다.

"그게 전부가 아닙니다. 고급 레드 와인은 바릭에 최대 1~2년밖에 머물지 않지만 코르크는 수년 동안 와인과 접촉하지 않습니까!"

그렇다면 코르크가 범인인가? 안토니오 페즈는 코르크만 따로 떼어 생각하는 경우가 잦다고 불평했다.

"코르크에 관해 이야기할 때 병은 보통 아무 상관이 없다고 생각한다. 병도 코르크의 특성과 맞아야 한다. 병목은 순전히 심미적인 대상이 아니라 모양과 직경이 중요하다."

부피와 무게가 같은 두 개의 코르크로 모양이 다른 병을 막아보자.

하나는 병목이 완전하게 원통형인 병이고 다른 하나는 병목이 원뿔형인 병이다. 첫 번째 병의 코르크에는 수버린과 지방산의 농도가 코르크 전체에 고르게 분포되어 있고, 두 번째 병은 병 입구 부분이 와인 쪽보다 더 높다.

"대부분 생산자들은 코르크를 만들 때 매우 공을 들입니다." 안젤로가 말한다. "코르크도 포도와 같아요. 형편없는 재료로 좋은 물건을 만들 수는 없습니다. 품질이 나쁜 코르크가 공장에서 더 나아질 리가 없지요."

"맞아요." 구이도가 말한다. "요즘은 빨리 자라는 곳의 코르크나 기공이 많은 것이나 닥치는 대로 사용합니다. 20여 년 전에는 코르크를 와인 마개가 아닌 다른 목적에 더 많이 사용했어요. 지금은 그 숫자가 반전되었고 품질도 나빠졌지요."

코르크는 현대적 와인이 출현할 수 있었던 4대 주요 요소 중 하나다. 병은 점점 더 단단하게 발전해왔다. 프랑스는 고급 와인 생산국, 영국은 소비국이라는 대세도 기울어지고, 다른 나라들도 합류하게 되었다. 하지만 코르크는 그 이후 발전을 멈춘 것 같다. 병과 코르크의 '행복한 결합'은 이미 오래전에 일상화되어 불만도 모두 대수롭지 않게 여긴다.

"다른 종류의 마개를 개발해야 합니다." 구이도가 말한다. "꼭 크라운 캡이 아니어도 괜찮고, 합성수지로 만들어도 되고요. 몬다비나 샤토 마고처럼 명성 있는 생산자들이 용기 있게 앞장설 필요가 있습니다. 그러면 모두가 따를 겁니다."

안젤로는 생각에 잠긴다.

"병에 와인을 담는 것은 이탈리아에서도 비교적 최근의 현상입니다. 옛날에는 병이나 코르크를 중요하게 생각지 않았습니다. 여전히 대부분 생산자들은 품질에 별로 신경을 쓰지 않아요. 그렇지만 아주 고가의 와인에는 코르크가 품질을 보장한다는 확신만 있다면 현재 가장 비싼 코르크 가격의 열 배라도 더 지불할 것입니다. 모두 아주 미묘한 문제입니다. 샤토 마고의 와인 마개가 코르크가 아니라면 딸 때 기분이 어떨까요?"

"또 사람들은 코르크가 불활성이 아니라 활성 물질이라는 사실도 모르고 있어요." 구이도가 주장한다. "와인은 재질이 다른 오크통에 숙성시키며 비교해봅니다. 그런데 왜 코르크나 다른 마개들은 알도의 친구가 실험해보는 것처럼 하지 않을까요?"

토리노 근처에 있는 마르티니 로시Martini Rossi의 베르무트 공장에 가보면 피아트 자동차 공장을 견학하는 것 같은 착각이 든다. 베르무트병이 병입 라인에 속사포처럼 빠르게 다가선다.

알베르토 오리코Alberto Orrico의 실험실은 구이도의 실험실보다 확실히 크다. 흰 실험실 가운을 입은 오리코는 알도 바카와 토리노 대학 시절부터 친구이다. 친절하고 열정적인 그는 공장에서 병입되는 모든 병을 확인하며, 특히 코르크 점검에 열중한다. 수백만 개의 갖가지 베르무트병과 스파클링 와인 병도 물론 그의 점검 대상에 포함된다.

"나는 두 가지 실험을 합니다." 그가 말한다. "첫 번째는 무작위로 선택한 코르크를 원반 모양으로 잘라, 같은 화이트 와인이 담긴 각기 다른 용기에 넣습니다."

그가 찡그리며 웃는다.

"만약 코르크가 중성적인 성질이라면, 우려낸 와인 맛이 다르지 않을 겁니다." 그는 학생들이 이해할 때까지 잠시 기다린다. "다음 병입

라인에서 병을 여러 개 집어내어 각기 다른 종류의 마개를 끼웁니다. 크라운 캡과 스크류 캡, 실리콘 마개, 그리고 산지가 다른 천연 코르크 마개 등이죠. 한 달 후에 우리는 이곳에서 일하는 아무나 불러 블라인드 테이스팅을 합니다."

오리코는 눈썹을 찌푸리며 조심스럽게 말한다.

"언제나 모두가 동의하는 한 가지는 진짜 코르크로 봉한 와인이 가장 중성적이라는 것입니다. 대개 크라운 캡과 폴리에틸렌으로 만든 합성수지 코르크를 사용한 와인의 맛이 가장 나았습니다. 와인 맛은 모두 다르고 때로는 차이가 아주 많이 납니다. 전문적인 시음자가 아니더라도 차이를 알 수 있을 정도이지요."

그는 손을 위로 휘둘렀다.

"우리 중역 중 한 분이 품질도 좋고 모양도 천연 코르크와 비슷한 합성수지 코르크에 신이 났어요. 그래서 아스티 스푸만테 생산자 협회에 합성수지 코르크를 적극 추천했지만 결국 거절당했습니다. 와인의 이미지가 손상될까 봐 안 된다는 거였죠."

비슷한 실험이 여러 곳에서 진행되었다. 스위스 바덴스빌의 명망 있는 연구소에서는 8년 동안 각기 다른 마개를 계속해서 실험했다. 크라운 캡이 모든 경쟁자를 물리쳤고, 그다음이 스크루 캡이었다. 그러나 오리코의 실험과는 달리 바덴스빌에서는 합성수지 코르크가 제일 낮은 평가를 받았다. 천연 코르크는 중간쯤이었다. 코르크로 밀봉한 대부분의 병들은 금속 뚜껑과 거의 비슷한 정도로 시음 결과가 좋았으나, 코르키하거나 와인이 새는 병들이 문제가 되었다.

배심원들은 아직도 판결을 유보하고 있지만 선고 시간은 다가오고 있다.

"결과는 알 수 없는 일이죠." 오리코가 말한다.

병입이 끝났다. 코르크를 끼운 새 유리병 안의 소리 산 로렌조 1989년산은 병입의 충격에서 서서히 깨어날 것이다. 어둠과 침묵 속, 셀러의 깊은 곳에서 경이로운 데뷔를 준비하고 있다.

1992. 9. 10

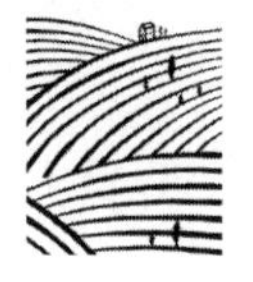

산 로렌조의 미래

안젤로는 저 앞쪽에 고속도로 순찰차가 숨어 기다리고 있는 것을 발견하고 꾹 브레이크를 밟는다.

"이탈리아 스타일이죠." 기가 꺾인 목소리로 내뱉으며 포뮬러 원Formula One의 환상에서 지루한 고속도로의 일상으로 돌아온다.

토리노가 멀리 뒤로 사라지고 안젤로는 또다시 집으로 돌아온다. 와인계에 발을 들여놓은 지 벌써 30년이 지났지만, 그는 아직도 성격이 급하고 곧잘 뛰어다닌다. 이탈리아 와인의 새 시대를 여는 선두 주자로서 항상 치러야 하는 대가이다.

선구자 중 선구자인 아르노 드 퐁탁은 60년대에 벌써 와인의 품질을 향상시키고 판매를 촉진했다. 1960년대가 아닌 1660년대의 일이었다. 프랑스인들은 이미 300년이나 앞서 있었다. 안젤로는 그동안 잃은 시간을 모두 메우려고 몇 배로 더 노력하고 있는지도 모른다.

인생에는 각기 다른 속도를 낼 때가 있다. 길이 깨끗하고 시야가 트이면 질주한다. 하지만 안젤로는 무모한 사람이 아니다. 포도밭과 셀러에서는 결코 서두르지 않는다.

"물론 소리 산 로렌조 1989년산이 5월에 병입할 준비가 되었더라면 일이 훨씬 수월했겠지요. 하지만 와인은 서두르면 안 됩니다. 파지엔자 Pazienza. 인내가 필요합니다."

여전히 안젤로가 가장 좋아하는 시제는 미래다. 속도를 내면 미래는 더 빨리 다가온다! 또 사물이 항상 변하고 있음을 더 잘 알 수 있다. 어느 한 순간이 영원히 계속되리라는 미몽에서도 벗어나게 된다.

"바르바레스코에서 일어나는 일들을 보세요. 150가구 중 40가구가 소규모지만 와이너리를 설립했습니다. 지금은 다들 라벨에 표기된 이름에 자부심을 느끼고 있어요. 큰 회사에 헐값으로 포도를 팔던 농부들이 바롤로 지역보다도 먼저 해방을 맞게 되었지요. 사회적 관점으로 봐도 대단한 집합적 성공입니다. 바르바레스코는 이제 발판으로 딛고 설 수 있는 든든한 이름이 되었습니다."

더 어려운 문제를 동반한 변화도 있다. 젊은이들은 점점 포도밭에서 멀어지고 있고, 나이 든 세대는 곧 자취를 감출 것이다. 페데리코는 미래를 걱정한다. 어떻게 이 문제를 해결할 것인가?

"더 넓게 생각해야 합니다." 안젤로가 말한다. "세상은 빠르게 변하고 있습니다. 동유럽에서 일어나는 일들을 보세요. 그냥 옆에 비켜서서 구경만 할 수는 없습니다."

요즘 가야 와이너리를 방문하는 이들은 마당에서 들리는 낯선 언어에 고개를 갸웃거린다. 한마디도 알아들을 수 없지만 피에몬테 말이 아니라는 것은 알 수 있다. 이탈리아 사람들도 한때는 이민자들이었다. 지금은 다른 외국인들이 이탈리아의 문을 두드리고 있다. 바르바레스코는 돌리아니에서 주세페 보토를, 시칠리아에서 안젤로 렘보를 끌어들였다. 지역의 한계를 벗어나야 한다. 알바니아에서 셀만 멘달리우Selman Mendalliu와 빅터 랄라Victor Lala를 데리고 오지 못할 이유가 있었던가? 그들의 손이 지금 산 로렌조의 포도를 가꾸고 있다. 그들도 곧 피에몬테 말을 하게 될 것이다.

"그래도 지평선에 먹구름이 끼어 있긴 하지요." 안젤로도 인정한다.

고급 와인 시장은 오랜 경기 침체로 타격을 받았고, 또 미국에서 금주 분위기가 부활할지도 모른다는 염려도 있다.

"생산자들은 와인과 다른 알코올음료의 차이를 부각시키고 분위기를 쇄신해보려는 노력을 하지 않아요. 와인은 그저 또 하나의 알코올음료가 아닙니다. 와인이 있어야 할 자리는 음식이 있는 식탁이지요. 그게 중요합니다."

안젤로가 이해하지 못하는 미국의 생활양식은 낮은 제한 속도만이 아니다. 전 세계에서 가장 독자가 많은 와인 잡지인 《와인 스펙테이터》가 신 금주법의 나라인 미국에서 발행된다. 또 미국은 로버트 파커의 나라이기도 하다. 그는 세계에서 가장 영향력 있는 와인 평론가이며, 해마다 생산되는 대부분의 와인을 맛보고 평가한다. 또 미국에서는 와인을 '알코올담배화기국BATF'에서 관리한다.

"소리 산 로렌조 같은 '와인'이 도대체 총알이나 알코올, 담배와 무슨 관계가 있을까요?" 그가 어깨를 움츠린다. "이탈리아에도 그런 이상한 일이 너무 많아요. 다른 나라 일을 걱정할 계제가 못 됩니다."

하지만 안젤로는 부지런히 희망을 찾으며 새로운 시장의 문을 두드리고 있다.

"동아시아를 보세요!" 그의 목소리가 높아진다. "20억의 미각이 와인을 알고 싶어 하고 있어요!"

10년 전 일본의 와인 소모량은 1인당 연간 반병에 불과했지만 지금은 두 배 넘게 증가했다.

"아직도 미미한 수준이지만 계속 증가하고 있어요. 일본인들이 운영하는 이탈리아 레스토랑은 요리사를 이탈리아로 보내 최고 셰프들에게 배우게 합니다. 세계 최고 수준이지요. 어느 곳에서나 노력하면 '트로이의 목마'와 같은 이탈리아 와인 지원군을 찾을 수 있습니다."

작년 이맘때 그는 제10회 뉴욕 와인 대회의 무대에 등장하기 위해 연습하고 있었다. 브로드웨이의 메리어트 마르키스 호텔이었다.

17세기에 퐁탁이 오 브리옹을 들고 런던이라는 무대로 향했던 것처럼 와인도 무대가 필요하다. 지금은 와인을 알리는 데 브로드웨이보다 더 나은 무대는 없을 것이다. 안젤로는 쇼에서 성공하기를 기대하며 무대로 나설 것이다. 하지만 브로드웨이에서 성공은 쉬운 일이 아니다. 그들은 무대 뒤편 바르바레스코에서 열심히 준비한다. 언제나 개선의 여지는 있다.

"예를 들어 관개 실험도 해봤으면 좋겠어요." 안젤로가 말한다.

관개는 전통적인 방식이 아니라는 이유로 규정상 허용되지 않는다.

"당연히 이곳에서는 전통일 수가 없지요!" 안젤로가 반박한다. "과거에는 물을 끌어 쓸 방법이 없었는데 어떻게 관개를 할 수 있었겠습니까?"

이런 제의를 하면 많은 사람이 분개하리라는 것도 알고 있다. 보통 관개를 하면 수확량이 늘어나고 따라서 와인이 묽어진다고 생각하기 때문이다.

"심리적인 장벽이 있어요. 사람들은 관개를 두려워합니다. 나이아가라 폭포나 노아의 홍수를 떠올리지요! 그러나 포도밭을 범람시키고 포도의 품질을 떨어뜨린다고만 생각할 필요는 없습니다. 가뭄이 심하고 오래갈 때 약간 물을 뿌려주면 어떻겠느냐는 의미지요."

이미 놀라운 발전이 진행되고 있다.

"직접 건조시킨 나무로 만든 통에 와인을 숙성시켰을 때 어떤 차이가 날지 궁금합니다."

내년에는 1961년 빈티지 이래 처음으로 바롤로를 출시할 예정이다.

구이도의 새 실험실도 내년에 완공된다.

"이제 준비가 되었으니 할 만한 일들을 생각해봐야겠어요."

일상 분석을 수행할 보조도 이미 채용했다. 이제 구이도는 오랫동안 계획해왔던 연구를 위해 더 많은 시간을 할애할 수 있다.

구이도는 올케미스트all chemist(순수 화학자)는 아니지만 알케미스트alchemist(연금술사) 같은 면은 있다. '화학chemistry'이라는 단어도 '변형'을 뜻하는 그리스어에서 유래되었다. 머스트가 와인이 되는 것도 금속이 황금이 되는 것과 같은 변형이다. 구이도가 또 어떤 변신을 할지 궁금해진다.

양조학과 와인의 관계는 신경학과 마음의 관계와 비슷하다. 양조학은 많은 부분을 설명할 수 있지만 전체를 설명하지는 못한다. 바닷속으로 지는 해를 볼 때처럼 와인도 이중적인 시선으로 볼 수 있다. 그 장면을 더 즐기려고 지구가 평평하다고 믿지 않아도 된다.

안젤로가 웃는다. 그는 행복하다.

안젤로는 천사angel라는 뜻이다. 천사는 메시지를 전달한다. 안젤로가 전하는 메시지는 거의 마케팅에 관한 것이지만, 그는 와인에 관한 복음을 전하는 진정한 메신저이기도 하다.

그의 궁극적 메시지는 병 속에 들어 있는 와인이다. 와인은 특정한 장소에 귀속되는 생산품이지만, 음악처럼 세계 공통어가 되어 곳곳에서 다양하게 소통된다.

소설가 시빌 베드퍼드Sybille Bedford는 10대 때 접한 그 메시지에 대해 썼다. 그녀는 와인과 관계된 모든 것을 좋아했다. 병과 이름, 라벨, "강과 언덕, 기후와의 관계, 와인의 끝없는 다양성에 대한 배움, 복숭아·흙·인동·라즈베리·향신료·삼나무·자갈·송로버섯·담뱃잎의 풍미, 그리고 행복감, 심장과 온몸과 마음에 전해오는 고요한 황홀경."

안젤로의 자동차는 쿠네오 지역 북동부에 있는 몬타Montà 마을로 다가간다.

"여기에 들어서면 이제 집에 왔다는 기분이 들어요." 안젤로가 웃으며 말한다.

토리노 평야를 뒤로하고 로에로 언덕으로 길이 이어진다. 여기에도 네비올로는 있지만 바르바레스코 같지는 않다. 모래 토양이기 때문에 활력이 약하고 와인이 오래가지 못한다. 장소가 중요하다.

타나로 강 저편 랑게가 보인다. 언덕의 모양새가 다르다.

"아! 저 언덕들!" 안젤로가 외친다. "지난번처럼 몇 년 연속 가뭄이 왔을 때, 다른 곳이라면 포도나무들이 거의 다 죽었을 겁니다."

언덕들의 역사는 2,000만 년 전 신생대 제3기의 네 번째 지질 시대인 마이오세Miocene로 거슬러 올라간다. 알프스와 히말라야, 안데스가 모두 랑게와 같은 시기에 융기했다.

앞으로 해야 하는 중요한 일 중 하나는 소리 산 로렌조에 포도나무를 다시 심는 일이다. 필록세라가 덮치기 이전 시대의 접목하지 않은 포도나무는 한 세기도 넘게 살았지만, 요즈음은 포도나무가 제 몫을 해내는 30~40년 정도만 재배한다.

오래된 포도나무를 베는 일은 죽음을 상기시킨다.

“포도나무를 다시 심을 때가 되면 나는 이미 세상에 없을지도 모릅니다.”

지금 있는 포도나무를 뽑고 나면, 소리 산 로렌조 포도밭은 3년을 그대로 묵힐 것이다. 오랫동안 한 작물만 재배했기 때문에 토양이 균형을 찾도록 페데리코가 겨잣잎 같은 한해살이 식물을 재배할 것이다. 그 후 다시 포도나무를 심을 것이다.

나무를 뽑고 새 나무를 심는 일은 세 단계로 진행한다.

“한꺼번에 하면 위험합니다.” 안젤로가 말한다. “가뭄이 덮치면 어린 포도나무는 뿌리가 깊지 않아 하층 토양에서 습기를 흡수하지 못합니다. 또 금전적인 문제도 있어요. 새로 심고 나서 수년이 지나야 원하는 포도를 얻게 됩니다. 소리 산 로렌조 몇 병은 항상 팔 수 있게 보유하고 있어야 합니다.”

안젤로의 표현이 강렬해진다.

“나는 와인의 복합성을 더 향상시키고 싶습니다.”

페데리코는 벌써 준비에 열심이다. 그는 바르바레스코와 세라룽가에 있는 포도밭에서 가장 좋은 네비올로를 선별하여 가지를 잘라 파요레 밭의 특별 구역에 심어 놓았다. 현재 180여 그루의 포도나무가 하나씩 이름표를 달고 있다. 때가 오면 꺾꽂이를 하여 산 로렌조 언덕에 아래위로 줄을 맞춰 심을 것이다.

“우리는 보다 복합적인 맛을 얻기 위해 다양하게 혼합해보려고 합니다. 새 포도나무의 40퍼센트 정도는 소리 산 로렌조 나무로 하고, 25퍼센트는 소리 틸딘 같은 바르바레스코의 다른 포도밭 나무로, 25퍼센트는 세라룽가에서 온 나무로, 또 10퍼센트 정도는 토리노 대학이 선택한 클론으로 구성하는 식입니다."

그는 잠시 쉰다.

"바이러스가 언제든 침범할 수 있고 문제를 일으킬 수 있다는 걸 알지만 그런 위험은 감수해야겠지요."

안젤로는 결심한 듯 보인다. 그는 한두 개의 클론으로만 소리 산 로렌조를 채우지는 않을 것이다. 다양성은 인생의 묘미일 뿐만 아니라 와인의 묘미이기도 하다.

"부르고뉴 같은 지역이 역사적으로 위대한 이유를 생각해봅니다. 아마 수세기 동안 진화해온, 수확량이 적은 다양한 클론들 때문이 아닐까요? 하지만 1960년대에 다시 심기를 하면서 몇 가지 큰 실수를 범한 것 같습니다."

차는 타나로의 계곡을 향해 내려가기 시작한다. 랑게의 아들은 곧 고향땅에 발을 디딜 것이다.

저 멀리 언덕 위의 바르바레스코가 벌써 손짓하며 부르고 있다. 잠시 동안 탑과 더불어 하늘을 공유했던 크레인은 사라졌다. 마르셀 프루스트의 《잃어버린 시간을 찾아서》에 등장하는 콩브레 성당처럼, 멀리 오래된 탑의 망루만이 보인다. 바르바레스코는 옛날의 모습을 되찾았다. "탑은 마을을 한데 묶고, 마을을 상징하며, 마을에 대해 저 먼 곳까지 이야기한다"

탑에서 토리노 길 아래로 내려가 오른쪽으로 꺾으면 산 로렌조의 포도가 마지막 수확을 기다리고 있다. 수호성인과 천사, 시인과 마술사가 그들을 돌보고 있으니 새로운 포도밭도 아무 문제가 없을 것이다.

그러나 아직 대목의 선택 같은 중요한 결정들이 남아 있다. 필록세라에 대한 내성 등 고려할 점이 많다. 새 교배종으로 인해 황폐해진 캘리포니아의 사례는 이 문제를 가볍게 생각하면 안 된다는 경고다. 또 가뭄과 수세도 고려해야 한다. 소리 산 로렌조의 석회질 토양에 잘 적응할까? 뿌리를 내리는 데 지장은 없을까?

안젤로의 마음은 그의 아우디보다 더 빨리 달린다. 저 포도나무들은 저곳에서 '땅의 풍미'와 '땅의 비밀'을 위임받아 수십 년 동안 살아갈 것이다. 그리고 저곳에서 모든 것이 다시 시작될 것이다. 이 세상에서 가장 좋은 포도와 함께.

* 가야 가족은 1859년부터 5대에 걸쳐 이탈리아 북서부 피에몬테의 랑게 언덕에서 와인을 생산하고 있다. 현재는 4대인 안젤로 가야와 부인 루치아, 그리고 두 딸 가이아와 로산나, 아들 지오반니 다섯 식구가 함께 일하고 있다. 바르바레스코에 위치한 가야 와이너리 외 1994년 몬탈치노에 구입한 피에베 산타 레스티튜타 와이너리와 1996년 토스카나 해변 볼게리에 구입한 카마르칸다 와이너리가 있다.

옮긴이의 글

박원숙

'산 로렌조의 포도'라는 제목을 보자 자연스레 존 스타인벡의 소설《분노의 포도》가 연상되었다. 또 영화 〈어느 멋진 순간〉의 포도밭 장면도 떠올랐다. 그러나 정작 책의 내용은 상상과 달랐다. 1930년대 미국 소작농 일가의 생을 그린 사회 소설도, 목가적인 프랑스 남부를 배경으로 벌어지는 로맨틱 코미디도 아니었다.

《산 로렌조의 포도와 위대한 와인의 탄생》은 이탈리아에서 포도밭을 가꾸고 와인을 만드는 농부들의 실제 이야기다. 포도 재배와 와인 양조라는 주제가 한국에서는 생소한 감이 있지만, 곡식이든 과일이든 농사를 짓는 일은 어느 곳이나 별반 다르지 않은 듯하다. 자연의 섭리는 동일하며, 사람 사는 세상에서 먹거리보다 중요한 것도 없을 것이다. 모든 농부는 땅에 씨를 뿌리고 하늘을 바라보며 일한다. 땅과 하늘과 인간이 삼위일체를 이루지 않으면 좋은 결실을 얻을 수 없다. 포도 농사도 마찬가지다.

이 책에는 세 명의 주인공이 등장한다. 포도밭 주인인 안젤로 가야와 와인 메이커인 구이도 리벨라, 포도밭을 관리하는 페데리코 쿠르타즈. 저자는 이들이 소리 산 로렌조 1989년산을 만들기 위해 열정적으로 일하는 모습을 그린다. 포도밭의 사계절과 포도를 수확해서 와인을 만드는 과정을 와이너리 일지처럼 세밀하게 기록한다. 이들뿐 아니라 실험실의 과학자와 오크통 제조업자, 유리병 공장의 장인도 등장한다. 포도나무를 심을 때부터 코르크 마개를 끼울 때까지 긴장의 끈을 놓지 않게 하는 와인 드라마이다.

이 책의 번역에 앞서 나는 유럽의 몇몇 와이너리에 대한 이야기를 쓰고 싶은 마음이 있었다. 특히 가문의 전통을 이어가며 와인을 만드는 이탈리아의 장인들을 만나보며 관심이 더욱 깊어졌다. 사업에 성공한 사람들의 이야기는 인기가 있다. 그러나 농사가 우선인 와인 사업은 다른 사업과는 다른 면이 있다. 와이너리 주인은 무엇보다 먼저 근면한 농부여야 하며, 또한 양조 기술을 습득한 기술자라야 하고, 마케팅에도 능해야 한다. 한 집안에서 수 세대에 걸쳐 명성을 쌓아온 와인 대가들의 삶에는 특별한 무엇이 있을 것 같다는 호기심이 들었고, 이들의 숨은 이야기가 궁금해졌다.

나는 2014년 10월 서울에서 안젤로 가야를 처음 만났다. 그날 와인 디너에서 맛본 소리 산 로렌조 2006년산의 매혹적인 향과 고고한 기품에 놀라기도 했지만, 이 책을 번역할 용의가 있는지 알고 싶다는 안젤로의 제의를 받고 더욱 기뻤다. 그러나 막상 책을 읽어보니 내용이 어렵고 전문적이라는 생각이 들어 몇 달을 망설였다. 국내 유일의 김준철와인스쿨 양조학 강의를 수년에 걸쳐 반복 수강하고, 에밀 페이노의 《양조학 *Knowing and Making Wine*》도 열심히 읽었지만 선뜻 자신감이 생기지 않았다. 하지만 이 책이 어떤 면에서는 내가 막연히 생각하고 있던 주제를 다룬 것 같아 번역에 도전하기로 마음먹었다.

번역이 끝나자 책의 무대인 가야 와이너리와 소리 산 로렌조 포도밭을 둘러보는 일이 나를 기다리고 있었다. 책을 마무리 짓는 데 꼭 필요하기도 했지만 개인적으로도 가보고 싶은 욕심이 생겼다. 방문 일정은 4월 첫째 주로 확정되었다. 4월 둘째 주 베로나에서 열리는 빈이탈리 Vinitaly 준비로 연중 와이너리가 가장 바쁜 시기이긴 하지만, 온 식구가 바르바레스코에 있으니 이 기간에 가족 손님으로 초대하겠다는 메일이 왔다. 마침 번역 때문에 다시 수강하고 있던 양조학 강의도 3월 말에 끝나 4월 초 이탈리아로 떠났다.

이 책의 저자 에드워드 스타인버그는 하버드 대학 교수로 재직했으며, 현재 로마에서 와인 전문가이자 작가로 활동하고 있다. 1992년 1월 출간된 이 책은 이후 1년 반 동안 미국에서 8만 5,000부가 팔렸다고 한다. 이 책의 이탈리아어 번역판은 영문판 출간 3년 후인 1995년에 나왔다. 그 후 중국어와 일본어를 비롯해 9개 국어로 번역되었으며, 이제 열 번째로 한국어 번역판이 나오게 되었다.

이 책이 처음 출간된 때로부터 20여 년이 흘렀다. 포도나무도 사람도 세월이 가면 변하고, 또 보이지 않게 변하는 것도 있을 것이다. 오래된 책이라 새로운 내용을 첨가해야 하나 망설이다가 책 자체로 완벽하고 고전적인 가치가 있어 그대로 두기로 했다. 대신 가야 와이너리 방문기를 덧붙여 세월의 공백을 메워볼 수 있지 않을까 생각해보았다. 먼 나라의 포도밭 이야기가 와인에 관심 있는 한국 독자들에게 좀 더 친근하게 다가설 수 있기를 바라며.

가야 와이너리 방문기

2016. 4. 2 토요일

인천공항을 떠나려는데 휴대폰이 갑자기 먹통이 되었다. 혼자 여행하며 휴대폰 사용이 걱정스러웠는데 문제가 생겼다. 열 시간 만에 도착한 밀라노 공항은 한가롭게 보였고, 오후 일곱 시인데도 해가 아직 환하고 날씨가 좋았다. 팻말을 들고 마중 나온 노인이 보기보다 젊은지 바퀴 달린 여행 가방 두 개를 양손에 하나씩 들고 성큼성큼 앞서 간다. 차는 최신형 아우디였는데 어쩌면 안젤로의 승용차인지도 모르겠다. 이름은 피에로Piero라고 했는데, 영어를 한마디도 못해 한 시간 반이나 말없이 차를 몰았다.

알바 시에 있는 숙소인 카자 디 코카La Casa di Cocca에 도착했다. 40대쯤 되어 보이는 관리인이 영어로 친절히 안내한다. 옛날 골목길에 수백 년이 된 듯한 삐걱거리는 대문을 열고, 돌계단을 올라 4층 꼭대기 방으로 올라간다. 대문에서부터 각층 문을 열쇠로 열고 또 문 두 개를 통과해야 방으로 들어간다. 열쇠 꾸러기만 한 뭉치로, 영화에 나오는 수녀원 입실 같다. 임대아파트 같아 보이는 옛날 집인데 오랫동안 손님이 없었던지 방이 썰렁했다. 가이아Gaia가 추천한 곳 중에서 검색해보니 거실이 따로 있고 책상도 있어 이곳을 택했는데, 좀 멀더라도 호텔로 정할 걸 잘못했다는 생각이 얼핏 들었다.

분위기가 음산하고 추워 숙소를 옮기고 싶은 마음도 있었지만 시간이 너무 늦었다. 또 내 안색을 살피며 친절하게 도와주는 관리인 시모네Simone에게 말을 꺼낼 수도 없었다. 휴대폰이 켜지기는 하는데 도무지 로밍이 안 된다. 한 시간가량 씨름하다 인터넷으로 모든 연락을 하기로 했다. 내일 아침은 거르기로 하고, 점심은 시모네가 예약된 레스토랑으로 데려다주겠다고 한다. 방 안에 음료수가 없어 시모네에게 메일을 보냈더니 한 병 사서 문 앞에 두고 갔다. 실내 전화도 연결이 안 되어 서울에 메일로 잘 도착했다고 연락하고 자정이 넘어 잠들었다.

2016. 4. 3 일요일

오늘은 도착 첫날이고 또 일요일이니 산책을 하며 쉬는 게 좋겠다는 가이아의 메일이 왔다. 전화가 안 되니 차라리 잘된 것 같다. 서로 꼭 필요한 일만 메일로 전하면 되니 말이다. 네댓 시간 잠도 푹 잤고 생수 1.5리터를 어젯밤부터 다 마셨다. 오전에 《와인 스펙테이터》에 나온 가야 특집을 다시 읽어보니 책의 내용이 잘 간추려져 있었다. 시모네가 한 시에 데리러 와 나가보니 건물 정면은 알바 시내 중심의 쇼핑 골목이다. 베니스처럼 길이 좁고 오래된 건물이 관광 명소이니 나름대로 신경 써서 택한 것 같다. 지난 여행 때 몇 번 왔던 와인, 송로버섯, 치즈 상점도 보인다.

시모네와 함께 걸어서 산 로렌조 대성당을 지나 골목길에 있는 둘치스 비티스 크리스탈Dulcis Vitis Cristal 레스토랑을 찾아갔다. 테이블이 준비되어 있고, 뚱뚱한 주인이 안내하며 와인은 이탈리아 와인이 좋지 않겠느냐고 권한다. 그중 마셔보지 못한 화이트 와인 랑게 나세타Langhe Nascetta를 시켰다. 관광객인 듯한 옆 테이블의 부부가 말을 건다. 혼자 와서 먹고 마시고 있으니 궁금했던 모양이다. 샐러드와 생선 요리를 시키고 후식은 안 먹고 차 한 잔만 마셨다. 저녁 초대는 시차도 있고 부담스러워 망설이다가 몸이 불편하여 취소하고 싶다는 메일을 보냈다. 저녁으로 생수 한 병이면 충분하겠다. 오후 네 시부터 쓰러져 자고 새벽에 잠깐 깨 샤워하고 또 자고 나니 피로가 좀 가신 것 같다.

2016. 4. 4 월요일

오늘은 가야 가족을 차례로 만나는 날이다. 빈 카페에서 갓 구운 빵과 홍차로 아침 식사를 하고 있으니 막내아들 지오반니Giovanni가 들어선다. 이름이 할아버지 이름과 같다. 이 책이 출판된 후인 1993년에 태어났지만 턱수염을 기르고 있어서인지 훨씬 성숙해 보인다. 마을의 터줏대감으로 몇 대를 지내온 집안에서 자라서인지 나이에 비해 태도가 의젓하다. 밀라노 대학에서 경제학을 전공하고 작년에 졸업하여 와이너리 일을 배우고 있다고 한다. 작년 한국에 왔을 때 만난 적이 있어 편안하게 대화가 이어졌다.

지오반니가 차를 타고 알바 시내와 외곽을 돌며 이 지역을 소개하겠다고 한다. 시내에 있는 안젤로의 생가와 왕립 포도재배양조학교도 둘러보았다. 바롤로와 바르바레스코는 알바 시를 가운데 두고 서로 마주보고 있다. 알바 시는 주위가 포도밭으로 둘러싸여 있어 와인 생산이 주업일 것 같지만, 와인만 생산하는 프랑스의 보르도나 부르고뉴 지역과는 달리 공업 지역이다. 알바의 인구는 1950년대에 1만 6,000명에서 계속해서 늘어나 지금은 3만 3,000여 명이라고 한다. 공업 인구가 1만 명이 넘고 포도 재배에는 그 3분의 1 정도인 3,000여 명 정도가 종사하고 있다. 수익도 공업이 와인의 열다섯 배가 넘는다고 한다.

시내 곳곳에 자리 잡고 있는 페레로 초콜릿 공장들을 지나며 지오반니가 자랑스럽게 설명한다. 제2차 세계대전 후인 1946년에 시작한 페레로는 현재 현지 직원이 1만여 명을 넘어선다. 피에트로 페레로는 이 지역의 존경받는 기업인으로 1990년대에는 1,000여 명의 랑게 농민이 알바로 이동하여 일할 수 있도록 주선하고, 셔틀 버스를 운행하여 퇴근하면 집으로 돌아가 농사도 지을 수 있도록 배려했다. 플라스틱 제품으로 유명한 몬도Mondo와 방직 공장 미롤리오Miroglio도 이 지역에 있는 세계적 기업이다. 이런 기업들로 인해 전쟁 후 가난에 허덕이던 랑게 지역이 이탈리아에서 가장 부유한 지역으로 바뀌게 되었다.

바롤로Barolo

다음은 바롤로에 위치한 세라룽가Serralunga와 라 모라La Morra의 가야 소유 포도밭으로 향했다. 세라룽가의 포도밭 스페르스Sperss는 1988년에 안젤로 가야가 그의 아버지 지오반니 가야를 위해 구입했다. 스페르스는 '향수'라는 뜻이다. 지오반니 가야가 어렸을 때, 그의 어머니 클로틸데 레이는 다음 날 일찍 일어나서 일해야 한다고 10시만 되면 촛불을 끄고 자도록 했다. 그러나 해마다 세라룽가에 있는 친구 집에 수확을 도우러 갈 때면 밤늦게까지 놀 수 있었다. 지오반니는 그때의 즐거운 추억이 남아 있어 평생 세라룽가 포도밭에 애착을 가졌다.

라 모라의 포도밭 콘테이자Conteisa는 1996년에 안젤로가 구입했다. 콘테이자는 피에몬테 방언으로 '다툼'이라는 뜻이며, 유명한 체레키오Cereguio 지역의 다른 이름이기도 하다. 이 밭을 가운데 두고 라 모라와 바롤로의 분쟁이 100년 넘게 계속되었으며, 1275년에 라 모라의 승리로 끝났다.

세라룽가의 네비올로 밭에서는 스페르스를 생산하고, 라 모라에서는 콘테이자를 생산한다. 바롤로 다그로미스Dagromis는 두 밭의 포도를 합하여 만든다. 세라룽가의 샤르도네 밭에서는 바르바레스코의 밭과 합하여 가이아 & 레이Gaja & Rey를 생산하고 있다. 소비뇽 블랑 밭에서는 알테니 디 브라시카Alteni di Brassica를 만들고, 소비뇽 블랑과 샤르도네를 블렌딩한 로시 바스Rossj Bass도 만든다.

지오반니는 폰타나프레다Fontanafredda 와이너리를 지나가며 '왕들의 와인' 이야기를 들려준다. 바롤로 와인은 중세부터 '와인의 왕'으로 불렸다. 피에몬테 지역은 11세기부터 이탈리아가 통일된 1860년까지 현재의 프랑스, 스위스 일부와 함께 사보이 왕국에 속해 있었다. 바롤로 와인은 사보이 왕실에 납품되었고, 프랑스 왕 루이 14세도 즐겨 마셨다고 한다. 1807년에는 바롤로의 팔레티 후작과 프랑스의 명재상 콜베르의 증손녀가 결혼하면서 와인의 질을 향상시켜 프랑스 귀족들에게도 이름을 알리게 되었다.

폰타나프레다는 이탈리아를 통일한 비토리오 에마누엘레 2세의 영지였다. 그는 1869년에 귀족 신분이 아닌 왕비와 결혼했지만, 인정받지 못해 이곳 영지에 별장을 지어 살게 했다. 후에 영지를 상속받은 아들 에밀리오 궤리에리Emilio Guerrieri 백작이 폰타나프레다 와이너리를 설립했다. 2012년에는 레스토랑 체인 잇탈리Eataly를 창립한 오스카 파리네티Oscar Farinetti가 이 별장과 와이너리를 구입했다.

포도밭 곳곳에 특이한 구조의 건물들이 눈에 띈다. 포도밭을 살 때에는 밭에 딸린 농가나 폐허가 된 건물도 함께 사야만 거래가 이루어지는 관례가 있다. 가야는 이런 집들을 현대적으로 개조하여 창고나 일꾼 숙소로 사용하고 있다. 루마니아, 중국 등지에서 온 외국인 노동자도 많은데, 점차 가족도 데려오고 있다. 집세는 내지 않고 전기와 수도 요금 등 기본 사용료만 부담한다. 현재 70여 명의 정규 직원이 있으며 그중 22명이 2대째 일하고 있다.

바르바레스코Barbaresco

이 지역은 인구 600여 명의 작은 마을로 대부분이 와인 산업에 종사한다. 바르바레스코 마을에만 와이너리가 37개 있으며 인근 트레이조와 네이베, 알바까지 합하면 120개 정도 된다. 론칼리에테 언덕에 있는 소리 틸딘Sorì Tildìn과 코스타 루시Costa Russi 포도밭은 1967년에 지오반니 가야가 구입했다. '소리'는 남향 언덕 꼭대기란 뜻이며 '틸딘'은 안젤로의 할머니 클로틸데 레이의 애칭이다. '코스타'는 언덕 기슭이라는 뜻이다. '루시'는 그곳에서 오랫동안 일하던 소작인의 이름인데, 아버지가 제1차 세계대전 때 러시아에서 전사했기 때문에 그 가족들을 루시,

즉 러시아인이라고 불렀다.

파셋 언덕에 오르면 포도나무가 가로, 세로로 줄지어 서 있는 마주에 언덕을 마주보게 된다. 소작농이라는 뜻의 마주에는 원래 성당 소유의 밭이었는데, 지오반니 가야가 1964년에 구입한 뒤 소리 산 로렌조라고 부르기 시작했다. 산 로렌조는 알바 성당의 수호성인이다. 4월 초 정갈하게 가지를 묶어 정돈된 밭에는 포도나무의 순이 고개를 빼꼼 내밀고 있다. 포도밭은 보리를 심은 이랑과 풀이 덮인 이랑이 번갈아 있다. 보리는 뿌리가 깊어 땅이 굳지 않게 하고, 토양의 영양도 적합하게 조절한다. 풀은 흙의 침식을 막고 땅을 덮어 수분을 보호한다. 해마다 보리와 풀이 자라는 이랑을 바꾼다.

퇴비 더미가 눈에 띈다. 주로 동물의 배설물로 만들지만, 항생제나 호르몬제를 먹이는 식용 동물의 배설물은 사용하지 않는다. 되새김질하는 동물들은 위장이 네 부분으로 나뉘어 있고 소화를 세 번 거치기 때문에 배설물이 정제되고 미생물도 살아 있다. 여기에 캘리포니아에서 수입해온 '붉은 지렁이red worm'를 투입하여 이들이 퇴비를 먹고 다시 배설한다. 네 차례의 소화 과정을 거친 좋은 비료는 포도나무를 건강하게 만들고, 토양을 살리며, 균형 잡힌 땅의 구조를 만들어준다. 알록달록한 벌집도 보인다. 벌들은 꿀도 만들지만 생물 지표도 된다. 포도밭의 풀들이 다양하고 환경이 자연 친화적일수록 벌이 늘어나고 꿀도 많아진다. 생태학적으로 좋은 포도밭 환경이 만들어지면 생물의 다양성이 유지되고 그 숫자도 증가한다.

지오반니는 지구 온난화가 걱정이라고 말한다. 물론 온도가 높아지면 해마다 비교적 포도가 잘 익고 빈티지가 나쁜 해가 줄어드는 장점이 있다. 그러나 당도가 올라가면 알코올 도수가 높아지므로 이를 적당히 조절해야 하는 단점도 있다. 과도한 햇빛을 막기 위해서 웃자란 가지를 치지 않고 철사에 감아주는 등 포도가 당분을 너무 많이 만들지 못하도록 여러 방법을 실험하는 중이다. 지오반니는 설명하느라 나름대로 애를 쓰고, 모르는 단어는 서로 물어가며 의사소통을 하고 있다.

소리 산 로렌조를 돌아 토리노 길via Torino로 올라가면 우측에 가야 와이너리가 있다. 점심 식사를 하러 길 막다른 끝에 있는 안티카 토레Antica Torre에 갔다. 레스토랑 뒤에는 바르바레스코 탑이 솟아 있다. 저쪽 테이블에는 누나 가이아가 수입상 여러 명과 점심 미팅을 하고 있다. 다음 주 베로나에서 열리는 빈이탈리 관계로 온 외국 손님들이라 한다. 돌체토로 만든 크레메스Cremes(수출하지 않는다)는 전채로 나온 송아지 육회와 잘 어울린다. 육회를 안 먹지만 특식이라고 해서 거절하지 못하고 맛을 보았다. 입에서 녹아내리는 질감과 오묘한 맛이 너무 좋아 계속 먹을 것 같았다. 달걀로 만든 파스타인 타야린tajarin과 닭요리, 초콜릿 푸딩으로 풀코스를 마쳤다. 지오반니는 손님을 접대하는 법도 익힌 듯 음식 설명을 하며 대화를 이끌고 편안한 분위기를 만든다.

오후 두 시부터 가이아와 약속이 잡혀 있어 지오반니가 사무실로 안내했다. 초록색 대문이 열리면 오른편에 와이너리가 있고 왼편에 사무실이 있다. 와이너리에는 옛 건물과 새 건물이 나란히 들어서 있다. 세월의 흔적을 지우지 않고 필요할 때마다 조금씩 증축하여 나지막하고 친근한 분위기다. 가이아가 내려와 원고 검토 계획과 일정표를 건네준다. 점심, 저녁을 포함하여 만날 사람, 방문할 곳을 세세히 짰다. 더 만나고 싶은 사람이나 가보고 싶은 곳이 있으면 추가하자고 한다. 일정을 보니 충분할 것 같았으나 하루에 두 번, 점심과 저녁 식사를 같이하는 건 서로 부담이 되니 한 번으로 줄이자고 말했다. 그러나 오늘만은 아버지 안젤로와 저녁 식사 일정이 잡혀 있으니 그대로 하기로 했다. 그리고 지금 실험실에서 화이트 와인 블렌딩 시음을 하려는데 참가하겠느냐고 권한다. 좋은 기회였지만 오전 내내 다니고, 점심 때 와인도 마신 데다 아직도 시차 적응이 안 되어 쉬고 싶은 생각밖에 없었다. 피에로가 숙소로 데려다주었다.

안젤로 가야와 저녁 식사

숙소로 돌아와 이탈리아 사람들처럼 낮잠siesta을 자고 여덟 시에 약속 장소인 사보나 광장으로 나갔다. 근처에 있는 슬로푸드 레스토랑인 오스테리아 델라르코Osteria dell'Arco로 천천히 걸어갔다. 슬로푸드 에디토레Slow Food Editore에 속한 유기농 레스토랑인데 안젤로가 자주 가는 곳이다. 그만그만한 신사들로 자리가 차 있고, 주인이 반갑게 맞이한다. 내가 두 끼를 부담스러워 한다는 말을 전해 들었는지, 딱 두 코스와 디저트를 시킬 테니 적당히 먹고 남기면 된다고 한다. 와인은 바롤로 카발로토Cavallotto를 주문하고, 치즈를 고루 먹어보도록 직접 접시에 덜어주며 배려한다. 안젤로는 솔직하고 소탈하다. 76세이지만 정정해 보이며, 와인에 대한 이야기가 나오면 아직도 청년 같은 열정을 드러내 보인다. 다음은 세 시간 동안 저녁을 먹으며 나눈 대화의 내용이다.

알바 시를 중심으로 펼쳐 있는 랑게 언덕은 눈 덮인 알프스를 배경으로 포도밭들이 구릉을 덮고 있다. 랑게 언덕에 안개가 내리면 오래된 성과 중세 마을이 그림처럼 신비롭게 보인다. 이 지역에서만 재배하는 네비올로라는 포도 이름도 안개를 뜻하는 네비아nebbia에서 유래했다. 네비올로는 피에몬테 주의 바롤로와 바르바레스코 지역에서 주로 재배하며, 다른 지역에서는 이 품종을 찾아볼 수 없다. 네비올로는 종종 부르고뉴의 피노 누아와 섬세함이 비교되지만 타닌이 더 강한 편이다. 와인이 어릴 때는 과일 향과 향신료 향이 나며, 오래되면 말린 허브, 장미, 감초, 송로버섯 향이 난다.

이 지역은 아름다운 자연 경관으로 2014년에 유네스코 보호 구역으로 지정되었다. 그러나 공업 지역이 늘어나며 평지에 땅이 부족해지고 부자들이 점점 높은 쪽에 집을 짓고 있어 포도밭 지역이 위협받고 있다. 환경을 보전하기 위해 더 강력한 새로운 입법이 필요하다. 랑게 지역에는 연평균 2만~3만 병을 생산하는 작은 와이너리가 700여 개에 달하는데, 이들을 보호하기 위해서도 정부가 특별한 노력을 기울여야 한다. 작은 규모의 와이너리가 많을수록 개성 있는 다양한 와인이 생산되기 때문이다. 일본을 자주 여행하며 눈에 띄지 않는 작은 부분도 세밀하게 다루는 장인들을 보고 늘 경의를 느꼈다. 예를 들어 참치 회를 뜰 때도 부위마다 몇 개의 칼을 번갈아 쓰며 정성을 들이는 모습이 아름답게 보였다. 아티장Artisan 와인 만들기도 이와 마찬가지이다.

가야 같은 큰 와이너리에서도 아티장 와인을 만든다고 할 수 있느냐는 질문에 안젤로는 다음과 같이 길게 설명한다.

가족들이 밭에서 직접 일하지는 않지만 우리는 와인에만 집중하고 있다. 가족 다섯 명이 감당할 수 있는 규모다. 외부 포도를 구입하지 않고 직접 재배한 포도를 손으로 수확하여 우리의 방식대로 와인을 만든다. 바르바레스코 와이너리 조합에서는 마을의 농가에서 수매한 포도로 와인을 만든다. 이 조합은 현재 51명의 생산자가 회원이며, 포도밭은 모두 합해 100헥타르 정도이다. 와이너리가 없는 소규모 농가를 위해서는 이상적인 조합으로, 지역 경제에도 많은 기여를 하고 있다. 품질이 좋은 DOCG 와인을 생산하며 빈티지가 좋은 해에는 단일 포도밭 와인도 만든다. 그러나 대부분은 포도밭의 개성이 나타나지는 않는다.

가야 와인은 품질의 완성도를 위해 등급에 구애받지 않고 DOCG에서 DOC로 내려오기도 했다. 이탈리아 최고 등급 중 하나인 바롤로와 바르바레스코 DOCG는 100퍼센트 네비올로로만 만들어야 한다. 그러나 가야의 단일 포도밭 와인인 소리 산 로렌조, 소리 틸딘, 코스타 루시는 5퍼센트의 바르베라를 첨가하면서 DOCG를 포기하고, 랑게 네비올로 DOC로 재조정되었다. 생산량도 각각 1,000케이스씩으로 더 이상 늘리지 않았다. 이는 아티장이 생산할 수 있는 양이다. 와이너리의 설비나 양조 방법 등 바뀐 것이 많지만 1988년 이래로 총생산량은 변하지 않았다. 수입업자들의 요구가 있었지만 재배 면적당 수확량을 늘리지 않았다. 포도송이가 많아지면 와인의 품질이 저하되기 때문이다. 1990년대 초에 토스카나의 몬탈치노와 볼게리 지역에 새로 포도밭을 구입하며 전체 생산량이 늘어났지만, 그곳에서도 각각 포도밭의 크기에 따라 수확량을 제한한다.

일꾼들이 밭에서 일하는 시간은 헥타르당 연간 1,000시간에서 1,400시간에 달한다. 주로 수작업을 하며, 기계는 꼭 필요한 때만 최소한으로 사용한다. 훈련된 일꾼들은 최고의 포도를 재배한다는 자부심을 가지고 자신의 포도밭이라는 마음으로 일한다. 그들은 목표가 분명하며 계획을 세우고 달성하고자 노력한다. 요즈음 심각해진 지구 온난화 문제에 대해서도 지난 8년 동안 식물학 교수와 곤충학 교수들에게 컨설팅을 받아왔다. 두 달에 한 번씩 교수들이 포도밭을 방문해 와인 메이커, 재배자들과 미팅을 갖고 질의토론 시간을 갖는다. 이는 지속적으로 장인을 양성하는 데 필요한 교육 과정이라 할 수 있다.

장인이 되기 위한 과정에는 네 단계가 있다. 이는 할머니의 가르침인데, 할머니는 늘 어린 나에게 장인이 되어야 한다고 말씀하셨다. 가족 와이너리에서 열심히 일하면 부와 희망, 명예가 주어질 것이라 하셨다. "살기 위해서는 일을 해야 하고 돈을 벌어야 한다. 무슨 일을 어떻게 할지 생각해야 한다. 어떤 일을 하더라도 완벽을 기하기 위해서는 시간을 바치고 열정을 바쳐야 한다"고 말씀하셨다. 그리고 장인이 되려면 "첫째, 열정적으로 일하고Fare, 둘째, 일의 기법을 익히고Saper fare, 셋째, 다른 사람에게 일을 가르치고Saper far fare, 넷째, 일의 기법을 전수시켜야 한다Far sapere"라고 거듭 말씀하셨다.

할머니는 1961년 내가 와이너리 일을 시작할 때 돌아가셨지만, 어린 시절부터 품질을 위한 헌신에 대해 귀에 못이 박히도록 되풀이하셨다. 그때는 아버지도 한창 활동하고 계셨으므로 나는 배울 시간이 충분했다. 부모는 가르칠 의무가 있으며, 자식을 이해하고 그들의 의견을 존중해야 한다. 큰딸 가이아도 처음에는 디자인을 공부하고 싶어 했지만 지금은 나보다 더 포도밭 가까이 살며 열심히 일을 익히고 있다. 강요하지 않았으나 아이들이 모두 집안일을 하기로 택하고 가야라는 이름을 지니고 싶어 하니 기쁘다. 가이아는 2004년부터 와이너리를 대표하며 수출 업무를 통괄하고 있다. 작은딸 로산나는 아내 루치아를 도와 사무실과 수입 업무를 맡고 있으며, 막내아들 지오반니도 대학을 졸업하고 돌아와 일을 배우고 있다.

이 책의 저자 에드워드 스타인버그도 분명한 장인이다. 1987년에 그가 처음 문의 전화를 했고, 그 후 2년 뒤 취재를 해도 되겠느냐고 전화로 다시 물어왔다. 와이너리 내의 어떤 비밀도 보장하겠다고 하며 가지치기, 수확, 발효, 병입 때 한 서너 번쯤 방문을 허락해주면 된다고 요청했다. 그 정도는 협조할 수 있고 와이너리 내에 아무런 비밀도 없으니 마음껏 취재하라고 말했다. 그러나 방문 횟수는 32회나 되었으며 전날 전화로 갑자기 온다고 하면 아스티 역으로 데리러 나갔다. 그는 올 때마다 매번 많은 질문을 쏟아부었다. '왜 가지치기를 이런 방식으로 하느냐?'고 물어오면, 늘 습관적으로 해오던 일도 다시 생각해보게 된다. 우리는 뜻밖에도 이 책을 통해 세상에 더 널리 알려지게 되었다. 이 책에 감명받은 중국인 프로듀서 스지엔Shi Jian이 다큐멘터리를 만들기도 했다. 그는 번역된 책의 내용을 거의 전부 기억하고 있었다.

식사가 끝나가며 남은 여행 일정을 묻기에 한국에서 오는 일행과 합류하여 토스카나, 로마 등을 여행할 계획이라고 말했다. 토스카나에서는 개인적으로 친분이 있는 카스텔인 빌라Castell'in Villa에서 며칠 머무를 것이라고 하니 반가워한다. 안젤로는 와이너리 주인인 코랄리아 피그나텔리Coralia Pignatelli 공주와 오랜 친분이 있다며 어떻게 알게 되었는지 궁금해한다. 2012년 서울에서 열린 토스카나 와인 전시회에 홀로 참석한 코랄리아 할머니를 만났고, 와인이 특이하여 모임에 초대하고 서울 관광과 경주 여행 등도 하며 친해졌다고 했다. 할머니는 키안티 클라시코에 대 영지를 소유한 그리스 귀족으로 남편이 나폴리 왕자였다고 한다. 전통적 와인을 고집스럽게 만드는 분이라며 재미난 옛날 에피소드도 들려준다. 토스카나의 가야 와이너리 방문 일정도 잡혀 있어 다음 기회를 기약하며 저녁을 마쳤다.

2016. 4. 5 화요일

열 시에 가이아가 강아지 브리스Briss를 안고 나타났다. 브리스는 가이아가 가는 곳마다 사무실이고 식당이고 웬만한 데는 다 따라다닌다. 그런데 안젤로가 내 숙소를 옮기는 게 좋겠다고 해서 새 숙소를 정했다고 한다. 어제저녁 안젤로가 숙소 앞에까지 데려다주었을 때, 열쇠 꾸러미를 찾아 낡은 대문을 여는 것을 보고 걱정스러웠던 모양이다. 이제 보일러도 가동되어 따뜻한 데다 며칠 사인데 다른 곳으로 옮길 필요가 없다고 했지만, 굳이 한번 가보기나 하자며 차에 태워 호텔로 간다. 나는 차라리 옛날 거리가 걸어 다니기가 좋고 편하다고 사양했다. 알바 시내의 골목길을 걸으며 유명한 상점들을 대강 가르쳐준다. 골목 끝 광장에 있는 산 로렌조 대성당에도 들어가 책에 나온 그림을 찾아보았다. 성가대석 벽면에 늘어서 있는 그림 중 하나로, 포도송이가 담긴 은쟁반 아래 바르바레스코 탑이 새겨져 있다.

오전에는 어제 못 간 가야 소유 포도밭을 다시 둘러보고, 오후에는 사무실과 와이너리를 보기로 했다. 어제 지오반니와 지나쳤던 트레이조Treiso의 파요레Pajore 밭으로 갔다. 이곳에서는 시토 모레스코Sito

Moresco를 생산하는데, 특이하게 네비올로와 카베르네 소비뇽, 메를로를 블렌딩한다. 모레스코는 전 주인의 이름이다. 가이아 & 레이 샤르도네 밭도 근처에 있다. 이 포도밭은 가이아가 태어난 해인 1979년에 구입했으며, 가이아의 이름을 건 와인이라 가이아가 특히 애착을 갖는 듯하다. 피에몬테의 첫 샤르도네이자 작은 오크통에 숙성한 첫 이탈리아 화이트 와인이다. 가격도 만만치 않다.

어머니의 고향인 파예가 어디냐고 하니 바로 근처라며 데리고 간다. 외가도 대대로 포도 농사를 지어왔고 외삼촌 가족들은 지금도 와이너리를 경영하고 있다. 지오르다노 파예Giordano Pajé 라벨을 붙인 돌체토, 바르베라, 샤르도네 병들이 늘어서 있다. 가야 집에서 도보로 10분밖에 안 걸린다. 이렇게 가까운 데서 남편을 만나다니 천생연분이 아닐까? 어머니 루치아는 1970년에 가야 와이너리에 취직하고 1976년에 안젤로와 결혼하여 지금까지 40년 넘게 안젤로와 같은 집에서 살고 있다. 또 낮에는 같은 사무실에서 일한다. 자신은 그렇게 가까운 곳에서 남편을 찾을 수 없을 거라며 가이아는 어머니가 운이 좋으셨다고 한다.

점심 식사는 와이너리 옆에 있는 안티네Antine라는 레스토랑이다. 가야 와이너리의 유명세 때문인지 토리노 길을 따라 고급 식당들이 여럿 들어서 있다. 음식 접시 하나하나가 예술품 같고 음식도 그림같이 아름답다. 와인은 가이아가 베르두노Verduno의 바사도네Basadone를 주문했다. 16세기에 지은 베르두노 성과 와이너리를 몇 번 방문한 적이 있었고, 와인 메이커 마리오Mario Andron와 시음도 했던 와인이라 반가웠다. 이 레드 와인은 이탈리아 토종 펠라베르가Pelaverga로 만든 와인이다. 화이트 와인은 아드리아노Adriano가 나왔다. 육회 요리가 빠지지 않는 것이 인상적이다.

오후에는 사무실 건물과 와이너리 내부를 구경했다. 책에 나오는 현장을 직접 보니 실감이 나고 원고에도 많은 도움이 될 듯하다. 건물 3층에는 어머니 루치아와 동생 로산나의 사무실이 있다. 2층에는 안젤로의 사무실이 있는데, 아들 지오반니는 아버지와 같은 방에서 책상을 맞대고 있어서 일을 잘 배울 수 있겠다 싶다. 실제로 모든 회의에 같이 참여하고 전화선도 연결되어 대화 내용을 들을 수 있다. 1층에는 가이아의 사무실과 구이도가 책에서 그토록 고대하던 최신 설비의 실험실이 자리 잡고 있다. 사무실을 살펴보니 그야말로 가족 경영의 표본을 보는 것 같다. 현대적인 가족 기업도 많으나 이렇게 한 지붕 아래의 기업은 드물 것이다. 옛날 한 집에서 온 식구가 와인을 만들던 수공업이 엄청나게 커지고 현대화된 느낌이다.

바깥에서는 보이지 않지만 와이너리는 지하 4층까지 내려간다. 내부는 19세기의 미로 같아 자칫하면 길을 잃고 희미한 불빛을 찾아 헤맬 것 같다. 150여 년의 양조 역사가 일목요연하게 보인다. 스테인리스 탱크, 큰 오크통, 작은 오크통 등 대부분 안젤로가 지난 40여 년간 교체해 온 것들이다. 길 건너 와이너리 맞은 편의 바르바레스코 성은 1995년에 구입했는데, 토리노 길 아래로 만든 통로로 성과 와이너리가 연결되어 있다. 웅장하지만 세련된 구조의 성이 가야의 위상에 잘 맞는 것 같다. 지금은 전시실, 시음장 등으로 사용하고 있다. 다 허물어져가는 17세기의 성을 재건하는 데 오랜 시간이 걸렸고 앞으로도 할 일이 많다고 한다. 안뜰에는 남아시아 어디에선가 온 듯한 100년도 더 되어 보이는 이국적 수목이 우거져 있고, 한가운데에는 옛 우물이 그대로 보존되어 있다. 옛 우물에서 들어온 빛이 셀러 천정 유리를 통해, 줄줄이 늘어선 가야의 작은 프랑스 오크통을 비춘다.

2016. 4. 6 수요일

공항에 마중 나왔던 피에로가 열 시에 데리러 왔다. 알고 보니 피에로는 가이아의 이모부라고 한다. 나이도 나와 동갑이다. 이모도 사무실에서 일하고 있다. 직원 중에는 가족이나 몇 대를 알고 지낸 이웃들이 많은 듯하다. 오전 내내 원고를 읽으며 질문하고 답하고, 내가 긴장한 만큼 가이아도 대답한다고 신경을 곤두세운다. 전문적 내용이라 일일이 직원에게 물어보고 인터넷을 뒤지고 자료도 찾아준다. 가이아는 아버지 안젤로와 꼭 닮았다. 총명하고 판단이 빠르고 일 처리가 민첩하다. 간단히 점심을 하자는데, 오늘 가족 저녁 초대도 걱정되어 바로 숙소로 돌아왔다. 저녁에 한국에서 준비해온 선물을 챙겨 나섰다. 아버지와 아들은 국립중앙박물관에서 산 한국 전통 문양 넥타이, 딸 둘은 스카프, 어머니는 누비 지갑을 선물로 준비했다.

가야 가족과 저녁 식사

바르바레스코 탑에서 토리노 길로 내려오면 브리코 언덕이 있다. 이 언덕을 끼고 돌아 흙길을 오르면 언덕 위의 벽돌집이 마을을 내려다보며 서 있다. 안젤로의 아버지가 1961년에 지은 집이다. 그전에는 현재 와이너리의 사무실 쪽에 집이 있었다. 전체적으로 집터가 좋아 보인다. 남향받이에 앞쪽에 타나로 강이 흐르고, 멀리 프랑스 쪽 알프스 산맥의 몬비소 산이 보인다. 어머니 루치아Lucia가 내려와 맞는데 둘째 딸 로산나Rossana와 꼭 닮아 처음에는 못 알아보았다. 평생 사무실에서 일한 사람이라기보다는 싹싹하고 상냥한 주부의 모습이다. 집 안은 소박한 분위기이며 최신 가구나 장식품은 보이지 않는다.

저녁 메뉴는 건강식으로 살라미와 생채소, 삶은 채소, 송아지 육회, 채소 달걀 전, 전통 소고기 오븐 구이가 나왔고, 후식으로는 내가 좋아하는 애플파이를 구워 내왔다. 항상 이탈리아 음식은 너무 맛이 진하다고 생각해왔는데 오늘 음식은 매우 가볍고 담백하다. 전혀 꾸밈이 없는 넉넉한 가정식이다. 와인은 알테니 디 브라시카(소비뇽 블랑), 가이아 & 레이(샤르도네), 가야 바르바레스코(네비올로)가 차례로 나왔다. 이탈리아 사람들은 진짜 물 대신 와인을 마시는 것 같다. 루치아가 식사를 차리는 동안 온 식구가 자리에 앉아 있지 않고 왔다 갔다 하며 돕는다. 부자이지만 살림살이는 검소하며 허세는 전혀 보이지 않는다. 몇 대를 포도 농사를 지어왔으니 땅에 발붙인 농부의 생활이 몸에 밴 듯하다.

안젤로와 루치아, 아들 지오반니, 큰딸 가이아, 그리고 작은딸 로산나와 남편 파올로Paolo, 아기 레오네Leone까지 온 식구가 모인 셈이다. 이런 시간이 잦지는 않겠지만, 어머니가 정성들여 차린 식탁에 둘러앉아 도란도란 저녁을 먹는 옛 시절 정겨운 장면으로 돌아온 것만 같다. 지금의 안젤로는 자상한 아버지이며 너그러운 동네 지주의 모습이다. 와인을 들고 세계를 돌며 온갖 상인들과 거래하는 바깥일은 잠시 잊은 듯하다.

지오반니가 숙소로 데려다주며 속마음을 털어놓는다. 옛날 안젤로가 그랬듯이 이 젊은이에게도 바르바레스코가 좁게 느껴진다. 밀라노에서 대학을 다니긴 했지만, 서울은 도저히 가늠할 수 없는 대도시인 것 같단다. 새 호텔, 새 지하철, 현대식 건물 등이 들어서 있는 대도시가 수백 년 된 성과 탑들이 서 있는 랑게의 포도밭 속에서 자란 그에게는 생소하게 느껴졌을 것이다. 지오반니는 앞으로 와이너리 일을 열심히 배우고 자리를 잡겠다는 포부를 말한다. 와인을 마시고 산길을 운전해도 되겠느냐고 물으니 이탈리아인은 법을 안 지킨다 하지 않느냐며 웃는다.

2016. 4. 7 목요일

빈 카페에서 빵에 누텔라를 잔뜩 바르고 홍차를 마시며 피에로가 올 때까지 한 시간을 보냈다. 아침을 거르려 했는데 갓 구운 빵과 에스프레소 향에 끌려 발길이 저절로 간다. 모두들 급히 커피를 마시고 일하러 가는 시간에 나만 늦은 아침을 즐기고 있다. 쇼핑 거리이지만 열 시가 되어야 문을 열고 점심때는 두세 시간씩 닫으니 달리 들어가볼 시간이 없다. 토요일에는 골목에 벼룩시장이 선다니 둘러볼 수 있겠다. 오늘 오전에는 원고 검토를 끝내고, 오후에는 감바Eugenio Gamba의 오크통 제조공장을 견학하기로 했다. 명랑해 보이는 비서 사라가 들락거리며 자료도 챙겨주고 사진도 찍어준다. 저녁 약속이 있으니 점심은 건너뛰고 좀 쉰 후 세 시에 만나기로 했다.

사보나 광장에서 가이아를 만나 차로 한 시간쯤 달렸다. 아스티의 교외에 있는 감바의 오크통 공장에 도착했다. 규모가 엄청나게 크다. 마당에 차곡차곡 쌓아둔 통널 더미가 끝이 보이지 않는다. 건조 연수에 따라 통널의 색깔이 다르다. 오크 박물관에는 오크통의 역사와 제조 과정 등 교육 자료를 전시해놓았다. 벌써 5대째 오크통을 만들고 있으며,

지금은 아들이 기술을 전수받고 있다. 감바는 프랑스에 통널을 사러 갔다가 어젯밤에 돌아왔다고 한다. 오랜 세월이 지나며 그 진가를 인정받는 오크통 제조업은 신용 없이는 사업이 유지될 수 없다. 작은 부분도 꼼꼼히 처리하는 장인 정신이 몸에 밴 듯하다. 책에서 아리송하던 몇 가지 문제를 묻고 해결하고 나니 가이아가 오기를 잘한 것 같다고 기뻐한다. 돌아가는 길에 소리 산 로렌조로 다시 갔다. 오솔길을 따라 타나로 강 아래로 걸어 내려가도 보고 흙도 만져 보았다.

저녁 식사는 전임 와인 메이커 구이도 리벨라의 집에서 하기로 되어 있다. 여덟 시까지 시간이 남아 가이아의 집에서 잠시 쉬기로 했다. 와이너리 맞은편에 바르바레스코 성이 있는데, 이 성의 뒤뜰에 가이아의 집이 단출하게 서 있다. 작은 빌라형으로 부엌과 응접실, 침실이 1층에 있고 지하에 손님이 사용할 수 있는 공간이 있다. 젊은 감각이 돋보이는 모던한 부엌과 실내 장식이다. 창밖으로는 포도밭이 펼쳐 있고 타나로 강도 보인다. 내달에는 작은 정원에서 친구들을 초청해 이국적인 저녁 파티를 계획하고 있단다. 일식 미역 초무침을 하고 싶은데 미역을 구하지 못한다고 해서 서울에 가면 보내주겠다고 했다. 요리하기를 즐기고 생강차를 만들어 마신다며 한 잔 건네준다. 가이아가 브리스와 잠깐 산보 나간 사이 혼자 있을 때 화장실 문을 열지 못해 창문으로 탈출하는 우스운 소동도 있었다.

와인 메이커 구이도의 집으로 향했다. 책에 나온 대로 가야 와이너리에서 그리 멀지 않은 몬테스테파노의 막다른 골목에 있다. 구이도의 자녀들은 이미 성인이 되었고, 유치원에 다니던 딸 실비아Silvia는 독립하여 옆 건물에서 레스토랑을 운영하고 있다. 소박한 실내 장식과 꽃이 핀 긴 나뭇가지를 그대로 테이블에 장식한 것이 정겹게 보인다. 가이아가 태어나기 전부터 한 식구처럼 지낸 사이니 온 식구가 나와 반갑게 맞이한다. 아시아 지역에서 업무를 보던 아들 엔리코Enrico도 얼마 전에 귀국했다. 와인을 마시며 대화가 무르익고 아홉 시가 되어서야 신선한 치즈와 저녁이 나왔다. 소리 산 로렌조도 나왔다. 구이도가 은퇴하기 전 2011년에 마지막으로 만든 와인이라며 권하다 맛이 조금 이상하다며 다시 한 병을 땄다. 실비아가 만든 맛깔스러운 음식과 함께 이야기가 끊임없이 이어지다 보니 저녁 식사가 늦은 시간에야 끝났다.

구이도의 얼굴은 분홍빛에 광채가 난다. 정년퇴직해야 했기에 몇 년 전에 은퇴했지만 지금도 가끔씩 와이너리를 둘러본다고 한다. 안젤로와는 45년을 같이 일했다. 선대에 갖고 있던 포도밭과 와이너리가 있으며 지금은 '리벨라Rivella'라는 라벨로 바르바레스코, 랑게 네비올로, 바르베라 달바 등을 생산하고 있다. 책에서 이해하지 못한 부분을 설명해주고 분명하지 않은 것은 찾아보고 답을 해주겠다고 한다. 온몸에 순수함과 정직함이 흐른다. 부인 마리아Maria Grazia도 선량한 인상으로, 내게 포도로 만든 전통 잼인 쿤야 한 병을 선물로 주었다. 마리아가 어린 아이들과 쿤야를 만드는 장면이 책에 묘사되어 있다.

2016. 4. 8 금요일

오늘은 바르바레스코에서의 마지막 날이다. 안젤로와 두 시에 약속이 되어 있었으나 취소하고, 원고 검토를 끝내는 게 더 급선무여서 가이아와 한 번 더 만나기로 했다. 오전에 세탁기를 돌리며 질문할 것을 준비했다. 빈 카페에서 아침 겸 점심으로 샌드위치와 홍차를 마시며 내용을 정리하니 몇 시간이 훅 지나갔다. 뜻밖에도 안젤로가 사보나 광장으로 데리러 왔다. 나와의 약속이 취소되어 시간이 비어 있었기도 했지만 직원들이 모두 베로나로 떠나 피에로 대신 온 듯하다. 내가 좀 서둘렀으면 마지막 인터뷰를 할 수 있었을 텐데, 가이아와 할 일이 남아 있어 마음이 급했다.

차를 타고 가는 길에 이런저런 이야기를 한다. 사이프러스를 심어 경계를 표시한 가야의 포도밭이 군데군데 눈에 띈다. 오늘 오전에는 프랑스에서 온 정원 전문가와 만나 포도밭과 도로 경계선에 심을 수종을 고르고 자문을 구했다고 한다. 이미 다른 밭보다는 잘 정비되어 있지만 포도밭도 정원처럼 아름답게 꾸미면 좋지 않겠느냐는 의견이다. 항상 새로운 아이디어를 내고 목표를 세워 도전할 때 활력이 솟는다고 한다. 이 초목이 자라 어우러지려면 수십 년이 걸릴 것이다. 그러나 삶은 나 하나로 끝나지 않고 대대로 이어져 간다는 생각이 몸에 배어 있다. 선대로부터 물려받은 가르침이다. 안젤로는 이미 70대 중반이지만 지금도 미래를 이야기한다. 나만의 미래가 아닌 후손의 미래, 이 땅의 미래다. 자신을 잘 알고, 자식들을 가르치고, 물러날 준비를 부지런히 하고 있다.

여섯 시가 넘어 일이 끝났다. 가이아가 빈이탈리 티켓을 준비해주었고, 루치아도 마지막 날이라고 일부러 찾아와 선물을 건네준다. 미소니 숄과 소리 산 로렌조와 소리 틸딘, 코스타 루시에서 딴 벌꿀을 각각 한 통씩 포장했다.

2016. 4. 9 토요일

서울에서 남편과 친구 송 교수, 안 교수, 김 사장이 밤늦게 도착했다. 나도 일이 끝나 홀가분했지만 숙소에서 하루 더 쉬었다. 다음 날 아침 빈 카페에서 여행의 기대에 가득 찬 일행과 만났다. 이탈리아 와인을 수출하는 김 사장의 계획대로 알바, 바르바레스코, 바롤로 지역을 둘러보며 오전을 보내기로 했다. 가야 와이너리의 초록색 철문은 굳게 닫혀 있고 관광객만 서성거린다. 온 식구가 이미 베로나로 떠났고, 동네가 텅 빈 것 같다. 탑 근처의 바르바레스코 와이너리 조합을 지나치다 문이 열려 있어 들어가 보았다. 직원의 안내로 셀러도 구경하고 시음도 했다. 시음장 창밖으로 언덕에 우뚝 솟아 있는 가야의 저택이 보여 모두 사진을 찍었다. 가야 와이너리의 홍보 담당으로 일하던 알도 바카Aldo Vacca가 지금 이 조합의 디렉터이다.

점심은 김 사장이 예약해둔 미쉐린 스타 레스토랑 토르나벤토Tornavento로 갔다. 이곳은 지하 셀러에 와인 수천 병을 보관하고 식사와 함께 와인을 골라 살 수 있는 관광 명소이다. 일행이 숙소로 정한 트레이조의 빌라 인칸토Villa Incanto에서 나와 성당을 지나 걸어서 5분 거리에 있다. 먼저 와인 셀러를 구경하고 주문을 하려는데 와인 종류가 너무 많아 정신이 없다. 우선 가야 와인을 찾아보니 보통 50~60유로의 다른 와인에 비해 열 배가 비싸 모두들 놀랐다. 화창한 날씨에 포도밭으로 둘러싸인 테라스에서 커피를 즐기며 오후를 보냈다. 책에 나오는 구이도와 안젤로의 저녁 식사 장소도 이곳인 것 같다.

2016. 4. 12 화요일

루가노 호수를 거쳐 가르다에서 하룻밤 자고 아침 일찍 서둘러 베로나로 향했다. 열 시에 코랄리아 공주, 가이아와 함께 만나기로 했는데 교통지옥이다. 작은 도시인 데다가 한꺼번에 전 세계 사람들이 몰리니 호텔이고 식당이고 만원이다. 주차할 곳이 마땅치 않아 김 사장은 우리만 먼저 내려주고 한 시간을 헤매다가 겨우 들어왔다. 입장료도 일인당 80유로씩이나 되어 티켓을 얻지 못했으면 들어오지도 못할 뻔했다. 빈이탈리는 보르도의 빈엑스포Vinexpo, 독일의 프로바인ProWein과 더불어 세계 3대 와인 전시회로, 특히 이탈리아 와인이 대부분을 차지한다. 가이아가 특별 부스에 자리를 마련해놓고 기다리고 있었다. 안젤로와 루치아는 어제 전야제를 마치고 아침에 바르바레스코에 급한 일이 생겨 일찍 떠났다고 한다.

공주 할머니가 30분 늦게 나타나 반갑게 해후했다. 가이아와 만나 둘이 이탈리아어로 이야기하는데 알아들을 수가 없었다. 아무튼 우리가 방문하기로 되어 있는 가야의 몬탈치노 와이너리가 시에나 근처의 할머니 성과 가까우니 그날 성에서 만나 같이 움직이기로 했다. 오후는 베로나를 둘러보고 산길을 한참 올라 트렌토의 숙소 코벨리 알도Cobelli Aldo 와이너리에 짐을 풀었다. 저녁에는 동네 레스토랑에서 주인이 갖고 온 와인 노지올라Nosiola를 맛보며 산골 마을 이웃들과 푸짐한 농촌 식사를 즐겼다. 다음 날 일행은 모두 베네치아로 갔으나 나는 혼자 포도밭을 거닐며 하루 쉬었다. 오후에는 나바리니Navarini라는 수제 구리 주방용품장을 둘러보고 그릇도 몇 개 샀다. 규모가 큰 청동 박물관도 갖추고 있으며, 아버지와 삼촌, 할머니가 모여 살며 대를 이어가는 장인의 공방이다.

2016. 4. 14 목요일

볼로냐를 거쳐 이틀 동안 피렌체 근교의 테누타 일 코르노Tenuta Il Corno에 머물렀다. 김 사장과 친분이 있어 몇 번 간 적이 있는 유서 깊은 와이너리이다. 빈이탈리에서 주인인 여장부 마리아 줄리아Maria Giulia를 만나 첫날 저녁을 같이하자고 약속했다. 걸쭉한 콩 수프와 전통 음식을 대접받고 20년 된 와인 콜로리노Colorino도 맛보았다. 다음 날은 부엌을 빌려 주방장과 같이 된장과 고추장을 바른 스테이크를 만들어 먹고 기운을 차렸다. 다음 날 아시시에서 하루를 보내고, 아침 일찍 숙소를 떠나 세 시간이 걸려 볼게리에 도착했다. 사진에서 보던 카마르칸다 와이너리 건물이 나타나고, 포도밭에는 올리브 나무가 많이 보인다. 300그루나 되는데 350년 된 나무도 있다고 한다. 올리브 나무는 수명이 길고 절로 좋은 열매를 맺어 옛날에는 올리브 나무 숫자로 부를 가늠했다고 한다.

카마르칸다Ca'Marcanda

이곳은 안젤로가 1996년에 구입한 곳이다. 카마르칸다는 피에몬테 방언으로 '끝없는 협상의 집'이란 뜻으로, 포도밭을 사기 위해 전 주인과 오랫동안 줄다리기를 했다는 의미이다. 시에나에서 한 시간쯤 걸리는 토스카나의 해안인 볼게리 지역에 있다. 젊은 매니저 야코포Jacopo가 문 앞에서 기다리고 있다. 밀라노 대학 양조학과를 졸업하고 이곳 와이너리에 딸린 숙소에서 기거한다고 한다. 대부분 현지 직원이며, 따로 와인 메이커를 두지 않고 안젤로가 일주일에 한두 번쯤 방문한다고 한다. 이곳은 바르바레스코와는 달리 평지에 시라, 카베르네 소비뇽, 메를로 등 국제적 품종만 재배한다. 기후와 토양이 보르도 스타일의 와인을 만들 수 있기 때문이다. 1980년대부터 이미 슈퍼투스칸 와인들로 이름난 곳으로 사시카이아Sassicaia, 오르넬라이아Ornellaia 등 유명 와이너리가 근처에 자리 잡고 있다.

와이너리는 가야의 트레이드마크인 심플함과 모던함이 배어 있다. 가야의 규모 있는 살림살이가 그대로 드러난다. 구경 도중 돌바닥에서 뱀 한 마리를 발견하고 기겁을 했다. 자세히 보니 도마뱀도 기어 다니고 있었다. 매니저는 오히려 자연 친화적인 와이너리라고 자랑스럽게 말한다. 와이너리 건물은 2000년에 건축가 지오반니 보Giovanni Bo가 완성했다. 건물의 대부분이 지하에 자리 잡고 있고 그로테스크한 와이너리 지붕만 보인다. 이 특이한 초록 지붕과 지하층을 받치고 있는 거대한 강철 기둥은 모두 스페인에서 공수한 폐가스관으로 만들었다고 한다. 환경 보호에 대한 관심과 예술적 안목이 접목된 듯하다.

매니저가 단단히 지시를 받았는지 브리핑 차트까지 준비하여 열심히 설명한다. 이곳에서 생산된 레드 와인 세 개를 시음했다. 프로미스Promis는 메를로와 시라, 산조베제 블렌딩이며, 마가리Magari와 카마르칸다Ca'marcanda는 보르도 블렌딩이다. 화이트 와인 비스타마레Vistamare는 토종 베르멘티노와 비오니에의 블렌딩인데, 점심 때 레스토랑에서 시음하도록 준비해놓았다고 한다.

레스토랑으로 향하는 길은 가야의 카마르칸다 라벨에 등장하는 사이프러스 가로수 길이다. 점심 식사 장소는 지중해 티레니안 해변의 해산물 레스토랑 라 피네타La Pineta이다. 다큐멘터리에서도 안젤로가 자주 가는 식당으로 등장해 가보고 싶었는데 마침 다섯 명 식탁을 마련하고 초대해주었다. 파도가 치는 해변 미쉐린 스타 레스토랑에서 금발의 손님들 가운데 앉아 식사를 하게 되었으니 모두 할 말을 잃었다. 메뉴도 와인도 이미 정해놓았는데, 샴페인 고세Gosset가 먼저 나왔다. 가이아가 준비한 것이라는데 내가 좋아하는 샴페인이라 마음속으로 놀랐다. 방금 잡아 올려 고소하고 달콤한 생새우와 전어 회의 맛은 감동이었다. 인상 좋은 셰프 할아버지가 나와 반겨주며 같이 사진도 찍었다. 해변을 거닐며 여유를 만끽하고 시에나로 떠났다.

저녁 무렵 숙소인 카스텔인 빌라에 도착했다. 옛 수도원을 개조해 만든 게스트 하우스 라 가자라La Gazzara에 짐을 풀고 수채화 같은 토스카나의 풍경에 취했다. 인적이 없는 산골 마을에 옛 성과 포도밭, 올리브, 사이프러스가 점점이 박힌 한 폭의 초록색 풍경화다. 그리스식의 웅장한 와이너리 식당에서 닭 볏 요리를 포함한 정성스런 저녁을 대접받았다. 우아한 키안티 클라시코 카스텔인 빌라 리제르바Castell'in Villa Riserva와 몇 병 남지 않은 오래된 빈 산토Vin Santo도 나왔고 슈퍼투스칸, 산타 크로체Santa Croce도 맛보았다. 스타 레스토랑보다 나을 것 같다고 하니 공주님은 별을 찾아오는 관광객을 맞다 보면 상업화되기 마련이라며 미식가를 위한 지역 명소로 남기고 싶다고 하신다. 자정이 되어서야 식사를 마치고 공주님은 성의 침실로, 우리는 수도원으로 갔다.

2016. 4. 16 토요일

코랄리아 공주의 초대로 아홉 시에 가이아가 오기로 해서 모두 성에서 기다렸다. 저 멀리 꼬불꼬불한 산길로 하얀 아우디가 올라오는 게 보인다. 바르바레스코에서 새벽 다섯 시에 떠나 이제 도착한단다. 할머니와 함께 포도밭과 와이너리, 레스토랑, 수영장 등을 둘러보고 가야의 몬탈치노 와이너리로 향했다. 가이아도 아버지처럼 차를 빨리 몰아 혼자 먼저 가서 준비하고 기다리고 있었다. 피에베 산타 레스티튜타는 교회 이름으로, 오래된 7세기 교회를 보존하여 와이너리의 상징물로 만들었다. 와이너리는 언덕에 숲으로 둘러싸여 있어 바깥에서 보면 교회 건물과 십자가만 보이고 와이너리는 보이지 않는다. 언덕을 그대로 살려 지하에 와이너리를 만들고 지붕 위에는 수목이 자란다.

피에베 산타 레스티튜타 Pieve Santa Restituta

안젤로가 1994년에 구입한 이 와이너리에서는 산조베제 품종 100퍼센트로 만드는 부르넬로 디 몬탈치노를 생산한다. 볼게리의 슈퍼투스칸과 이곳의 전통적인 몬탈치노의 대조는 늘 새로움을 향해 전진하며 전통과 혁신을 포용하는 가야의 긍정적인 인생관을 보여준다. 바르바레스코에서는 전통을 바탕으로 한 혁신, 볼게리에서는 전통의 사전에는 전혀 없는 새로운 시도, 몬탈치노에서는 전통을 그대로 답습한다. 세계를 돌며 이탈리아 와인을 자랑하는 화려한 비즈니스맨의 면모가 가야의 겉모습이다. 그러나 그의 실제 모습은 다르다. 와이너리는 숲 속에 숨어 있으며, 공사에서 파낸 돌로 담을 쌓고, 포도밭 개간으로 집을 잃은 새들을 위해 나무를 심는다. 고향 땅에서는 몸을 낮추고 "자신의 성공을 돌아보며 부끄러움이 없는지 반성할 줄 알아야 한다Farsi perdonare il successo"라는 선대의 가르침을 몸소 실천하고 있다.

와이너리 내부로 들어가니 초현대식이다. 아직 공사 중인 곳도 있는데, 지하를 파서 효율적으로 설계했다. 세 종류의 와인 중 기본급인 부르넬로 디 몬탈치노는 와이너리에서 시음하고, 나머지 두 병은 싸들고 레스토랑으로 갔다. 점심은 몬탈치노에서 좀 떨어진 중세 마을에 있는 트라토리아 일 레치오Trattoria Il Leccio로 안내한다. 화창한 날씨에 교회 종소리가 울려 퍼지는 언덕 위 작은 광장에 동네 사람들이 한가하게 둘러앉아 담소를 나누고 있다. 렌니나Rennina와 슈가릴레Sugarille를 시음하며 전통적인 토스카나 식사를 했다. 메인으로 나온 피오렌티나 티본스테이크에 눈이 휘둥그레졌다. 겉만 바싹 익히고 속은 완전히 레어라 선뜻 손이 가지 않았으나 먹다 보니 너무 맛있어 정신없이 먹었다. 약속대로 이번 점심은 우리가 사겠다고 했으나 아버지가 사는 것이니 걱정 말라고 한다. 가이아는 약속이 있어 먼저 자리를 뜨고, 우리는 좀 더 앉아 토스카나의 풍물을 즐기다 카스텔인 빌라로 돌아갔다.

2016. 4. 17 일요일

오늘은 일요일이라 와이너리 식당이 문을 닫는다. 아침에는 공주 할머니가 토종닭이 갓 낳은 따뜻한 달걀을 몇 개 가져와 반숙으로 요리해서

같이 먹었다. 저녁은 프랑스인 주인이 운영하는 레스토랑 라 보테가 델 30La Bottega del 30으로 데리고 간다. 깊은 산골의 운치 있는 자그마한 식당이 동네 유지들이 오는 미쉐린 스타 레스토랑이라고 한다. 옆 테이블에 앉은 한 와이너리 주인이 그의 와인 한 병을 건네준다. 공주님은 맛을 본 후 오크 향이 너무 강하다며 이런 와인을 우리는 '오크 주스'라고 부른다며 슬며시 혹평한다. 저녁을 끝내고 달빛 아래 인적 없는 중세의 고즈넉한 산동네를 한 바퀴 돌았다.

마지막 날 저녁은 카스텔인 빌라를 20년 동안 지켜온 주방장 마시모Massimo di Fulvio가 우리만을 위해 음식을 만들어주었다. 섬세한 멧돼지 요리와 산비둘기 요리 등이 돌 식탁과 벽난로가 무게를 더해주는 실내와 이상하게 어울린다. 할머니는 멧돼지 사냥도 같이 한다고 한다. 이렇게 사치스런 음식을 먹는 게 죄스럽다고 하니, 남편이 잘 대접받고 엉뚱한 소리 한다고 핀잔을 준다. 공주님은 "좋은 재료를 골라 최고의 음식을 만드는 셰프의 열정에 보답하고, 진가를 알아보는 것도 좋은 일"이라고 한마디 하신다. 다시 장인 교육을 받는다. 일행과는 로마에서 헤어지고 우리는 그리스 여행 일정이 남아 있다. 마침 공주 할머니가 80회 생일을 고향에서 보내기로 했는데, 아테네에서 만날 수 있을 것 같다며 서로 연락하기로 했다.

여행의 피로도 가시고 책도 마무리가 되어가는 것 같다. 그동안 이 책의 출간을 위해 애써주신 김준철 한국와인협회 회장님께 감사드리고 싶다. 10년 넘게 김준철와인스쿨에서 공부하고, 특히 생소하기만 했던 양조학에 입문할 수 있었기에 이 책의 번역이 가능했다. 1980년대에 캘리포니아 프레즈노 대학에서 양조학을 수학하신 경험과 해박한 지식으로, 어떤 질문에도 시간을 아끼시지 않고 친절하게 답해주신 데 깊은 감사를 드린다. 집안일을 소홀히 해도 말썽 없이 지나간 남편 구대열과 가족들에게도 감사한다. 교정을 봐준 딸 하원과 가이아를 위해 후기를 영역해준 손녀 혜진이도 나의 응원군이다. 어려운 상황에도 불구하고 이 책의 출판을 맡아주시고, 소펙사의 와인어드바이저이신 시대의 창 대표 김성실 님께 감사드리며, 빈티지 차트까지 찾아가며 교정해주신 김태현 님의 노고에 감사드린다. 이탈리아 여행을 편히 할 수 있도록 수고해주신 김창성 사장님께도 감사드린다. 무엇보다 와이너리 방문을 계획하고 진심 어린 친절을 베풀어준 안젤로와 가이아, 가야의 온 가족에게 감사를 전하고 싶다.

2022년 12월 4일

소리 산 로렌조 포도밭

소리 산 로렌조 1989

GAJA

BARBARESCO
DENOMINAZIONE ORIGINE CONTROLLATA
VENDEMMIA
1978

BOTTIGLIA NUMERATA

75 CL e 13,3% VOL.

IMBOTTIGLIATO DALL'AZIENDA AGRICOLA GAJA DI ANGELO GAJA - BARBARESCO - ITALIA
DELLA VENDEMMIA 1978 SONO STATE PRODOTTE 82.498 BOTTIGLIE NUMERATE DA 1 A 82.498,
1.500 MAGNUMS NUMERATI DA M1 A M1.500 E 99 GRANDI FORMATI NUMERATI DA GF1 A GF99

1859년 라벨
1900년 라벨
1937년 라벨
1978년 라벨

바르바레스코 마을

바르바레스코 성

피에브 산타 레스티튜타 와인 저장고

몬탈치노

피에베 산타 레스티튜타 와이너리

카마르칸다 와이너리

지오반니 가야(1908~2002)

할아버지 안젤로 가야와 할머니 클로틸데 레이, 1905
아버지 지오반니 가야와 할아버지 안젤로 가야, 1913

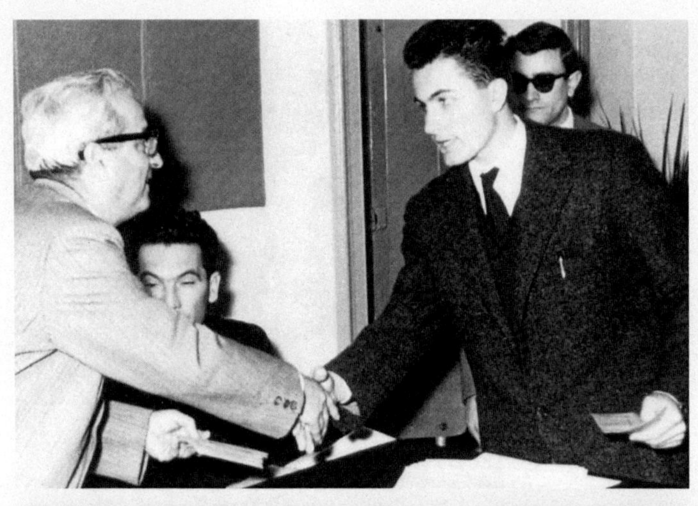

양조학 학위를 받는 안젤로 가야, 알바, 1960

가야 가족. 좌측부터 가이아, 지오반니, 안젤로, 루치아, 로산나

에우제니오 감바

구이도 리벨라

카미유 고티에

루이지 카발로

주세페 보토

안젤로 렘보 빈첸초 제르비

페데리코 쿠르타즈 알도 바카

랑게 지역

MILANO
VENEZIA
ROMA
PIEMONTE
ALBA
LANGHE

바르바레스코 지역 포토밭

- BARBARESCO
- COSTA RUSSI
- SORÌ TILDIN
- SORÌ SAN LORENZO

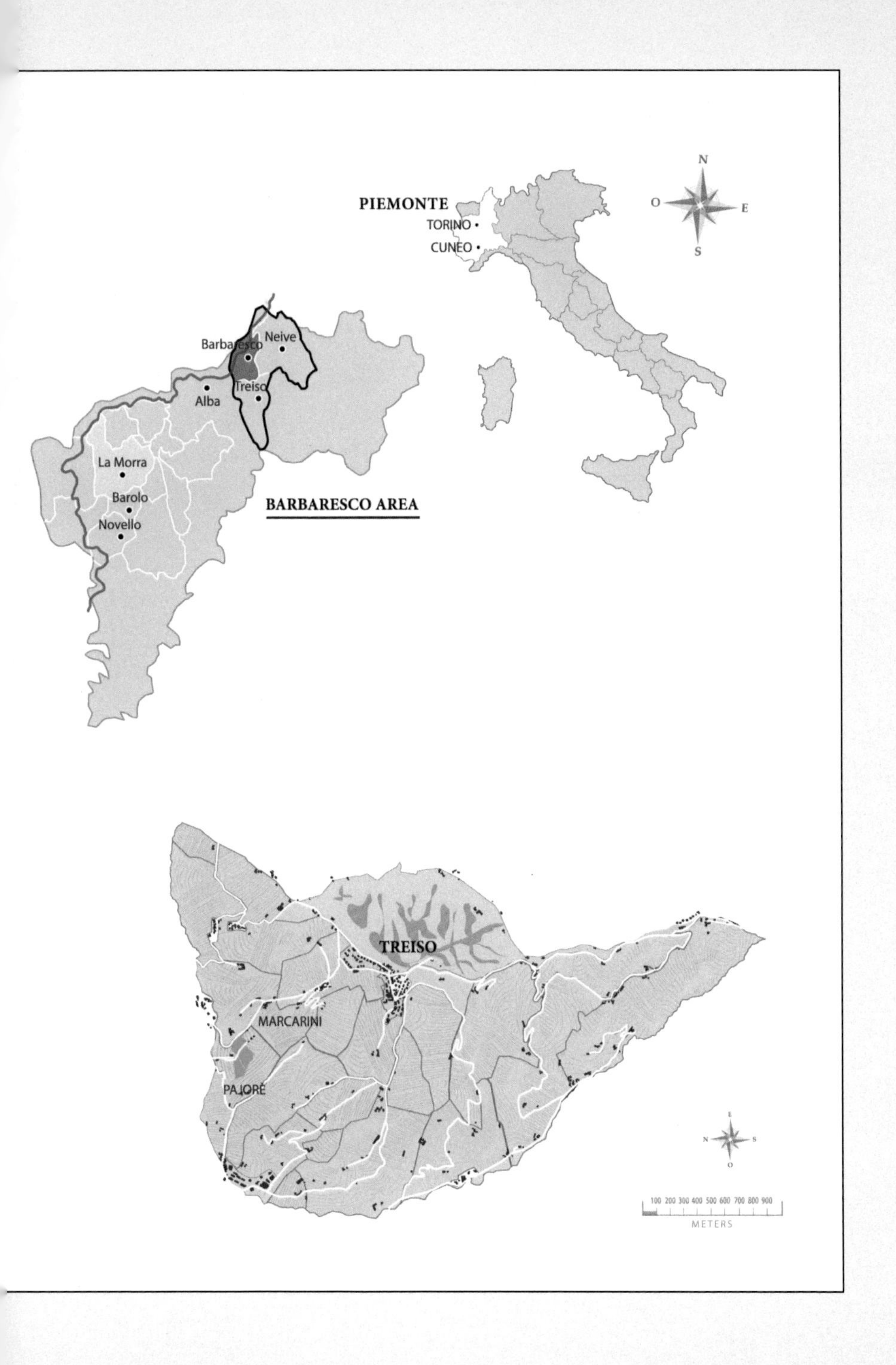

PIEMONTE
TORINO
CUNEO
N
O
E
S
Barbaresco
Neive
Treiso
Alba
La Morra
Barolo
Novello
BARBARESCO AREA
TREISO
MARCARINI
PAJORÈ
100 200 300 400 500 600 700 800 900
METERS

가야 와이너리

Barbaresco

BARBARESCO

BOLGHERI

MONTALCINO

Montalcino

Bolgheri